Ludwig Hörhammer

TEEANALYSE

Eine Anleitung

zur Erkennung von Drogen in Teemischungen

mit

556 Abbildungen nach photographischen Original-

aufnahmen

Dritte, neu bearbeitete Auflage

Springer-Verlag Berlin Heidelberg GmbH 1970

Professor Dr. Dres. h. c. Ludwig Hörhammer, Direktor des Instituts
für Pharmazeutische Arzneimittellehre der Universität München

ISBN 978-3-662-13114-5   ISBN 978-3-662-13113-8 (eBook)
DOI 10.1007/978-3-662-13113-8

Titel-Nr. 1704

EINLEITUNG

Zur Analyse einer Kräuterteemischung ist die genaue Kenntnis der speziellen Merkmale der einzelnen Drogen-Bestandteile erforderlich. Für die Kennzeichnung der morphologischen Eigentümlichkeiten hat sich im Pharmakognosie-Unterricht die Verwendung von Diapositiven photographischer Originalaufnahmen der Ganz- und Schnittdrogen als Lehrmaterial durch die naturgetreue Wiedergabemöglichkeit am zweckmäßigsten bewährt. Die Nachfrage der Studierenden nach gleichwertigen Unterlagen für die Durchführung von Teeanalysen in der späteren Apothekenpraxis veranlaßte die vorliegende Zusammenstellung der Abbildungen und die manuskriptartige Zusammenfassung der wesentlichsten textlichen Erläuterungen.

In der anliegenden Mappe sind auf 60 Kunstdrucktafeln insgesamt 275 Drogen in 556 Abbildungen nach photographischen Originalaufnahmen dargestellt. Neben den sehr häufig oder mehrfach in Teemischungen vorkommenden Drogen dürfte damit auch die Mehrzahl der in der Praxis nur vereinzelt auftretenden erfaßt sein. Unter den abgebildeten Drogen befinden sich

30 Blätter	(Tafel 1 bis 10),
77 Kräuter	(Tafel 11 bis 36),
34 Blüten	(Tafel 37 bis 39),
24 Früchte und	
8 Samen	(Tafel 40 bis 41),
7 Hölzer	(Tafel 42),
25 Rinden	(Tafel 43 bis 47),
36 Wurzeln	(Tafel 48 bis 55),
12 Wurzelstöcke	(Tafel 56 bis 57) und
22 Einzeldrogen	(Tafel 58 bis 60),

die sich in die vorgenannten Drogengruppen nicht einreihen lassen.

Die Drogen sind jeweils in ihrer Ganzform in natürlicher Größe und daneben in geschnittenem Zustande, wie sie in den meisten handelsüblichen Kräuterteemischungen anzutreffen sind, in zweifacher Vergrößerung abgebildet. Für die Teeanalyse selbst werden die Abbildungen der Konzisformen am wichtigsten sein. Die Aufnahme der Drogen in Ganzform wurde gleichwohl vorgenommen, da sich manche Merkmale an den zerkleinerten Pflanzenteilen oft nur aus dem Habitus der ganzen Pflanzen erklären lassen und weil vornehmlich in diesen vergleichenden Betrachtungen die naturwissenschaftliche, pharmakognostische Aufgabe der Teeanalyse liegt.

Den Abbildungen liegen Qualitätsdrogen zugrunde, so daß die Feststellung wesentlicher Abweichungen an den Untersuchungsobjekten eine Beurteilung der wertmäßigen Beschaffenheit einer Teedroge oder einer Teemischung zuläßt.

Bei einigen Drogen, die erfahrungsgemäß häufig verfälscht werden, sind auch die Verfälschungen mit dargestellt.

Die Benützung der Abbildungen für die Praxis der Teeanalyse ist in folgender Weise gedacht: Man schüttet die zu untersuchende Teeprobe auf ein Blatt Papier, sucht mit einer Pinzette die einzelnen verschiedenartigen Bestandteile heraus und ordnet sie am Rande des Papierbogens nach ihrer Zusammengehörigkeit. Die auf diese Weise sortierten Drogenteile lassen in der Regel ohne weiteres ihre arteigenen Merkmale erkennen. Nun zieht man für die genaue Analyse d i e Abbildungen in Betracht, die Drogenteile mit übereinstimmenden oder ähnlichen Kennzeichen wiedergeben, vergleicht damit zweckmäßigerweise mit einer sechsfach vergrößernden Lupe die Einzelheiten der Untersuchungsobjekte und zieht für die endgültige Feststellung den erläuternden Text heran.

Aus den kurzen Einführungen, die den verschiedenen Drogengruppen jeweils vorausgeschickt sind, kann entnommen werden, auf welche Merkmale bei den einzelnen Drogen besonderes Augenmerk zu richten ist und nach welchen praktischen Gesichtspunkten die Abbildungen angeordnet sind. Drogen mit annähernd gleichen Merkmalen, die zu Verwechslungen Anlaß geben könnten, sind auf den Tafeln zur Gegenüberstellung unmittelbar aufeinanderfolgend eingereiht. So sind z. B. die einzelnen Blätter nach ähnlicher Nervatur, Behaarung und Konsistenz angeordnet. Gleiche Grundsätze gelten auch für die übrigen Drogengruppen. Im Text sind die einzelnen Merkmale eingehend beschrieben; auf Verfälschungen und Verwechslungsmöglichkeiten ist hingewiesen. Die kurzen Angaben über Inhaltsstoffe, therapeutische Wirkung und Anwendung der Drogen sollen für die Praxis Anhaltspunkte zur Feststellung des arzneilichen Charakters der zu analysierenden Teemischung bieten.

Die makroskopische Untersuchung kann häufig durch Geruchs- und Geschmacksproben der einzelnen Drogenbestandteile unterstützt werden.

Mitunter liefern auch chemische Reaktionen gewisse Anhaltspunkte wie die Rotfärbung der Anthrachinondrogen beim Betupfen mit Alkalilaugen oder die Grün- oder Blaufärbung der Gerbstoffdrogen mit Eisenchloridlösung. Zur Ermittlung chemischer Zusätze, mit deren Lösung mitunter alle oder nur ein Teil der geschnittenen Drogenbestandteile gelegentlich imprägniert oder besprüht werden, sei auf das bekannte Werk von E. Bamann und E. Ullmann „Chemische Untersuchung von Arzneigemischen, Arzneispezialitäten und Giftstoffen" hingewiesen.

In all den Fällen, wo mittels der genannten Verfahren eine eindeutige Analyse des einen oder anderen Bestandteiles einer Teemischung nicht möglich ist, empfiehlt sich die mikroskopische Untersuchung. An Hand von Flächen-, Quer- und Längsschnitten lassen sich im Chloralhydrat- und Wasserpräparat die in den textlichen Erläuterungen kurz angeführten anatomischen Merkmale erkennen und damit etwa vorhandene Zweifel mit ziemlicher Bestimmtheit klären. Das hier empfohlene Verfahren zur Durchführung einer Teeanalyse bietet dadurch, daß man aus einer Kräuterteemischung die Drogenteile mit verschiedenen Merkmalen jeweils zusammengehörig aussortiert, ganz von selbst auch eine vorsichtig auswertbare quantitative Übersicht.

Eine über drei Jahrzehnte sich erstreckende Unterrichtserfahrung hat gezeigt, daß die vorkommenden Kräuterteemischungen an Hand der Abbildungen und der dazugehörigen Erläuterungen nach einiger Übung ohne besondere Schwierigkeit eindeutig analysiert werden können. Allerdings erfordert eine restlos aufklärende Analyse einer Teemischung mit vielen Bestandteilen in sehr unterschiedlichem Mengenverhältnis mitunter einigen Aufwand an Zeit und Geduld.

Vorkommende Abkürzungen:

C. = Cortex	M. K. = Mikroskopische Kennzeichen	S. = Semen
Fl. = Flores	nat. Gr. = natürliche Größe	U.-Ansicht = Unterseitenansicht
Fr. = Fructus	O.-Ansicht = Oberseitenansicht	vergr. = vergrößert
L. = Lignum	R. = Radix	
m. V. = mit Verfälschungen	Rh. = Rhizoma	

INHALTSVERZEICHNIS

Anhaltspunkte für die Erkennung von Blattstückchen in Teemischungen bieten die Nervatur oder die Behaarung, mitunter auch die strukturelle Beschaffenheit der einzelnen Blatteile. Alle Blattdrogenteile, für welche die Art der Nervatur ausschlaggebende Merkmale darstellt, sind auf den Tafeln 1 bis 4 wiedergegeben. Blattstückchen, die eine charakteristische Behaarung besitzen, finden sich auf den Tafeln 5 und 6, und Blatteile, die auf Grund ihrer besonderen Blattspreitenbeschaffenheit zu erkennen sind, wurden auf den Tafeln 7 bis 10 zusammengefaßt.

Liegen Blatteile vor, die in den Abbildungen der Tafeln 1 bis 10 nicht wiedergegeben sind, so handelt es sich um Blattstückchen von Kräuterdrogen, die auf den Tafeln 11 bis 36 abgebildet sind. Bei diesen wird die Identifizierung außerdem auch durch die Merkmale der sie begleitenden Stengel-, Blüten- oder Fruchtteile wesentlich unterstützt.

Folia Melissae

Melissenblätter
Melissa officinalis L. Lamiaceae
Melisse
Taf. 1, Abb. 1 u. 2

Die Schnittdroge ist gekennzeichnet durch leicht zerbrechliche Blattstücke, deren Unterseiten eine hellgraugrüne Farbe und eine stark hervorspringende, weißliche, fiederige, grobnetzaderige Nervatur besitzen. Die Oberseite zeigt eine sattgrüne bis schwarzgrüne Färbung, ist locker mit großen Borstenhaaren bedeckt und läßt die Nerven fast nicht erkennen.

Der beim Zerreiben zwischen den Fingern auftretende zitronenartige Geruch und der würzige Geschmack sind nur einer Droge eigentümlich, die vor der Blüte gesammelt, rasch getrocknet und unter sorgfältigem Verschluß aufbewahrt wurde.

Verfälschungen und Beimengungen: Andere Lamiaceenblätter, wie die sehr ähnlichen, aber stärker nach Zitronen riechenden, kurz und weich behaarten von *Nepeta cataria var. citriodora* (Katzenminze), *Ballota nigra* (schwarze Taubnessel), *Dracocephalum moldavica* (Türkische Melisse) und mehreren *Stachys*-Arten (Ziest-Arten) wie *St. silvatica*, *St. palustris* und *St. officinalis*.

M. K.: Kurze, rauhe, eckzahnförmige Kegelhaare und Labiatendrüsenschuppen.

Folia Melissae enthalten bis zu 0,2 % ätherisches Öl mit Citral und Citronellal als Hauptbestandteil. Sie werden sehr häufig in den verschiedensten Teemischungen als appetitanregendes Mittel, gegen nervöse Beschwerden, zur Stoffwechselbeeinflussung und bei Stoffwechselstörungen verwendet.

Erläuterungen zu Abb. 1 und Abb. 2, Taf. 1.

Abb. 1: Schnittdroge, zweimal vergr.: 1. und 2. Reihe: Blattstücke in U.-Ansicht mit grobnetzaderiger Nervatur, einzelne mit stumpfgekerbtem Blattrand. 3. Reihe: Tiefdunkle Blattstücke in O.-Ansicht mit Behaarung. Unterste Reihe von links nach rechts: Ein Blattstück zu einem Knäuel eingeschrumpft, ein Blatteil aus mehreren Lagen wellig ineinandergefalteter Blattflächen bestehend, ein ganzer zweilippiger Kelch, eine dreizähnige Kelchoberlippe und eine weißlichgelbe Lippenblüte mit Kelch. Rechts am Rande in Querbruch- und Seitenansicht: große vierkantige Stengelteile.

Abb. 2: Ganzdroge, nat. Gr.: Links oben: Blatteil mit typischer Randausbildung in U.-Ansicht. Die übrigen, breit eiförmigen Blätter teils in O.-Ansicht, teils in U.-Ansicht mit Schrumpfung und Einrollung vor allem der Blattrandes. Am rechten Rand, Mitte: Blütenquirl mit mehreren Kelchen und einer Blüte. Untere Reihe: vierkantige Stengelteile.

Folia Menthae crispae

Krauseminzblätter
Mentha spicata HUDS. var. crispata BRIQU. u. a. Art.
Lamiaceae. Krauseminze
Taf. 1, Abb. 3 u. 4

Die Schnittdroge besteht aus leicht zerbrechlichen, runzelig gekrausten Blattstückchen, die auf der hellgrünen Unterseite eine stark hervortretende, fiederige, netzaderige Nervatur und eine von zahlreichen Drüsenschuppen herrührende, leicht wahrnehmbare Punktierung zeigen. An basalen Blatteilen sind die Seitennerven dem kräftigen Mittelnerv meist sehr genähert und ziehen davon fächerartig aus. Auf der etwas dunkleren Oberseite erscheinen die Nerven eingesenkt, da die Blattspreite zwischen den Nerven blasig aufgetrieben ist. Sehr charakteristisch sind die vielfach anzutreffenden Blattrandstücke mit den langausgezogenen, scharf zugespitzten, wellig verbogenen Randzähnen. Nicht selten finden sich, da die Pflanze während der Blütezeit gesammelt wird, ganze, dunkellila gefärbte, walzige, mehrere Zentimeter lange Blütenstände oder Bruchstücke davon. Dicke, vierkantige, blauviolette Stengelteile sollen in größerer Menge nicht vorhanden sein.

Beim Zerreiben der Blattstücke tritt der an Carvon erinnernde, kräftige Krauseminzgeruch auf. Der Geschmack ist gewürzhaft, aber im Gegensatz zur Pfefferminze nicht kühlend.

M. K.: Mehrzellige Haare mit gestreifter Kutikula und eckigen Biegungen an den Querwänden. Große Ähnlichkeit mit *Fol. Menth. pip.*

Folia Menthae crispae enthalten 1 bis 2,5 % ätherisches Öl mit etwa 50% l-Carvon. Sie werden in Teemischungen nur noch gelegentlich gegen Magen- und Gallenleiden verwendet und sollen wie Pefferminzblätter, aber schwächer und milder wirken.

Erläuterungen zu Abb. 3 und Abb. 4, Taf. 1.

Abb. 3: Schnittdroge, zweimal vergr.: Die meisten Blattstücke in U.-Ansicht mit netzaderiger Nervatur, drüsiger Punktierung und welliger Randzähnung. Einzelne Blattstücke mit der etwas dunkleren Oberseite und eingesenkter Nervatur. Links unten: zwei Blütenstandbruchstücke; rechts unten: vierkantige Stengelstücke.

Abb. 4: Ganzdroge, nat. Gr.: Länglich eiförmige, kaum gestielte Blätter meistenteils in U.-Ansicht mit gewellter, blasiger Spreite. Rechts oben: ein einzelner Blütenstand. Links am Rand, Mitte: Blatt in O.-Ansicht, daneben mehrere ganze Blütenstände; in derselben Reihe, als gelegentliche Beimengung der Droge, ein lockerer gebauter Blütenstand von *Fol. Menth. pip.* Unten: ein vierkantiges Stengelbruchstück.

Folia Cerasorum

Kirschenblätter
Prunus cerasus L. u. Pr. avium L. Rosaceae
Sauerkirsche, Weichsel
Taf. 1, Abb. 5. u. 6

Bei den einzelnen schwach glänzenden Blattstücken treten auf der hellgraugrünen Unterseite die weißlichen Haupt- und Sekundärnerven sehr deutlich reliefartig hervor. Die sattgrüne bis braungrüne Oberseite läßt nur mehr die Haupt- und Sekundärnerven als schwache Einsenkungen erkennen. Besonders gekennzeichnet ist die Schnittdroge durch einzelne Blattrandfragmente, die an den stumpfen Randzähnen eine kleine dunkle Drüsenzotte tragen.

M. K.: Vereinzelte, sehr lange, einzellige Haare mit braunem Inhalt und große Oxalatdrusen in der Nähe der Nerven.

Folia Cerasorum enthalten Cumaringlykosid, Saccharose, Dextrose, Chlorogensäureisomere und Gerbstoff. Sie werden nur selten in Teemischungen gegen Blutarmut und Bleichsucht verwendet. Während des Krieges als „Ersatz" für schwarzen Tee gebraucht.

Erläuterungen zu Abb. 5 und Abb. 6, Taf. 1.

Abb. 5: Schnittdroge, zweimal vergr.: Blattfragmente in O.-Ansicht mit kaum sichtbarem Nervennetz, in U.-Ansicht mit deutlicher Nervatur. An den einzelnen Blattrandstücken sind die stumpfen, mit dunkler Drüsenzotte versehenen Randzähne sichtbar. Rechts unten: Blattknospen und Bruchstücke von Seitenästchen.

Abb. 6: Ganzdroge, nat. Gr.: Die verkehrt eiförmigen, doppelt gesägtgezähnten Blätter in U.-Ansicht mit fiederiger Nervatur; rechts unten: Blattstücke in O.-Ansicht. Links unten: Seitenaststücke mit Blattstiel und Blattknospen.

Folia Salicis

Weidenblätter

Salix fragilis L. u. a. S.-Arten. Salicaceae

Bruch- oder Kopfweide

Taf. 2, Abb. 7 u. 8

An den einzelnen Blattfragmenten heben sich auf der tiefgrünen, glänzenden Oberseite die weißlichen Haupt- und Sekundärnerven deutlich ab. Auf der helleren Unterseite ragt meist nur der Mittelnerv hervor. Die übrigen Seitennerven bilden ein braunes, feinmaschiges Nervennetz. Die kleingekerbten Blattrandstücke besitzen vielfach einwärtsgebogene, kleine Sägezähne mit einer dunklen, stumpfen Drüsenzotte. Neben fast unbehaarten Blatteilen treten gelegentlich auch Blattstückchen mit samtartiger Behaarung auf, die von jungen Blättern von *Salix fragilis* oder von anderen *Salix*-Arten stammen. Ein besonderes Kennzeichen bilden die nicht selten anzutreffenden gestielten, eilanzettlichen Fruchtkapseln von hellgrüner Farbe, die einzeln auftreten oder noch im kätzchenförmigen Blütenstand vereint sein können. Bei der Reife springen die Fruchtkapseln zweiklappig auf und lassen einen weißen, wattig sich anfühlenden Haarschopf hervortreten, der am Grunde die vielen kleinen Samen trägt (Abb. 7 unten).

M. K.: Einzellige, schlanke, spitz endende Haare mit dünnen Wänden. Mesophyll mit zweireihigem Palisadenparenchym und Kristalldrusen.

Folia Salicis enthalten in einer Menge von 2 bis 7 % das Glykosid Salicin. Sie finden nur mehr gelegentlich Verwendung gegen rheumatische Leiden und Blutungen. Mitunter ist schwarzer Tee mit Weidenblättern verfälscht.

Erläuterungen zu Abb. 7 und Abb. 8, Taf. 2.

Abb. 7: Schnittdroge, zweimal vergr.: Einige Blattstücke in O.-Ansicht mit deutlich hervortretenden Haupt- und Sekundärnerven; die meisten Blattstückchen in U.-Ansicht mit dunkler, netzmaschiger Nervatur. An mehreren Blattfragmenten die kleine, drüsenzottige Randzähnung sichtbar. Einzelne Blatteile, rechte untere Bildhälfte, samtartig behaart. Daneben ein Seitenaststück. Unterer Bildrand, ganz rechts: eilanzettliche Fruchtkapsel ungeöffnet; links anschließend: zweiklappige Fruchtkapseln in fortschreitendem Öffnungsstadium mit dabei immer stärkerem Hervorquellen des Haarschopfes.

Abb. 8: Ganzdroge, nat. Gr.: Links: schmallanzettliches Blatt in U.-Ansicht, die übrigen Blätter in O.-Ansicht, glänzend, verschieden stark eingerollt. Ganz rechts: jüngere, teilweise behaarte Blätter. Links daneben: kätzchenförmiger weiblicher Blütenstand mit geöffneten und geschlossenen Fruchtkapseln; rechts unten w. Blütenstand mit noch geschlossenen Fruchtkapseln. In der Mitte: ein großes Stengelstück.

Folia Betulae

Birkenblätter

Betula pendula ROTH. u. B. pubescens EHRH.

Betulaceae

Rauh- und Moorbirke (= Wichsbirke)

Taf. 2, Abb. 9 u. 10

Charakteristisch für die Schnittdroge sind die sattgrünen Blattbruchstücke in Oberseitenansicht mit deutlich hervortretenden Haupt- und feinnetzaderig anastomosierenden Seitennerven. Auf der helleren Unterseite heben sich die Nerven wegen ihrer Gleichfarbigkeit mit dem Untergrund weniger augenfällig ab. Manche Blattstücke zeigen die scharf doppelt gesägten Randzähne, in welche die Sekundärnerven einmünden. Auf den Blattfragmenten von *B. pendula* ist, vor allem bei Lupenvergrößerung, eine dichte, dunkelbraune, drüsige Punktierung wahrzunehmen, die den unbehaarten Blattflächen eine klebrige Beschaffenheit verleiht. Seltener finden sich Blattstücke von *B. pubescens*, die drüsenlos und unterseits in den Nervenwinkeln behaart sind. Mitunter trifft man auf braungrüne, ganz oder teilweise erhaltene, weibliche Blütenkätzchen, die bei der Fruchtreife in kleine, zweiflügelige, zugespitzte Schuppen zerfallen. Ferner

finden sich gelbbraune, einsamige Nüßchen, die gelegentlich noch die rötlichen Narben und Flügel in charakteristischer Ausbildung tragen.

M. K.: Schildförmige Drüsenschuppen, deren innerste Drüsenzellen verkorkt sind.

Folia Betulae enthalten Flavone, Saponine und äther. Öl. Sie werden in Teemischungen sehr häufig als harntreibendes Mittel, das keine Reizerscheinungen hervorruft, gegen Wassersucht, Steinleiden, rheumatische Beschwerden, bei Blasenleiden, Hautausschlägen und zur „Blutreinigung" verwendet.

Erläuterungen zu Abb. 9 und 10, Taf. 2.

Abb. 9: Schnittdroge, zweimal vergr.: Die dunkelglänzenden Blattstücke in O.-Ansicht mit feiner Netznervatur. Auf den beiden mit Randzähnen versehenen Blatteilen links oben, ist die drüsige Punktierung gut erkennbar. Mitte rechts: hellere Blattfragmente in U.-Ansicht. Links unten: ganzes weibliches Blütenkätzchen. Mitte unten: teilweise zerfallenes w. Blütenkätzchen. Darüber oberste und zweite Reihe: zweiflügelige, zugespitzte Schuppen aus den w. Blütenkätzchen. 3. u. 4. Reihe: geflügelte Nüßchen, gelegentlich noch mit den zwei Narben. Rechts unten: Aststückchen.

Abb. 10: Ganzdroge, nat. Gr.: Dreieckige, doppelt gesägte Blätter in O.- und U.-Ansicht. Mitte: Bruchstück eines w. Blütenkätzchens; Mitte unten: Aststück.

Folia Castaneae

Kastanienblätter

Castanea sativa MILL. Fagaceae

Edelkastanie

Taf. 2, Abb. 11 u. 12

An den etwas zählederigen, unbehaarten, bräunlich bis graugrünen Blattstückchen treten unterseits die dicken, reliefartig hervortretenden Mittelrippen und die etwas dünneren Sekundärnerven am augenfälligsten in Erscheinung. Die übrige Nervatur der Blattstückchen verläuft feinverästelt und reichmaschig. Gelegentlich auftretende, unterseits wulstig verdickte Blattrandfragmente kennzeichnen die Droge sehr gut durch die großen, derben, oft langstachelspitzigen und einwärtsgekrümmten Blattzähne.

M. K.: Im Schwammparenchym große Oxalatdrusen. Vereinzelt Büschelhaare aus 2 bis 8 dickwandigen Zellen sternförmig zusammengesetzt.

Folia Castaneae werden auf Grund ihres Tanningehaltes in der Volksmedizin gegen Keuchhusten und Katarrhe angewandt.

Erläuterungen zu Abb. 11 u. 12, Taf. 2.

Abb. 11: Schnittdroge, zweimal vergr.: Blattstücke mit stark hervortretenden Hauptnerven, eingesenkten Nervenanastomosen und großen, spitzen, eingekrümmten Randzähnen. Mitte: Bruchstück der langausgezogenen Blattspitze. Unten: kräftige Blattstiel- und Mittelrippenteilstücke.

Abb. 12: Ganzdroge, nat. Gr.: Größere Blattstücke in O.- (links) und U.-Ansicht (Mitte); rechts, an eingefaltetem Blattstück: O.- und U.-Ansicht.

Folia Ribis nigri

Schwarze Johannisbeerblätter

Ribes nigrum L. Saxifragaceae

Schwarze Johannisbeere

Taf. 3, Abb. 13 u. 14

An den leicht runzeligen Blattstückchen fallen die auf der hellgrau-grünen Unterseite deutlich hervortretenden, weich behaarten Haupt-, Sekundär- und Tertiärnerven besonders auf. Die übrigen Nerven bilden ein feinmaschiges Adernetz. Auf der dunkelgrünen Oberseite treten die Nerven als Einsenkungen in Erscheinung. Ein wesentliches Merkmal der Blattstückchen bildet auch die dichte, gelblich-glänzende, drüsige Punktierung. Mitunter finden sich auch Blattstücke mit den grobgesägten, spitzen Blattrandzähnen. Vereinzelt treten auch die kugeligen, schwarzen bis schwarzbraunen, drüsig-punktierten und etwas geschrumpften Beerenfrüchte auf.

M. K.: Große, vielzellige, flache Drüsenschuppen; Oxalatdrusen und einzellige, häufig gebogene, spitze Haare mit körniger Kutikula.

Folia Ribis nigri enthalten Gerbstoff. Sie werden gelegentlich als harntreibendes, schweißtreibendes und blutreinigendes Mittel, gegen Wassersucht und bei krampfhaften Hustenanfällen angewandt.

Erläuterungen zu Abb. 13 und 14, Taf. 3.

Abb. 13: Schnittdroge, zweimal vergr.: Hellere Blattstücke in U.-Ansicht mit weich behaarten, netzaderigen Nerven, drüsiger Punktierung und grobsägeartig eingeschnittenen Randzähnen. Dunklere Blatteile in O.-Ansicht mit eingesenkter Nervatur. Rechts unten: mehrschichtig ineinandergefaltetes Blattstück. Mitte: schwarze, leicht geschrumpfte Fruchtbeere, darunter: ein Blattstielrest.

Abb. 14: Ganzdroge, nat. Gr.: Links oben ein ganzes, langgestieltes, fünflappiges, ineinandergefaltetes Blatt. Die übrigen Blätter und Blatteile teils in O.-, teils in U.-Ansicht. Links unten ein Blatt vollkommen zu einem Knäuel eingerollt. Rechts unten einzelne schwarze, geschrumpfte Fruchtbeeren.

Folia Juglandis
Walnußblätter
Juglans regia L. Juglandaceae
Walnuß
Taf. 3, Abb. 15 u. 16

Besonders gekennzeichnet sind die einzelnen, grünen bis braungrünen, brüchigen, unbehaarten Fiederblatteile durch die auf der Unterseite stark hervortretenden, rotbraunen Haupt- und Sekundärnerven. Auf letzteren stehen die Tertiärnerven senkrecht, wodurch eine mehr oder weniger rechteckige, sehr charakteristische Felderung entsteht. An den Abgangsstellen der bogenförmig zum glatten Blattrand verlaufenden Sekundärnerven von der Mittelrippe befinden sich weiße, feine Haarbüschel. Schwarzbraune Blattstielteile des langgestielten Endfiederblattes und Bruchstücke der kräftigen Mittelrippe mit ansitzenden Spreitenresten kommen vor.

Schwarz gewordene Blatteile sind minderwertig.

M. K.: 2—3reihiges Palisadenparenchym; zahlreiche, verschieden große Oxalatdrusen; büschelig vereinte, einzellige, dickwandige Haare und Drüsenschuppen.

Folia Juglandis enthalten Gerbstoff. Sie werden sehr häufig als Adstringens und als Blutreinigungsmittel verwendet.

Erläuterungen zu Abb. 15 u. 16, Taf. 3.

Abb. 15: Schnittdroge, zweimal vergr.: Die Fiederblattstücke der ersten drei Reihen in U.-Ansicht mit der charakteristischen rechteckigen Nervatur. Dritte Reihe, ganz links: ein Blattstück mit den weißen Haarbüscheln in den Nervenwinkeln. 4. Reihe: Blattstücke in O.-Ansicht mit kaum sichtbarer Nervatur, daneben Mittelrippenbruchstücke.

Abb. 16: Ganzdroge, nat. Gr.: Oben ganzes Fiederblatt in O.-Ansicht; links unten, langgestieltes Endfiederblattstück; rechts: Blattstück in U.-Ansicht mit gut wahrnehmbarer Nervatur und Haarbüscheln in den Nervenwinkeln.

Folia Menthae piperitae
Pfefferminzblätter
Mentha piperita L. Lamiaceae
Pfefferminze
Taf. 3, Abb. 17 u. 18

Die leicht zerbrechlichen, etwas aufgewölbten oder gerunzelten, mitunter einmal zusammengefalteten Blattstückchen besitzen eine hellgrüne Unterseite, auf der die meist bläulichviolett angelaufenen, manchmal auch weißlichgelben Haupt- und Sekundärnerven deutlich hervorragen. Auf der hell- bis schwarzgrünen Oberseite sind diese Nerven als Einsenkungen erkennbar. Beide Blattseiten besitzen zahlreiche, punktförmige, etwas in die Blattfläche eingesenkte Labiatendrüsenköpfchen. Auf den Blattflächenteilen ausgewachsener Blätter findet sich nur selten eine schwache Behaarung. Die unterseits hervorragenden Haupt- und manchmal auch die Sekundärnerven tragen kleine Haare. Die Blattrandstücke besitzen ungleich scharf gesägte Randzähne von mitunter blauvioletter Färbung. Die Stengelstücke sind vierkantig, bläulichviolett oder auch grünviolett angelaufen.

Beim Zerreiben der Blattstückchen tritt der sehr charakteristische kräftige, aromatische Mentholgeruch (nach „Pfefferminze") auf. Der Geschmack ist brennend würzig, mit angenehm kühlendem Nachgeschmack.

M. K.: Labiatendrüsenschuppen mit 8 sezernierenden Zellen. Mehrzellige Haare mit „kurzlängsstreifiger" Kutikula.

Folia Menthae piperitae enthalten 1 bis 2,5% ätherisches Öl mit Menthol und Flavone. Sie sind unter den Blättern die am häufigsten in Teemischungen angewandte Droge und werden gegen Magenverstimmung, Magenkrämpfe, Übelkeit, Leibschmerzen, Blähungen, Darmträgheit, Nervosität, Kopfschmerzen, Leber- und Gallenleiden gebraucht. Auch in der Tierheilkunde werden Pfefferminzblätter bei Erkrankungen der Verdauungsorgane sehr häufig verwendet.

Erläuterungen zu Abb. 17 u. 18, Taf. 3.

Abb. 17: Schnittdroge, zweimal vergr.: Die meisten Blattstückchen in U.-Ansicht mit deutlich hervortretenden Haupt- und Sekundärnerven. An den Nerven des ersten, dritten und fünften Blattes der ersten Reihe ist die Behaarung gut sichtbar. Das 2., 3. und 4. Blattstück der 3. Reihe in O.-Ansicht mit kaum erkennbarer Nervatur. An mehreren Blatteilen ist die drüsige Punktierung, an einzelnen sind die scharfgesägten Blattzähne vorhanden. Rechts unten: Blütenknospen. Am unteren Bildrand vierkantige, glatte und behaarte Stengelteile.

Abb. 18: Ganzdroge, nat. Gr.: Die meisten Blätter und Blatteile in U.-Ansicht mit Randzähnen, Nervatur und Einfaltung. Mitte oben: ganzer Blütenstand. Rechts Mitte am Rand und rechts unten: je ein Blatteil in O.-Ansicht. Unten am Rand: vierkantige Stengelteile.

Folia Fraxini
Eschenblätter
Fraxinus excelsior L. Oleaceae
Esche
Taf. 4, Abb. 19 u. 20

An den spröden Fiederblattstückchen treten auf der hellgrünen Unterseite hauptsächlich die meist stark behaarten, weißlichgelben Haupt- und weniger behaarten Sekundärnerven hervor. Die Seitennerven enden nicht in den feingesägten kleinen, scharfen, gekrümmten Blattrandzähnen, sondern verzweigen sich in ein feinnetzaderig anastomosierendes, braungefärbtes Nervennetz. Auf der tiefgrünen Oberseite der Fiederblatteile treten die Nerven kaum in Erscheinung. Kräftige, braune Fiederblattspindelstücke kommen vor.

M. K.: Spaltöffnungen mit ankerförmigen Kutikularfalten an den Polen. Dreireihiges Palisadenparenchym. Drüsenhaare vom Lamiaceentyp und lange, einzellige Haare.

Folia Fraxini enthalten Mannit und Quercitrin. Sie werden als harntreibendes Mittel gegen Rheumatismus, Gicht und Steinleiden verwendet. Während des Krieges wurden sie auch als „Ersatz" für schwarzen Tee gebraucht.

Erläuterungen zu Abb. 19 u. 20, Taf. 4.

Abb. 19: Schnittdroge, zweimal vergr.: Fiederblattstücke in O.-Ansicht mit kaum wahrnehmbarer Netznervatur, in U.-Ansicht mit deutlich hervortretenden, meist behaarten Haupt- und Sekundärnerven. Einzelne Blattstücke mit den kleinen Randzähnen. Unten: Stücke der Fiederblattspindel.

Abb. 20: Ganzdroge, nat. Gr.: Dunklere, kleinzähnige Fiederblättchen mit kaum sichtbaren Nerven in O.-Ansicht. Hellere mit deutlicher Nervatur in U.-Ansicht und Fiederblattspindelteile.

Folia Malvae
Malvenblätter
Malva silvestris L. u. M. neglecta WALL. Malvaceae
Malve, Käsepappel
Taf. 4, Abb. 21 u. 22

Die nicht leicht zerbrechlichen, etwas weich sich anfühlenden, hellgrünen Bestandteile der Schnittdroge treten vielfach in Form mehrschichtig übereinanderliegender, ineinandergefalteter und zusammengepreßter Blattstückchen auf. Die Einrollung der Blätter zur Oberseite hin läßt die handförmig vom Blattstiel ausstrahlenden, leicht behaarten Hauptnerven auf der Unterseite deutlich erkennen. Blattrandstücke besitzen ungleich gekerbte oder stumpf gesägte Blattzähne. Gelegentlich finden sich auch blauviolette, stark geschrumpfte Blütenblattreste, kleine, grüne, stark behaarte, geschlossene Blütenknospen und reife, hell- bis dunkelbraune Fruchtkapseln mit ihrer eigentümlichen, etwas eingedrückten, breitrundlichen, runzeligen und strahlig gefurchten (handkäseförmigen) Scheibenform.

Blattfragmente mit rotbraunen Punkten (Pilzsporenlager von *Puccinia malvacearum Mont.*, Malvenrost) weisen auf minderwertige Droge hin und sollen keine Verwendung finden.

M. K.: Vereinzelt Büschelhaare und lange, einzelstehende Haare mit verdickter Basis. Oxalatdrusen und Schleimzellen.

Folia Malvae enthalten Schleim und etwas Gerbstoff. Sie wirken reizmildernd, entzündungswidrig und einhüllend.

Erläuterungen zu Abb. 21 u. 22, Taf. 4.

Abb. 21: Schnittdroge, zweimal vergr.: Links oben: drei einzelne Blattstückchen in O.-Ansicht mit kaum sichtbarer Nervatur und zwei davon mit stumpfgekerbtem Blattrand. Die übrigen Blattfragmente meist in U.-Ansicht, mehrschichtig, runzelig eingerollt, mit handförmigen, vielfach behaarten Hauptnerven und ansitzenden Blattstielteilen. Mitte rechts: Blatteile in Aufsicht, vielfach ineinandergefaltet und zusammengepreßt. Darunter rechts: Blütenblatteile. Links unten: Fruchtkapseln mit erhaltenem Kelch. Daneben, untere Reihe: grubig, netzartig gezeichnete Teilfrüchtchen mit Samen aus der Fruchtkapsel. Darüber: einzelne dunkle, nierenförmige Samen. Rechts unten: kleinere Fruchtkapseln mit Kelch.

Abb. 22: Ganzdroge, nat. Gr.: Blatteile und Blätter, stark eingerollt, runzelig gefaltet mit deutlich hervortretender Nervatur in U.-Ansicht; links oben: 1. und 2. Reihe in O.-Ansicht. Unterer Bildrand, Mitte: Blüte mit Kelch. Rechts unten: Fruchtkapseln mit Kelch.

Folia Trifolii fibrini

Bitterkleeblätter
Menyanthes trifoliata L. Menyanthaceae
Bitterklee
Taf. 4, Abb. 23 u. 24

Die unbehaarten Fiederblattstückchen sind leicht erkennbar an dem auf der hellgraugrünen Unterseite nur ganz schwach über die Blattspreite hervorragenden Mittelnerv. Dieser breite, weißliche Hauptnerv zeigt eine längsrunzelige, feingrubige Struktur, da die großen Gewebeinterzellularen beim Trocknen (Sumpfpflanze) einfallen. Die Sekundärnerven sind nur sehr schwach, die übrigen Nerven überhaupt nicht mehr erkennbar. Die hellgrüne Oberseite ist glatt und zeigt fast keine Nerven. Durch die Einrollung der Ganzdroge beim Trocknen finden sich nicht selten mehrfach ineinandergefaltete Blattstücke. Charakteristisch sind auch die dreiarmigen, rundlichen, durch Schrumpfung stark längsrinnigen Blattstielreste. Größere längsfaltige, weißgrüne bis bräunliche, scheidige Blattstielabschnitte kommen vor. Die Blätter besitzen einen bitteren, stark anhaltenden Geschmack.

M. K.: Auf dem Querschnitt interzellularenreiches Luftgewebe. Gestreifte Kutikula und große Spaltöffnungen.

Folia Trifolii fibrini enthalten den glykosidischen Bitterstoff Menyanthin und Gerbstoff. Sie werden sehr häufig, meist zusammen mit anderen Bitterstoffdrogen, in Teemischungen angewandt als appetitanregendes Mittel zur Belebung der Magen-, Darm- und Bauchspeicheldrüsentätigkeit, zur Blutreinigung, gegen Gallenleiden und Rheumatismus.

Erläuterungen zu Abb. 23 u. 24, Taf. 4.

Abb. 23: Schnittdroge, zweimal vergr.: Die einzelnen Fiederblattstücke meist in U.-Ansicht mit dem breiten, längsrunzeligen Mittelnerv; in O.-Ansicht fast ohne Nervatur. Links unten: ein ineinandergefaltetes Blattstück; rechts Mitte: charakteristische dreiarmige Blattstielteile. Darunter: längsfaltige, scheidige Stengelabschnitte.

Abb. 24: Ganzdroge, nat. Gr.: Einzelne Fiederblättchen und ganze, dreiteilige Blätter zum Teil eingerollt. In der Mitte: langes, breites Stengelstück.

Folia Rubi fruticosi

Brombeerblätter
Rubus fruticosus L. u. andere Arten der Untergattung *Rubus. Rosaceae*
Brombeere, Braun- u. Brambeere
Taf. 5, Abb. 25 u. 26

Kennzeichnend sind Blattstückchen mit feinen, weißlichgelben Stacheln, die an der Unterseite an dem hervortretenden Mittelnerv ansitzen. Blattstiel- und Sproßteile tragen etwas kräftiger entwickelte, leicht zurückgebogene Stacheln. Die Blatteile sind von weicher Beschaffenheit und auf der tiefgrünen Oberseite spärlich, auf der hellgrünen, fiederig innervierten Unterseite etwas dichter behaart.

M. K.: Einzellige, lange, sehr stark verdickte Borsten- und Büschelhaare mit Zellumen nur an der Basis.

Folia Rubi fruticosi enthalten Gerbstoff. Sie werden meist in Verbindung mit anderen Waldkräutern häufig in den sogenannten Frühstücks- oder deutschen Kräutertees und als „Ersatz" des schwarzen Tees im Haushalt angewendet. Wegen ihrer adstringierenden Wirkung finden sie als Antidiarrhoicum Verwendung.

Erläuterungen zu Abb. 25 u. 26, Taf. 5.

Abb. 25: Schnittdroge, zweimal vergr.: Erste Reihe: Blattstücke in O.-Ansicht mit schwacher Behaarung, Nervatur kaum sichtbar. Mittleres Blattstück mit Randzähnen. 2. Reihe: Blattstücke in U.-Ansicht mit stärkerer Behaarung und deutlicher hervortretender Nervatur. 3. Reihe: Blattstücke in U.-Ansicht mit Stacheln an der Mittelrippe. 4. Reihe: Stiel- und Stengelteile mit Stacheln; rechts: drei Blattstückchen von *Herba Rubi Idaei* (Beimengung) mit weißem Haarfilz auf der Unterseite und dunkelgrüner Oberseite mit feingesägtem Blattrand (mittleres Blattstückchen).

Abb. 26: Ganzdroge, nat. Gr.: Helle Teilblättchen des fünfzähligen Blattes in U.-Ansicht mit fiederiger Nervatur und dichtem Haarbelag. Links unten und Mitte: dunkle Teilblättchen und Blattstückchen in O.-Ansicht mit schwacher Behaarung. Rechts: abgeblühter Blütenstand.

Folia Orthosiphonis staminei

Orthosiphonblätter
Javatee, „Koemis Koetjing", Indischer Nierentee
Orthosiphon stamineus BENTH. Lamiaceae
Orthosiphon
Taf. 5, Abb. 27 u. 28

Die Schnittdroge besteht aus spröden, dünnen, oberseits hellgelb- bis sattgrünen, unterseits hellgraugrünen Blattstückchen, deren Hauptmerkmal die blauviolette Färbung der Nerven bildet. An Blattstückchen mit dem grobgezähnten Blattrand sind in der Regel der ganze Rand, mitunter aber auch nur wenige Zähne oder bloß die Blattzahnspitzen blauviolett überlaufen. Dieselbe Färbung zeigen auch die Blattstiel- und vierkantigen Stengelteile. Ein weiteres Kennzeichen der einzelnen Blatteile bildet die sehr feine, drüsige Punktierung (Labiatendrüsenköpfchen). Vereinzelt finden sich ganze, traubige Blütenstände im Knospenzustande in Form verlängerter Scheinähren.

M. K.: Kurze, kegelförmige Haare, lange Borstenhaare und Labiatendrüsenschuppen mit nur 4 sezernierenden Zellen.

Folia Orthosiphonis enthalten äther. Öl, Gerbstoff, das Saponin Saponin und das Glykosid Orthosiphonin. Sie werden wegen ihrer diuretischen Wirkung vor allem bei den Nieren- und Blasenleiden, dann auch bei Galle- und Lebererkrankungen verwendet. Im Heimatgebiet (Ostasien, Sundainseln und Australien) sind die *Fol. Orthosiphonis* als gewöhnlicher Tee (Javatee) ein beliebtes Genußmittel.

Erläuterungen zu Abb. 27 u. 28, Taf. 5.

Abb. 27: Schnittdroge, zweimal vergr.: 1. Reihe rechts: die letzten drei Blattstückchen in O.-Ansicht ohne deutlich hervortretende Nervatur. Alle übrigen Blattbruchstücke in U.-Ansicht mit blauviolett gefärbten Nerven, violettem Blattrand und feiner drüsiger Punktierung. Am rechten Bildrand in der Mitte: zwei Blütenstände im Knospenzustand. Unterer Bildrand: vierkantige, blauviolette Stengelteile.

Abb. 28: Ganzdroge, nat. Gr.: Die meisten eilanzettlichen, lang zugespitzten, an der Basis keilförmigen, am Rande grobgezähnten Blätter mit hervortretender Nervatur, in U.-Ansicht. Am unteren Bildrand, links und rechts: Blätter in O.-Ansicht mit undeutlich wahrnehmbarer Nervatur. Rechts am Rand: Stengelstück mit mehreren Blättern und Blütenstand. Weitere Blütenstände in der Bildmitte rechts unten und oben.

Folia Menthae aquaticae

Wasserminzenblätter
Mentha aquatica L. Lamiaceae
Wasserminze, Bachminze
Taf. 5, Abb. 29 u. 30

Die spröden Blattstückchen besitzen als wesentliches Kennzeichen auf der weißlichgrünen Unterseite einen dichten bis filzigen Haarbelag, der nur den kräftigen Mittelnerv und mitunter die hellen Sekundärnerven hervortreten läßt. Die dunkelgrüne, meist unbehaarte Oberseite zeigt die Nervatur als schwache Einsenkung. Blattstückchen von jungen Blättern tragen vielfach auch oberseits einen dichten, weißen Haarfilz. Ein weiteres Merkmal bietet der deutlich gesägte, mit nicht sehr großen, lanzettlichen Zähnen versehene Blattrand. Neben zahlreichen, sehr kräftigen, vierkantigen, bräunlichgrünen bis blauvioletten, derben Stengelteilen, finden sich kleine, blauviolette Blüten und behaarte, kugelige Blütenknospen.

Die Droge besitzt einen stark minzenartigen Geruch.

M. K.: Sehr lange, vielzellige, dünnwandige, meist gebogene Haare und Labiatendrüsenschuppen.

Folia Menthae aquaticae enthalten äther. Öl. Sie wurden früher sehr häufig gegen Magenbeschwerden, als galletreibendes Mittel sowie als Aromaticum und Carminativum verwendet.

Erläuterungen zu Abb. 29 u. 30, Taf. 5.

Abb. 29: Schnittdroge, zweimal vergr.: Die weißfilzig behaarten Blattstückchen, einzelne mit Randzähnen, in U.-Ansicht. Die tiefdunklen Blatteile in O.-Ansicht. Links unten bis Mitte und rechts oben: Blüten und Blütenknospen. Rechts unten: derbe, vierkantige Stengelstücke.

Abb. 30: Ganzdroge, nat. Gr.: Ganze, längliche eiförmige bis lanzettliche Blätter mit feingesägten Randzähnen und hellem, dichtem Haarfilz mit Nervatur, in U.-Ansicht. Zweites, dunkles Blatt und Blattstückrest rechts darunter in O.-Ansicht. Rechts am Rand: Stengelstück mit Blättern. Mitte rechts und unten: Blüten und einzelner großer, vierkantiger, blauvioletter Stengelteil.

Folia Farfarae
Huflattichblätter
Tussilago farfara L. Asteraceae
Huflattich
Taf. 6, Abb. 31 u. 32

Die Schnittdroge besteht aus meist viereckigen Blattstückchen, die auf der Unterseite als eindeutiges Kennzeichen einen sehr dichten, schmutzigweißen Haarfilz tragen. Auf der hell- bis dunkelgrünen, feingerunzelten Oberseite sind sie unbehaart und lassen mitunter die handförmigen Nerven von blauvioletter Färbung erkennen. Die weichen, aber brüchigen Blattteile treten oft als mehrfach ineinandergefaltete Blattfragmente oder durch die filzige Behaarung leicht zusammenhaftende Blattklumpen auf. Bruchstücke des buchtigen, blauviolett angelaufenen Blattrandes sind knorpelig gezähnt. Selten kommen Blatteile von ganz jungen, beiderseits behaarten Blättern vor. Mitunter finden sich Blattstückchen mit rotbraunen Flecken, die von Pilzbefall herrühren.

M. K.: Im Querschnitt 3—4 reihige Palisadenschicht und große Luftkammern im Schwammparenchym. Haare mit 1—4 Stielzellen und langer, peitschenschnurartiger Endzelle.

Folia Farfarae enthalten Schleim, äther. Öl, einen glykosidischen Bitterstoff und Gerbstoff. Sie werden sehr häufig als beliebtes und wirksames Mucilaginosum und Expectorans bei Erkrankungen der Atmungsorgane verwendet.

Erläuterungen zu Abb. 31 u. 32, Taf. 6.

Abb. 31: Schnittdroge, zweimal vergr.: Die hellen Blattstückchen mit dem dichten Haarfilz, in U.-Ansicht. Die dunkleren Blatteile mit handförmiger Nervatur und unbehaarter, feingerunzelter Blattfläche in O.-Ansicht. Links oben: das erste Blattstück in O.-Ansicht, das zweite in U.-Ansicht mit knorpeligen Randzähnen. Unterer Bildrand, Mitte: ein mehrfach ineinandergefaltetes Blattstückchen. Rechts davon: zwei blauviolette Blattstielteile.

Abb. 32: Ganzdroge, nat. Gr.: Links: Blatthälfte in U.-Ansicht mit dichtem, schmutzig-weißem Haarfilz und wenig hervortretender Nervatur. Rechts: Blatthälfte in O.-Ansicht mit feinrunzeliger Blattfläche, handförmiger, blauvioletter Nervatur und buchtig gezähnter Randausbildung.

Folia Salviae
Salbeiblätter
Salvia officinalis L. Lamiaceae
Salbei
Taf. 6, Abb. 33 u. 34

Die Blattstückchen besitzen als Hauptmerkmal auf Ober- und Unterseite einen meist sehr dichten, filzigen Haarbelag. Die silbergrauen, spröden Bruchstückchen haften vielfach durch die starke Behaarung in kleinen, samtartig sich anfühlenden Klumpen zusammen. Häufig, vor allem an Blattstückchen von älteren und je nach dem Standort variierenden Blättern, ist der Haarbelag weniger dicht entwickelt. Die grünen Blatteile zeigen dann eine sehr charakteristische klein-netzaderige Nervatur, eine kleinbuckelig aufgewölbte Oberseite und einen fein gekerbten Blattrand.

Spinnwebartig behaarte Blattstiele und Stengelteile der Stammpflanze dürfen in größerer Menge (über 3%) nicht vorhanden sein.

Der Geruch ist kräftig aromatisch, der Geschmack würzig bitter.

M. K.: Lange, mehrzellige, gebogene Deckhaare mit dicken Wänden und besonders stark verdickter Basalzelle. Labiatendrüsenschuppen.

Folia Salviae enthalten äther. Öl, Flavone, Gerb- und Bitterstoffe. Sie gehören zu den am häufigsten in Teemischungen vorkommenden Drogen. Sie werden vor allem als schweißhemmendes Mittel bei Rekonvaleszenten und Lungenkranken, ferner bei Entzündungen der Atmungsorgane und Rachenhöhle (Gurgelmittel), bei Katarrhen der Verdauungsorgane, Leberschwellung und Gallenstauung, bei Blasenkatarrh, Menstruationsstörungen, weißem Fluß, zur Verminderung der Milchabsonderung, als Karminativum und zu Umschlägen bei alten Wunden verwendet.

Erläuterungen der Abb. 33 u. 34, Taf. 6.

Abb. 33: Schnittdroge, zweimal vergr.: 2. Reihe: dicht filzig behaarte, silbergraue Blattstückchen, an denen die Nervatur kaum erkennbar ist; die ersten vier in U.-Ansicht, die letzten drei in O.-Ansicht. Die übrigen graugrünen Blatteile, links oben und links unten, etwas weniger dicht behaart; auf den Blattstückchen in U.-Ansicht die Nervatur erkennbar. Rechts oben: grüne, wenig behaarte Blattstückchen mit der feinrunzelig-blasigen Oberseite. Rechts unten: weißlichgraue, spinnwebig-filzig behaarte Stiel- und Stengelteile.

Abb. 34: Ganzdroge, nat. Gr.: Länglich eiförmige, stumpfspitzige, gestielte, verschieden stark behaarte Blätter. Rechte Bildhälfte: silbergraue, dicht filzig behaarte Blätter, teilweise noch am Stengel ansitzend. Linke Bildhälfte und ganz rechts am Rand: fast unbehaarte, grüne Blätter mit feinmaschigem Nervennetz. Das 3. Blatt links oben und das 1. links unten: in U.-Ansicht mit hervorspringender Nervatur. Die übrigen, links und rechts am Rand in O.-Ansicht mit eingesenkter Nervatur und runzeliger Blattfläche.

Folia Althaeae
Eibischblätter
Althaea officinalis L. Malvaceae
Eibisch, Sammetpappel, Heilwurz
Taf. 6, Abb. 35 u. 36

Die grau- bis gelblichgrünen, samtartig glänzenden Blattstückchen sind auf Ober- und Unterseite dicht weichfilzig behaart. Sie besitzen oberseits leicht eingesenkte, unterseits stark hervorspringende, fiederige, an basalen Blattstückchen handförmige Nerven. Die einzelnen Teile der Schnittdroge bestehen meist aus ineinandergefalteten oder mehrschichtig übereinanderliegenden, durch die dichte Behaarung zusammenhängenden Blattstückchen. Blattrandstücke zeigen große und kleine Zähne. In der Schnittdroge finden sich gelegentlich auch kleine, filzig behaarte Blütenknospen, rötlichweiße Blütenblatteile und ganze Fruchtstände oder Teile davon mit mehreren, gleichfalls behaarten Kapselfrüchten. Dicht behaarte Stiel- und Stengelteile kommen vor.

Blattstückchen mit zahreichen kleinen, braunen Flecken, vor allem auf der Blattunterseite, zeigen Pilzbefall an *(Puccinia malvacearum MONT.)* und dürfen in größerer Menge nicht vorhanden sein.

M. K.: Zwei- bis achtteilige Sternhaare mit steinzellenartig verdickter und getüpfelter Basis. Im Schwammparenchym Oxalatdrusen und Schleimzellen.

Folia Althaeae enthalten Schleim. Sie werden häufig als bewährtes Mucilaginosum bei Katarrhen der Luftwege, gegen Husten, ferner zu feuchtwarmen Umschlägen und als Gurgelmittel bei Entzündungen im Bereich der Mundhöhle verwendet.

Erläuterungen der Abb. 35 u. 36, Taf. 6.

Abb. 35: Schnittdroge, zweimal vergr.: 1. Reihe: samtartig behaarte, gelblichgrüne Blattstückchen in U.-Ansicht, zur O.-Seite hin eingerollt, mit hervorspringender, handförmiger Nervatur und gekerbtem Blattrand. 2. Reihe: die ersten beiden Stückchen in U.-Ansicht, das dritte in O.-Ansicht mit eingesenkter Nervatur. 3. Reihe: behaarter Stengelteil, daneben mehrschichtiges, ineinandergefaltetes Blattstückchen; rechts darüber und 2. Reihe, viertes Stückchen: aufgebrochene Blütenknospen mit blauvioletten Blütenblättern. Unterste Reihe, rechts: zwei Fruchtkapseln; rechts darüber: Kapselreste, von denen die Teilfrüchtchen größtenteils abgefallen sind. Darunter, 1. Reihe: gelblichbraune Teilfrüchtchen, 2. und 3. Reihe: schwarzbraune, nierenförmige Samen.

Abb. 36: Ganzdroge, nat. Gr.: Linke Bildhälfte: zwei Blätter mit typischer Randausbildung; das linke in O.-Ansicht mit eingesenkter, das rechte in U.-Ansicht mit hervorspringender Nervatur. Links oben, Mitte unten und rechts am Rand: zur Oberseite hin eingerollte Blätter. Links unten: Blütenknospen. Rechts oben: zwei hellrosa Blüten, darunter ein Fruchtstand mit mehreren Kapselfrüchten.

Folia Myrtilli

Heidelbeerblätter
Vaccinium myrtillus L. Ericaceae

Heidelbeere, Taubeere, Blaubeere, Schwarzbeere, Bickbeere, Staudelbeere
Taf. 7, Abb. 37 u. 38

In Teemischungen findet man neben Blattstückchen von älteren, größeren Blättern vielfach ganze, kleine Blättchen. Die durchschnittlich 2 cm langen und 1 cm breiten, eiförmigen, kurz gestielten Blätter sind im jungen Zustande hell- bis saftiggrün und zarthäutig, im älteren Stadium dunkelgrün, derb und steif. Die fiedrige Nervatur zeigt ein zierliches Adernetz. Der Blattrand ist kleinkerbig gesägt und besitzt drüsigbegrannte Zähne. Derbe, scharf vierkantige, meist etwas gedrehte, dunkel- bis braungrüne, glänzende Stengelteile, einzelne Blüten und schwarze, starkgeschrumpfte Beerenfrüchte kommen vor.

M. K.: Große, mehrzellige, keulenförmige Drüsenhaare auf der Unterseite größerer Nerven und auf der Spitze der Blattzähne.
Folia Myrtilli enthalten Flavone u. Gerbstoff. Sie werden in Teemischungen häufig wegen ihrer diuretischen und harndesinfizierenden Wirkung (meist zusammen mit *Folia Uvae ursi*) angewendet. Sie gelten als Adstringens, Antidiarrhoicum und als ein bei leichter Zuckerkrankheit nützliches Mittel.
Erläuterungen zu Abb. 37 u. 38, Taf 7.
Abb. 37: Schnittdroge, zweimal vergr.: 1. Reihe: die ersten beiden Blattstückchen in O.-Ansicht mit kaum hervortretender Nervatur. Die übrigen Blattstückchen und Blätter in U.-Ansicht mit fiederiger, feinnetzaderiger Nervatur und kerbig-gesägtem Blattrand. In der Mitte: scharf-vierkantige Stengelstücke. Rechts: geschrumpfte, schwarze Beerenfrüchte. Darunter zwei Blattstücke von *Fol. Vitis idaeae* in U.- und O.-Ansicht (als häufige Verunreinigung).
Abb. 38: Ganzdroge, nat. Gr.: Zahlreiche eiförmige, dünne Blätter in O.- und U.-Ansicht, den scharfkantigen Zweigen ansitzend.

Folia Sennae

Sennesblätter
Cassia angustifolia VAHL (Senna Tinnevelly) und *C. acutifolia DELILE* (Senna Alexandrina). *Fabaceae*

Senna
Taf. 7, Abb. 39 u. 40

Die Bestandteile der Schnittdroge bilden ganz erhaltene, kleinere Fiederblättchen oder einzelne Fiederblattstückchen. Hauptmerkmale sind die papierartig steife Beschaffenheit, der faserige Bruch, die hellgrüne Farbe und die fiederige Nervatur. Blattstückchen der Spitzenpartie sind mit einem kleinen, dunklen, knorpeligen Stachelspitzchen versehen. Blatteile der Spreitenbasis zeigen eine ungleichhälftige Blattfläche und einen sehr kurzen, gedrehten Blattstiel. Die Blattstückchen färben sich mit KOH rotbraun (Bornträgersche Reaktion).

M. K.: Äquifazialer Blattbau und einzellige, dickwandige Haare mit warziger Kutikula.
Verfälschungen (Abb. 40, rechts unten): Blätter von *Cassia auriculata L.*, (Senna Palthé), *Cynanchum arghel D.* (dicklich-lederartig, runzelig, Nervatur nicht sichtbar), *Tephrosia apollinea D.* (umgekehrt eiförmig, durch vielzellige Haare weich behaart) und von *Colutea arborescens L.* (dünn-

häutig, ei- bis herzförmig, an der Spitze vielfach ausgerandet und mit anliegenden, glänzenden, einzelligen Haaren besetzt). Diese und andere, morphologisch leicht erkennbare Blätter wurden hauptsächlich in der Senna Alexandrina beobachtet. Beimengungen geben mit 80%iger Schwefelsäure eine Rotfärbung (S. Palthé).
Folia Sennae enthalten Dianthronglykoside (Sennosid A und B) neben Oxymethylanthrachinonderivaten und Kämpferolglykosiden. Sie werden wegen ihrer abführenden Wirkung sehr häufig in Teemischungen verwendet.
Erläuterungen zu Abb. 39 u. 40, Taf. 7.
Abb. 39: Schnittdroge, zweimal vergr.: Einzelne Fiederblattstückchen und ganze, kleine Fiederblättchen mit bogig verlaufenden Seitennerven. Rechts unten: zwei schwarzbraune, mißfarbene Blattstückchen.
Abb. 40: Ganzdroge und Verfälschungen, nat. Gr.: Obere Reihe: schmale Fiederblättchen von *Cassia angustifolia*. Untere Reihe, 1. bis 6. Blatt: kleinere, mehr spitzblättrige Fiederblättchen von *C. acutifolia*. Bildmitte: oberer Teil eines kleinen Blattes mit einigen der Spindel ansitzenden, jungen Fiederblättchen. Die übrigen Blätter, Verfälschungen: untere Reihe, 7. und 8. Blatt: *Cassia auriculata L.* (Senna Palthé). Rechts, mittlere Reihe, 1. und 2. Blatt: *Cynanchum arghel D.*, 3. Blatt: *Tephrosia apollinea D.* Untere Reihe, ganz rechts, die beiden letzten Blätter: *Colutea arborescens L.*

Folia Jaborandi

Jaborandiblätter
Pilocarpus microphyllus STAPF, P. Jaborandi HOLMES und andere P.-Arten. *Rutaceae*

Jaborandi
Taf. 7, Abb. 41 u. 42

Die bräunlichgrünen, steif-lederigen Fiederblattstückchen sind eindeutig gekennzeichnet durch Fragmente der Blattspitze, die eine tiefgekerbte Ausrandung besitzen. Blatteile von der Spreitenbasis der Seitenfiederblättchen zeigen eine ungleichhälftige Blattfläche und sind ungestielt, während die etwas seltener zu findenden Blatteile der Fiederendblättchen gleichhälftig und beflügelt gestielt sind. Ein wesentliches Merkmal der einzelnen, beim Zerreiben aromatisch riechenden Blattstückchen bildet die bei durchscheinendem Lichte sichtbare Punktierung, die von schizolysigenen Sekretbehältern herrührt.

M. K.: Im Mesophyll große Sekreträume, ein kurzes, einschichtiges Palisadenparenchym, große Oxalatdrusen und zahlreiche Sklerenchymfasern.
Folia Jaborandi enthalten äther. Öl, die Alkaloide Pilocarpin, Isopilocarpin, Pilosin, Isopilosin, Pilocarpidin u. a. Sie werden neuerdings wieder als schweiß- und harntreibendes Mittel verwendet.
Erläuterungen der Abb. 41 u. 42, Taf. 7.
Abb. 41: Schnittdroge, zweimal vergr.: 1. und 2. Reihe: Fiederblattstückchen mit tiefausgerandeter Blattspitze. 3. Reihe: Fiederblatteile mit bogig untereinander verbundenen Sekundärnerven. Die übrigen Fiederblattstückchen meist ungleichhälftig und ungestielt; einzelne gleichhälftige und beflügelt gestielte stammen von Fiederendblättchen.
Abb. 42: Ganzdroge, nat. Gr.: Rechte Bildhälfte: Endfiederblättchen, gleichhälftig und beflügelt gestielt. Die übrigen Seitenfiederblättchen ungleichhälftig und ungestielt. Alle Fiederblätter mit deutlich ausgerandeter Spitze und fiedriger Nervatur mit bogig anastomosierenden Sekundärnerven.

Folia Rhododendri

Alpenrosenblätter
Rhododendron ferrugineum L. Ericaceae

Rostblätterige Alpenrose
Taf. 8, Abb. 43 u. 44

Die derben, lederartigen Blattstückchen sind eindeutig zu erkennen an der rostbraunen, matten Unterseite mit dichter, drüsiger Punktierung und stark hervortretendem Mittelnerv. Auf der dunkelgrünen, glänzenden Oberseite zeigt sich die Nervatur als vertieftes, feinverästeltes Adernetz. Die Blatteile sind ganzrandig und meist zur Unterseite hin etwas umgebogen. Apikale Blattstückchen besitzen eine stumpfe, knorpelige Spitze und basale Fragmente eine gegen den kurzen Stiel hin verschmälerte Blattfläche. Gelegentlich finden sich derbe, stark runzelige Zweigstückchen.

M. K.: Auf der Blattunterseite zahlreiche rundliche Drüsenschuppen und stark getüpfelte Epidermiszellen mit papillös vorgewölbter Außenseite.
Folia Rhododendri enthalten Arbutin, Gerbstoff und äther. Öl. Sie werden nur mehr gelegentlich als wasser- und schweißtreibendes Mittel bei Gicht, Rheumatismus und Steinbeschwerden verwendet.

Erläuterungen zu Abb. 43 u. 44, Taf. 8.

Abb. 43: Schnittdroge, zweimal vergr.: 1., 2. u. 3. Reihe: Blattstückchen in O.-Ansicht mit feinnetzadriger Nervatur. 4. Reihe: Blattstückchen in U.-Ansicht mit kräftigem Mittelnerv. Unterste Reihe: stark runzelige Zweigstückchen.

Abb. 44: Ganzdroge, nat. Gr.: Länglich ovale, gegen den Stiel hin verschmälerte Blätter, teils in O.-, teils in U.-Ansicht.

Folia Vitis idaeae
Preiselbeerblätter
Vaccinium vitis-idaea L. Ericaceae
Preiselbeere
Taf. 8, Abb. 45 u. 46

Die steifen Blattstückchen besitzen auf der glatten, hellgraugrünen, matten Unterseite als Hauptmerkmal eine sehr augenfällige, deutliche Punktierung durch große, braune Drüsen. Auf der Oberseite zeigen die graugrünen bis schwarzbraunen, glänzenden, etwas runzeligen Blatteile eine fiederige Nervatur, die dadurch gekennzeichnet ist, daß der Mittelnerv und die bogig untereinander verbundenen Sekundärnerven tief eingesenkt sind. Blattrandstückchen lassen einen umgebogenen, kleingesägten Rand und Blattspitzenteile eine charakteristische Ausrandung erkennen.

M. K.: Auf der Blattunterseite keulenförmige, vielzellige Drüsenzotten mit zweizellreihigem Stiel und meist braunem Inhalt.
Folia Vitis Idaeae enthalten Arbutin und Gerbstoff. Sie finden in neuerer Zeit wieder Verwendung bei Blasenleiden, Rheumatismus, Gicht und Zuckerkrankheit.

Erläuterungen zu Abb. 45 u. 46, Taf. 8.

Abb. 45: Schnittdroge, zweimal vergr.: Unterer Bildrand: Blattstücke in U.-Ansicht mit drüsiger Punktierung. Alle übrigen Blattbruchstücke in O.-Ansicht mit tief eingesenkten Nerven und Ausrandung der Blattspitze.
Abb. 46: Ganzdroge, nat. Gr.: Die meisten Blätter in O.-Ansicht mit der charakteristischen Nervatur, verschiedenartiger Färbung und Randausbildung. Unterer Bildrand: die meisten Blätter in U.-Ansicht mit drüsiger Punktierung.

Folia Uvae ursi
Bärentraubenblätter
Arctostaphylos uva-ursi (L.) SPRENG. Ericaceae
Bärentraube
Taf. 8, Abb. 47 u. 48

Die dicken Blattstückchen sind gekennzeichnet durch ihre auffallend steife, brüchige Beschaffenheit und die sehr feinmaschige Netznervatur, die auf der hell- bis dunkelgrünen Oberseite tief eingesenkt ist, während sie auf der blaßgrünen Unterseite nur schwach hervortritt. Einzelne Blattbruchstücke lassen die spatelförmige Gestalt der kurz-gestielten, an der Spitze meist abgerundeten Blätter deutlich erkennen. Der Blattrand ist etwas knorpelig ausgebildet und leicht zurückgebogen. Zweigstücke und vereinzelte, schwarzrote, eingetrocknete Beerenfrüchte sind in der Schnittdroge mitunter anzutreffen. Braune oder schwarze Blattstückchen sollen nicht enthalten sein.

M. K.: Dicke Kutikula als breiter, stark lichtbrechender Streifen auf beiden Blattseiten und dreireihiges Palisadenparenchym.
Folia Uvae Ursi enthalten Arbutin, Methylarbutin, Flavonglykoside und Gerbstoff (= 'Penta- bis Hexa-O-galloylglucosen). Sie werden sehr häufig wegen ihrer stark antiseptischen, desinfizierenden Wirkung auf die Harnwege, als harntreibendes Mittel bei Rheumatismus, Gicht und Zuckerkrankheit verwendet.

Erläuterungen zu Abb. 47 und 48, Taf. 8.

Abb. 47: Schnittdroge, zweimal vergr.: Blattstückchen mit tief eingesenkten Netznerven in O.-Ansicht und Blatteile mit kaum hervortretender Nervatur in U.-Ansicht. Untere Bildhälfte: mißfarbige Blattstückchen.

Unterer Bildrand: Zweigstückchen und, ganz rechts, einige geschrumpfte, schwarzrote Beerenfrüchte.

Abb. 48: Ganzdroge, nat. Gr.: Spatelförmige, kurz gestielte Blätter verschiedener Größe mit dem charakteristischen auf der Oberseite (1. Reihe: 1. 3. u. 5. Blatt) tief eingesenkten und auf der Unterseite (1. Reihe: 2. 4. u. 6. Blatt) schwach hervortretenden Nervennetz. Außer den Blättern einzelne Zweigstückchen und Beerenfrüchte.

Folia Aurantii
Pomeranzenblätter
Citrus aurantium L. subsp. aurantium ENGLER
Rutaceae
Pomeranze. Bitterorange
Taf. 9, Abb. 49 u. 50

Die glatten, hellgrünen Blattstückchen sind steif, zählederig und lassen auf der Oberseite nur die eingesenkte Mittelrippe erkennen, während auf der Unterseite der starke Mittelnerv und die Seitennerven deutlich hervortreten. Ein gutes Kennzeichen bildet die in Aufsicht, vor allem aber im durchfallenden Licht wahrnehmbare, kräftige, drüsige Punktierung, die von zahlreichen Ölbehältern herrührt. Die Blattstückchen zerbrechen beim Abbiegen mit faserigem Bruch. Mitunter kommen auch Blattstiele, ganze oder Teile von Blütenknospen mit hellbraunen, dunkler punktierten Blumenblättern und kleine, braunschwarze Beerenfrüchtchen vor.
Sie besitzen einen aromatisch bitteren Geschmack.

M. K.: Große, kugelige, schizolysigene Ölräume und große Oxalateinzelkristalle.
Folia Aurantii enthalten äther. Öl und Bitterstoffe. Sie werden in Nerventees, als Stomachicum und als Geschmackskorrigens verwendet.

Erläuterungen zu Abb. 49 u. 50, Taf. 9.

Abb. 49: Schnittdroge, zweimal vergr.: 1. 2. u. 3. Reihe: Blattstückchen in O.-Ansicht mit drüsiger Punktierung. 3. Reihe: die beiden mittleren und die übrigen eingerollten Blatteile in U.-Ansicht mit Seitennervatur. Links unten: zwei geflügelte Blattstiele. Rechter unterer Bildabschnitt: zwei Blütenknospen, zwei geöffnete Blüten und ein braunpunktiertes Blütenblatt.

Abb. 50: Ganzdroge, nat. Gr.: Bildmitte: eiförmiges Blatt in U.-Ansicht mit hervortretender Nervatur und gelenkig ansitzendem, herzförmig geflügeltem Blattstiel. Rechts: Blatt in O.-Ansicht, Nervatur nicht hervortretend, mit abgebrochenem Blattstiel. Links oben: ein junges Blatt in O.-Ansicht mit Blütenknospe, darunter eine offene und eine noch geschlossene Blüte. Mitte unten: Blattstiel- und Zweigreste.

Folia Mate
Mateblätter, Matetee, Paraguaytee
Ilex paraguariensis ST. HILAIRE u. a. I.-Arten
Aquifoliaceae
Mate
Taf. 9, Abb. 51 u. 52

Die glatten, steifen, hellgrünen bis dunkelbraunen Blattstückchen sind meist ziemlich klein und unregelmäßig gebrochen. Größere Blattbruchstücke mit der auf der Unterseite hervorragenden, fiederigen Netznervatur finden sich nur sehr selten. Kräftige, kurze Blattstiele und Zweigteile kommen häufig vor.
Die Droge hat einen loheartigen, aromatischen, etwas rauchigen Geruch und einen herben Geschmack.

M. K.: Reihenförmig angeordnete, viereckige Epidermiszellen über den dickeren Nerven. Sternartiges, lockeres Schwammparenchym.
Folia Mate enthalten etwa 1% Koffein, Gerbstoff, harzartige und aromatische Substanzen. Sie werden wegen ihrer anregenden Wirkung als Nervinum sowie als harntreibendes Mittel verwendet.

Erläuterungen zu Abb. 51 u. 52, Taf. 9.

Abb. 51: Schnittdroge, zweimal vergr.: Blattstückchen mit Nervatur in Unterseitenansicht, ohne Nervatur in O.-Ansicht. 1. Reihe: 1. u. 3. Blattstückchen mit entfernt kerbig-gesägtem Blattrand. Rechts unten: Blattstiel- und Zweigstückchen.

Abb. 52: Ganzdroge, nat. Gr.: Links und Mitte unten: zwei entfernt kerbig-gesägte Blätter in O.-Ansicht mit kaum wahrnehmbarer Nervatur. Mitte und rechts oben: zwei Blätter in U.-Ansicht mit hervortretendem Mittelnerv und schlingenbildenden Sekundärnerven.

Folia Eucalypti

Eucalyptusblätter

Eucalyptus globulus LABILL. Myrtaceae

Eucalyptus

Taf. 9, Abb. 53 u. 54

Die graugrünen Blattstückchen sind von sehr steifer, dicklederiger Beschaffenheit. Die fast nur auf der Unterseite in Erscheinung tretende Nervatur besteht aus einer kräftigen Mittelrippe und zahlreichen Seitennerven, die mit einem dem Blattrand parallel laufenden Randnerv anastomosieren. Die am Blattrande knorpelig verdickten Blattstückchen besitzen kleine, entfernt stehende, braune Korkwarzen. In sich gedrehte, stark gerunzelte Stielteile und scharfkantige Zweigstückchen kommen vor.

Die Blattstückchen riechen aromatisch und schmecken bitter zusammenziehend.

M. K.: Äquifazialer Blattbau mit mehrreihigem Palisadenparenchym und große schizogene Ölräume.

Folia Eucalypti enthalten äther. Öl, Bitterstoff und Gerbstoff. Sie werden gelegentlich bei bronchitischen Beschwerden und in Hustenteemischungen verwendet.

Erläuterungen zu Abb. 53 u. 54, Taf. 9.

Abb. 53: Schnittdroge, zweimal vergr.: Sämtliche Blattstückchen in U.-Ansicht mit knorpelig verdicktem, umgebogenem Blattrand, charakteristischer Nervatur und warziger Punktierung. Unterer Bildrand: Stiel- und Zweigstückchen.

Abb. 54: Ganzdroge, nat. Gr.: Mitte: ein sichelförmiges Blatt in zwei Teile geschnitten. Oberer Blatteil: basale Partie in U.-Ansicht mit deutlich hervortretender Nervatur. Unterer Blatteil: Spitzenpartie in O.-Ansicht, fast ohne Nervatur. Links oben und rechts unten: Blatteile in O.-Ansicht und Blattstiele.

Folia Rosmarini

Rosmarinblätter

Rosmarinus officinalis L. Lamiaceae

Rosmarin

Taf. 10, Abb. 55 u. 56

Das Hauptmerkmal der Blattstückchen bildet das nadelförmige Aussehen der kleinen, graugrünen, 1—3 cm langen und 2—4 mm breiten Rollblätter. Die brüchigen Blatteile der stumpfen, ganzrandigen Blätter sind auf der unbehaarten Oberseite stark runzelig und von dem Mittelnerv rinnig durchzogen. Zur Unterseite hin ist der Blattrand so stark eingerollt, daß die weiße bis graufilzige, dicht behaarte Blattunterseite meist nur als schmaler, weißer Streifen sichtbar ist. Filzig behaarte Zweigstückchen und braune, zweilippige Kelche und Kelchreste kommen mitunter vor.

Die Droge riecht aromatisch, kampferartig und schmeckt scharf würzig und schwach bitter.

M. K.: Sternartig verzweigte Etagenhaare und große Labiatendrüsenköpfchen.

Folia Rosmarini enthalten äther. Öl und Gerbstoff. Sie werden häufig in Teemischungen verwendet als Aromaticum, Carminativum, stimulierendes Nervinum, Emmenagogum, Cholagogum und als Hautreizmittel zur Wundbehandlung.

Erläuterungen der Abb. 55 u. 56, Taf. 10.

Abb. 55: Schnittdroge, zweimal vergr.: 1. Reihe: Blattstückchen in U.-Ansicht mit eingerolltem Blattrand und weißfilziger Unterseite. 2. Reihe: Blattstückchen in O.-Ansicht mit runzeliger Oberseite und eingesenktem Mittelnerv. 3. Reihe: 1. Blattstückchen, braun mißfarben; 2. Blatteil in U.-Ansicht und 3. Blatteil in O.-Ansicht. Daneben weißfilzig behaarte Zweigstückchen und braune Kelchreste.

Abb. 56: Ganzdroge, nat. Gr.: Die nadelförmigen Rollblätter in verschiedenen Größen und Ansichten. Rechts unten: Kelchreste und Zweigstückchen.

Folia Bucco

Bukkoblätter

Barosma betulinum BARTLING et WENDLAND u. B. crenulatum (L.) HOOK. Rutaceae

Bukko

Taf. 10, Abb. 57 u. 58

Die in Teemischungen anzutreffenden Blattstückchen und ganzen Blätter sind sehr steif, lederig, glänzend, hellgrün bis bräunlichgrün und eindeutig gekennzeichnet durch den kleingesägten oder gekerbten Rand und die auffallenden kleinen Höcker auf der Ober- und die drüsige Punktierung auf der Unterseite. Die kleinen, kaum gestielten, 1—2 cm langen Blätter sind verkehrt eiförmig, an der Spitze zurückgekrümmt und auf der Blattfläche schwach gerunzelt. Die Nervatur tritt wenig hervor.

Die Droge besitzt beim Zerreiben einen pfefferminzartigen Geruch und schmeckt bitter.

M. K.: Große, lysigene Ölräume im Mesophyll. Diosminkristalle und Schleimklumpen in der Epidermis.

Folia Bucco enthalten Diosphenol mit Diosmin und im äther. Öl 1-Menthon als Hauptbestandteil. Sie werden wegen ihrer diuretischen und entzündungswidrigen Eigenschaften verwendet.

Erläuterungen zu Abb. 57 u. 58, Taf. 10.

Abb. 57: Schnittdroge, zweimal vergr.: Blattbruchstücke mit Höckern und Drüsen auf der Blattfläche und kleingesägtem Blattrand. Unterer Bildrand: Stengelreste als Verfälschung.

Abb. 58: Ganzdroge, nat. Gr.: Blätter mit ihrer verkehrt eiförmigen Form, zurückgekrümmten Spitze, charakteristischem Rand und Höckerbildung.

Folia Boldo

Boldoblätter

Peumus boldus MOLINA. Monimiaceae

Boldo

Taf. 10, Abb. 59 u. 60

Die graugrünen, steifen und sehr brüchigen Blattstückchen besitzen als besonderes Merkmal auf der Oberseite zahlreiche Höckerchen, während die Unterseite glatt ist und auf ihr die Haupt- und Sekundärnerven stark hervortreten. Blattrandstücke sind ganzrandig und nach unten umgebogen. Blatteile mit dem kurzen Stiel, Zweigstückchen und kleine, steinharte Samen sind in der Schnittdroge anzutreffen.

Die Droge riecht kampferartig und schmeckt stark würzig.

M. K.: Sternförmige Haarbüschel aus einzelligen, dicken, an der Basis abgebogenen und der Epidermis anliegenden Haaren. Im Schwammparenchym zahlreiche große Sekretzellen mit verkorkter Wand.

Folia Boldo enthalten ein Alkaloid, Boldin, ein Glukosid Boldoglucin und äther. Öl mit Askaridol, Cymol und Eucalyptol. Sie werden als Stomachicum und Diureticum bei Leber-, Gallen- und Blasenleiden verwendet.

Erläuterungen zu Abb. 59 u. 60, Taf. 10.

Abb. 59: Schnittdroge, zweimal vergr.: Blattstückchen mit Höckerchen in O.-Ansicht, ohne Höcker und mit Nervatur in U.-Ansicht. Rechts unten: einzelne Samen und ein Zweigstückchen.

Abb. 60: Ganzdroge, nat. Gr.: Kurzgestielte, eiförmige Blätter mit Höckern auf der Oberseite und hervorspringender Nervatur auf der Unterseite. Weiterhin: ein Zweigstück und mehrere Samen.

KRÄUTERDROGEN

Da bei einer Krautdroge in einer Teemischung alle Teile einer Pflanze, wie Blätter, Stengel, Blüten, Früchte und Samen in geschnittenem Zustand vorliegen können, liegt es nahe, das auffälligste Merkmal eines dieser Bestandteile für die Analyse in Betracht zu ziehen. Erfahrungsgemäß wird jedoch bei diesem Vorgehen die Zugehörigkeit der übrigen, weniger charakteristischen, mengenmäßig aber vielfach überwiegenden Bestandteile zu derselben Droge meist nicht erkannt. Die Identifizierung dieser

Restbestandteile einer Krautdroge kann erhebliche Schwierigkeiten bereiten oder zu Irrtümern führen. Da bei fast allen Kräuterdrogen in der Konzisform die Blattstückchen mengenmäßig die Hauptbestandteile darstellen, erfolgte, genau wie bei den Blattdrogen, die bildliche Wiedergabe auf den Tafeln nach den charakteristischen Kennzeichen der Blattfragmente. Die Merkmale der übrigen Bestandteile wurden jeweils zur Unterstützung der Identifizierung herangezogen. In den wenigen Fällen, wo die Blattstückchen mengenmäßig gegenüber anderen Pflanzenteilen zurücktreten, wurden diese, wie beispielsweise Stengelstücke, Früchte oder Blüten als Hauptbestandteile in den Vordergrund gestellt. Nach diesen praktischen Gesichtspunkten sind die Kräuterdrogen, in drei Gruppen zusammengefaßt, auf den Tafeln 11 bis 36 wiedergegeben. Innerhalb der ersten Gruppe erfolgte die Einreihung nach verschiedenen Merkmalen der Blattstückchen: nach der speziellen Randausbildung (Taf. 11), nach der fein- oder grobnetzaderigen Nervatur (Taf. 12), nach dem alleinigen Hervortreten der Haupt- und Sekundärnerven (Taf. 13 bis 17), nach dem Auftreten ganzer, kleiner Blätter (Taf. 18) oder nach der lederartigen (Taf. 19), schmallanzettlichen (Taf. 20), nadel- bis pfriem- (Taf. 21) und fadenförmigen (Taf. 22) Beschaffenheit der Blattstückchen.

Bei der zweiten Gruppe war für die Einreihung die unterschiedliche Behaarung der Blatteile maßgebend. Auf die Blattstückchen mit sehr feinem, spärlichem Haarbelag (Taf. 22 u. 23) folgen Kräuterdrogen mit lockerer, kräftiger (Taf. 24), immer dichterer (Taf. 25), samtartiger, seidiger (Taf. 26 bis 28) bis dichtwollig filziger Behaarung (Taf. 29) und haarartigen Tentakeldrüsen (Taf. 30) der Blattstückchen.

In der dritten Gruppe finden sich die Kräuterdrogen nach ihren jeweiligen Hauptbestandteilen, den Früchten, Stengelstücken (Taf. 30 bis 33) und Blüten (gelben, Taf. 34, weißen und gelblichen, Taf. 35, roten, violetten und blauen, Taf. 36) angeordnet.

Herba Euphrasiae
Augentrostkraut
*Euphrasia rostkoviana HAYNE, E. stricta HOST
u. E. nemorosa (PERS.) GREML*
Scrophulariaceae
Augentrost
Taf. 11, Abb. 61 u. 62

Die Schnittdroge ist gekennzeichnet durch die kleinen, eiförmigen, wellig runzeligen Blätter, die als auffälliges Merkmal 7 bis 10 scharf gesägte, lange, spitze Blattrandzähne haben. Die Blätter treten vielfach zu mehreren, in dichten Knäueln zusammensitzend auf. Häufig findet man auch die bis zu 5 mm langen, hellbraunen, zweifächerigen Fruchtkapseln, seltener die bis zu 1 cm langen, weißen (purpurrot gestreiften) oder blaßblauen bis hellvioletten (meist schon braun verfärbten) Blüten und die kleinen, spitzvierzähnigen, röhrigen Kelche. Dünne, runde, blauviolette, leicht behaarte Stengelteile sind zahlreich vorhanden. Gelbbraune, gekrümmte Wurzelstücke sollen nicht vorkommen.

M. K.: Zahlreiche, langgestielte Drüsenhaare mit zweizelligem, rundem Köpfchen.
Herba Euphrasiae enthalten das Glykosid Aucubin, äther. Öl und Gerbstoff. Sie werden gegen Augenleiden und katarrhalische Erkrankungen verwendet.
Erläuterungen zu Abb. 61 u. 62, Taf. 11.
Abb. 61: Schnittdroge, zweimal vergr.: Obere Bildhälfte: einzelne und knäuelig beisammensitzende Blätter mit den scharfen, spitzen Randzähnen. Linke untere Bildecke: einzelne Blüten und Blütenteile. Rechte untere Bildhälfte: mehrere, zweifächerige Kapselfrüchte, drei Stengel- und vier gekrümmte Wurzelstücke.
Abb. 62: Ganzdroge, nat. Gr.: Ganzdrogenteile mit gegenständigen Blättern und Ganzdrogen mit Wurzeln.

Herba Chamaedryos
Edelgamanderkraut
Teucrium chamaedrys L. Lamiaceae
Edelgamander
Taf. 11, Abb. 63 u. 64

Die kleinen, 1 bis 2 cm langen, eiförmigen, am Grunde keilförmig in den kurzen Blattstiel sich verschmälernden, schwach behaarten, hellgrünen Blätter sind vielfach ganz erhalten und zeigen als eindeutiges Kennzeichen einen grob-kerbig gesägten, gegen die Basis hin glatten Blattrand. Auch die einzelnen Blattstückchen lassen diese lappige Ausrandung immer erkennen. Sehr zahlreich sind in der Schnittdroge auch die großen, etwa 5 mm langen, behaarten, karminroten, fünfzähligen Blütenkelche vorhanden. Einzelne meist purpurrote 1 cm lange Blüten finden sich nur spärlich. Grüne und blauviolette, dicht behaarte, vierkantige Stengelteile treten häufig auf. Gelegentlich trifft man auch die rundlichen, rotbraunen, glänzenden Nüßchen an.

Die Droge besitzt einen aromatischen, bitteren Geschmack.

M. K.: Zweischichtiges Palisadenparenchym, derbe, mehrzellige Gliederhaare mit Kutikularstreifung.
Herba Chamaedryos enthalten äther. Öl, Bitterstoffe und Gerbstoffe. Sie werden als aromatisches Bittermittel, als Diureticum und gegen Gicht und Wassersucht verwendet.
Erläuterungen zu Abb. 63 u. 64, Tafel 11.
Abb. 63: Schnittdroge, zweimal vergr.: 1. bis 3. Reihe: ganze Blätter und Blattstückchen mit der lappigen Randausbildung. 4. Reihe: ganze Blüten. Unterste Reihe: fünfzählige, behaarte Blütenkelche und vier Nüßchen; darüber vier Stengelstücke.
Abb. 64: Ganzdroge, nat. Gr.: Ganzdrogenteile mit Blättern und Blütenkelchen. Außerdem einzelne ganze Blätter.

Herba Meliloti
Steinkleekraut
*Melilotus officinalis (L.) LAM. em. THUILL. u.
M. altissimus THUILL. Fabaceae*
Steinklee, Honigklee
Taf. 11, Abb. 65 u. 66

Die Schnittdroge ist gekennzeichnet durch die hellgrünen, leicht runzeligen Blattstückchen mit ihren scharfgesägten Blattrandspitzen und durch die zahlreichen kleinen, gelben Schmetterlingsblüten, die meist einzeln oder in kleinen, einseitswendigen Trauben zusammensitzend auftreten. Breite, außen längsrinnige, innen hohle Stengelstücke kommen zahlreich vor.

Die Droge besitzt einen starken Cumaringeruch und schmeckt bitter-salzig.

M. K.: Dreizellige Haare aus zwei kurzen Basalzellen und einer langen, abgewinkelten, spitzen, grobwarzigen Endzelle bestehend.
Herba Meliloti enthalten Cumarin, Melilotin und Gerbstoff. Sie werden als Hautreizmittel zu Umschlägen und Kräuterbädern, auch als Diureticum und Hustenmittel verwendet.
Erläuterungen zu Abb. 65 u. 66, Taf. 11.
Abb. 65: Schnittdroge, zweimal vergr.: Obere Bildhälfte: ganze Blätter und Blattstückchen mit dem scharfgesägten Blattrand. Untere Bild-

hälfte: Blüten und traubige Blütenstände. Rechts: längsrinnige, hohle Stengelstücke.

Abb. 66: Ganzdroge, nat. Gr.: Rechte Bildhälfte: Ganzdrogenteile mit Blättern und Blütentrauben. Linke Bildhälfte: Herbarpflanzenstücke zur Verdeutlichung der einzelnen Teile der Ganzdrogen.

Herba Vincae pervincae

Immergrünkraut

Vinca minor L. Apocynaceae

Immergrün

Taf. 12, Abb. 67 u. 68

Die auffallend glänzenden, lederartigen, hell- bis tiefgrünen Blattstückchen besitzen eine auf der Oberseite deutlich hervortretende Netznervatur. Auf der Unterseite der Blatteile ist nur der kräftige Mittelnerv hervorragend und der Blattrand leicht eingerollt. Hellgrüne, feinlängsrinnige Stengelteile kommen häufig und dicke, schwarzbraune Sproßstückchen vereinzelt vor. Blaue Blütenteile und längliche Balgfrüchte finden sich nur selten.

M. K.: Zweischichtiges Palisadenparenchym, randständige Kutikularzähnchen und zahlreiche Sklerenchymfasern.

Herba Vincae pervincae enthalten 0,28% Alkaloide: Vincamin, Epivincamin, Vincanorin, Eburnamonin, Vincin, Vincinin, Vincaminin, Quebrachamin, Vincadin, Vincaminorin, Vincadifformin und Gerbstoff. Die Alkaloide wirken sedierend ohne Ermüdung; sie senken den Blutdruck und den Blutzuckerspiegel. Sie werden gelegentlich als blutreinigendes, diuretisches und antikatarrhalisches Mittel verwendet.

Erläuterungen der Abb. 67 u. 68, Taf. 12.

Abb. 67: Schnittdroge, zweimal vergr.: Blattstückchen und kleine Blätter in O.-Ansicht mit erhabener Netznervatur, in U.-Ansicht nur den Hauptnerv zeigend. Rechts unten: Stengel- und Sproßteile.

Abb. 68: Ganzdroge, nat. Gr.: Ganzdrogenteile mit den kurzgestielten, lanzettlichen bis elliptischen, stumpfen oder etwas spitzen, nach dem Grunde verschmälerten Blättern.

Herba Chelidonii

Schöllkraut

Chelidonium majus L. Papaveraceae

Schöllkraut, Warzenkraut

Taf. 12, Abb. 69 u. 70

Hauptbestandteile der Droge sind die einzeln oder knäuelig auftretenden, hell- bis blauschwarzgrünen, stark zerknitterten und geschrumpften, dünnen, meist unbehaarten Blattstückchen mit einem dunklen, fiedrigen Nervennetz. Die Schnittdroge ist gut durch die zahlreichen gelben Blüten und deren Blumen- und Staubblattteile gekennzeichnet. Große, hell- bis dunkelgrüne, breitgedrückte Stengelstücke kommen häufig vor. Mitunter findet man auch einzelne kleine, grüne, unreife, schotenförmige Früchte.

M. K.: Braune Milchsaftröhren und dünnwandige Gliederhaare.

Herba Chelidonii enthalten mehrere Alkaloide wie Chelidonin, Sanguinarin, Chelerythrin, Allokryptopin u. a. Sie werden gegen Gallen- und Leberleiden sowie gegen Magen- und Darmspasmen verwendet.

Erläuterungen zu Abb. 69 u. 70, Taf. 12.

Abb. 69: Schnittdroge, zweimal vergr.: Obere Bildhälfte: dünne Blattstückchen mit Nervennetz. Untere Bildhälfte: Blütenknospen, offene Blüten, Blumenblatteile und schotenförmige Frucht. Rechts unten: drei breite Stengelstücke.

Abb. 70: Ganzdroge, nat. Gr.: Ganzdrogenteile und einzelne Blüten.

Herba Leonuri cardiacae

Herzgespannkraut

Leonurus cardiaca L. var. villosus (DESF.)

BENTH. Lamiaceae

Herzgespann, Herzheil

Löwenschwanz

Taf. 12, Abb. 71 u. 72

Gekennzeichnet sind die spröden Blattstückchen durch ihre schwarzgrüne Oberseite und die hellgrüne, mitunter dicht behaarte Unterseite. Alle Blatt-

teile lassen auf der Unterseite stark hervortretende, handförmige Haupt- und feine Netznerven erkennen. Einzelne Blattrandstücke zeigen grob gesägte Lappen. Ein gutes Merkmal für die Schnittdroge bilden die sehr zahlreichen Blütenkelche mit ihren starren, langen, dreieckigen, begrannten und nach auswärts gekrümmten Zähnen. Die vereinzelt auftretenden, rosa gefärbten Blüten sind stark zottig behaart. Zahlreich finden sich vierkantige, längsgerillte und oft violett überlaufene Stengelstücke. Die kleinen, kantigen Nüßchen sind glänzend hellbraun.

M. K.: Zwei- bis vierzellige Gliederhaare mit knotigen Querwänden, verdickter Basis und körneliger Kutikula. Labiatendrüsenköpfchen.

Herba Leonuri cardiacae enthalten Digitalisglykoside, den Bitterstoff Leonurin, ein Alkaloid und Gerbstoff. Sie werden gegen nervöse Herzbeschwerden verwendet.

Erläuterungen der Abb. 71 u. 72, Taf. 12.

Abb. 71: Schnittdroge, zweimal vergr.: Obere Bildhälfte: Blattstückchen mit der verschiedenartigen Färbung und Nervatur der Ober- und Unterseite. Untere Bildhälfte: Blütenkelche mit den auswärts gekrümmten Zähnen und filzig behaarte Blüten. Einzelne Stengelreste und Nüßchen.

Abb. 72: Ganzdroge, nat. Gr.: Teilstücke der Ganzdroge mit Blättern (links), zottig behaarten Blütenquirlen (Mitte) und zahlreichen Blütenkelchen (rechts).

Herba Hederae terrestris

(Herba Glechomae)

Gundelrebenkraut

Glechoma hederacea L. Lamiaceae

Gundelrebe, Gundermann

Erdefeu

Taf. 13, Abb. 73 u. 74

Die Schnittdroge besteht aus oberseits dunkelgrünen, mitunter rotviolett überlaufenen und unterseits hellgrünen Blattstückchen, an denen die Haupt- und Sekundärnerven nur auf der Unterseite hervortreten. Die grobkerbige Randausbildung und drüsige Punktierung der Blatteile sind weitere Kennzeichen der Droge. Sehr häufig finden sich dünne Stiel- und vierkantige, meist blauviolette Stengelteile. Blauviolette Blütenreste und trichterförmige Kelche sind nur selten anzutreffen.

M. K.: Mehrzellige Gliederhaare und Drüsenhaare mit zweizelligen Köpfchen. Außer den Labiatendrüsenschuppen am Blattrand eckzahnartige Haare.

Herba Hederae terrestris enthalten Gerbstoff, den „Bitterstoff" Glechomin und äther. Öl. Sie finden öfters bei Erkrankungen der Respirationsorgane, bei Leber- und Milzleiden, als Diureticum und bei Durchfällen Verwendung.

Erläuterungen zu Abb. 73 u. 74, Taf. 13.

Abb. 73: Schnittdroge, zweimal vergr.: 1. bis 3. Reihe: Blattstückchen in U.-Ansicht mit drüsiger Punktierung, deutlich hervortretenden Haupt- und Sekundärnerven und grobgekerbtem Blattrand. 4. Reihe: drei dunkle Blatteile in O.-Ansicht und vierkantige Stiel- und Stengelteile.

Abb. 74: Ganzdroge, nat. Gr.: Ganzdrogenteile und einzelne langgestielte, nierenförmige, grobgerunzelte Blätter.

Herba Mercurialis

Bingelkraut

Mercurialis annua L. Euphorbiaceae

Einjähriges Bingelkraut,

Schweißkraut, Böser Heinrich

Taf. 13, Abb. 75 u. 76

Die stark runzeligen Blattstückchen sind oberseits tiefgrün, unterseits hellgrün und vielfach mehrschichtig übereinanderliegend oder knäuelig eingerollt. Lediglich auf der Unterseite der Blatteile treten die Nerven, vor allem die Haupt- und Sekundärnerven deutlich hervor. An Blattrandstückchen ist der grob kerbiggesägte Rand selten deutlich zu erkennen. Kleine, blaßgelblichgrüne Blüten sind sehr wenige vorhanden. Große, hellgrüne Stengelstücke kommen zahlreich vor.

Die Drogenteile besitzen einen etwas salzigen, kratzenden Geschmack.

M. K.: Dreischichtiges, nicht differenziertes Mesophyllgewebe.

Herba Mercurialis enthalten Saponine, Bitterstoff und etwas äther. Öl. Sie sind eines der ältesten Volksheilmittel und finden Verwendung als Diureticum, Expectorans und Purgans.

Erläuterungen der Abb. 75 u. 76, Taf. 13.

Abb. 75: Schnittdroge, zweimal vergr.: Die helleren Blattstückchen mit Nervatur in U.-Ansicht, die dunklen ohne Nervatur in O.-Ansicht. Unterer Bildrand: große, helle Stengelstücke.

Abb. 76: Ganzdroge, nat. Gr.: Ganzdrogenteile mit runzelig eingeschrumpften Blättern. Rechts ein Blatt mit dem kerbiggesägten Blattrand.

Herba Cannabis indicae

Indisches Hanfkraut

Cannabis sativa L. Moraceae

Indischer Hanf, Haschisch

Taf. 13, Abb. 77 u. 78

Die schmal lanzettlichen Blattstückchen zeigen auf der dunkelgrünen Oberseite eine sehr auffällige helle, drüsige Punktierung und lassen auf der leicht behaarten Unterseite die Haupt- und Sekundärnerven deutlich hervortreten. Da der Blattrand fast immer zur Unterseite hin eingerollt ist, kann man die scharfgesägten Randzähne nur selten erkennen. Ein sehr eindeutiges Charakteristikum der Droge bilden die mitunter noch von dem kapuzenförmigen, zugespitzten, braunfilzig behaarten Vorblatt umschlossenen 5 mm langen und 2 mm breiten ovalen, schwarzgesprenkelten, hell- bis braungrünen, glänzenden, einsamigen Früchte und Fruchtschalen. Zottig behaarte, braune Stengelteile kommen häufig vor.

Die Drogenteile haben einen starken, eigenartigen Geruch und bitteren, scharfen Geschmack.

M. K.: Retortenförmige Cystolithenhaare, einschichtiges Palisadenparenchym und Drüsenköpfchen auf langem, aus mehreren Zellreihen bestehendem Stiel.

Herba Cannabis indicae enthalten Tetrahydrocannabinole (psychotrop wirksam), Cannabinol (unwirksam), Cannabidiol, Cannabidiolsäure (ZNS-sedierend), Harz, äther. Öl, Cholin und Trigonellin. Sie werden nur gelegentlich als Sedativum bei neurasthenischen Beschwerden, bei Magenkrämpfen und als hustenberuhigendes Mittel verwendet. — Das Kraut und die Inhaltsstoffe früher nur im Orient als „Haschisch" (Genußmittel) gebraucht; in Mexiko und vielen anderen Ländern unter der Bezeichnung „Marihuanha" als Rauschgift verwendet.

Erläuterungen zu Abb. 77 u. 78, Taf. 13.

Abb. 77: Schnittdroge, zweimal vergr.: Die meisten, dunklen Blattstückchen mit heller drüsiger Punktierung in O.-Ansicht. In der Mitte: drei etwas hellere Blatteile mit Nervatur und eingerolltem Blattrand in U.-Ansicht. Unterer Bildrand: schwarz gesprenkelte, glänzende Früchtchen und Fruchtschalen. Rechts unten: dicht behaarte Stengelstücke.

Abb. 78: Ganzdroge, nat. Gr.: Harzig zusammengeklebte, fruchtende, graugrüne Blütenschwänze. Rechts am Rand: schmal-lanzettliches, am Rande gesägtes Blatt.

Herba Polygoni hydropiperis

Wasserpfefferkraut

Polygonum hydropiper L. Polygonaceae

Wasserpfeffer, Knöterich

Taf. 14, Abb. 79 u. 80

Die Hauptbestandteile der Schnittdroge bilden die hellgrünen Blattstückchen, die nur auf der Unterseite die Hauptnerven und eine charakteristische drüsige Punktierung zeigen. Zahlreich finden sich breite, feinlängsrinnige, grüne oder blauviolette Stengelteile. Mitunter sind auch einzelne oder in kleinen, überhängenden Scheinähren sitzende, grüne oder rötliche Blüten vorhanden. Häufig trifft man auf die kleinen, schwarzen, ei- oder linsenförmigen, dreikantigen, vielfach vom Perianth umschlossenen Früchte. Gelegentlich finden sich dünnhäutige, weißglänzende Ochreareste.

Die Drogenteile besitzen einen bitteren, pfefferartigen Geschmack.

M. K.: Sekretlücken mit ölig-harzigem Inhalt, einschichtiges Palisadenparenchym und sehr große Oxalatdrusen.

Herba Polygoni hydropiperis enthalten äther. Öl, Bitterstoff, Gerbstoff, Flavonoide, als Scharfstoff das Sesquiterpen Todeonal und ein die Blutgerinnung beschleunigendes Glykosid. In der Volksmedizin findet das Kraut seit langem häufige Verwendung gegen Blutungen aller Art.

Erläuterungen zu Abb. 79 u. 80, Taf. 14.

Abb. 79: Schnittdroge, zweimal vergr.: 1. Reihe: Blattstückchen in U.-Ansicht mit drüsiger Punktierung und Nervatur. 2. Reihe: Blatteile in O.-Ansicht ohne drüsige Punktierung und Nervatur. 3. Reihe: derbe Stengelstücke mit Ochrearesten (rechts am Rand). 4. Reihe: dünnhäutige Ochreateile. Unterer Bildrand: Blüten und Früchte.

Abb. 80: Ganzdroge, nat. Gr.: Ganzdrogenteile mit Blättern, Blüten und Früchten. Stengelstücke mit Ochrearesten.

Herba Chenopodii ambrosioidis

Jesuitentee, Spanischer Tee, Kartäusertee

Chenopodium ambrosioides L. Chenopodiaceae

Mexikanisches Traubenkraut, Mexikanisches Teekraut, wohlriechender Gänsefuß

Taf. 14, Abb. 81 u. 82

Ein sehr gutes Kennzeichen der hellgrünen Blattstückchen bilden die zahlreichen gelben, glänzenden Drüsenköpfchen auf der Unterseite der Blattfläche. Auch die grünen Haupt- und Seitennerven treten nur unterseits deutlich in Erscheinung. Der entfernt buchtig gezähnte Blattrand der feingerunzelten Blatteile und die kleinen knäueligen Blütentrauben liefern weiterhin ein eindeutiges Merkmal. Häufig sind dichtbehaarte, dünne und dicke, weiß gestreifte Stengelstücke vorhanden.

Verwechslungsmöglichkeit (der Blütenteile) mit *Herba Herniariae*, Taf. 23, ist vielleicht gegeben.

M. K.: Haare mit mehrzelligem, kurzem Stiel und schlauchförmiger Endzelle. Drüsenhaare mit ähnlichem Stiel und ei- bis tonnenförmiger Sekretzelle (Sohlenhaar). Kristallsandzellen im Mesophyll.

Herba Chenopodii ambrosioidis enthalten äther. Öl mit Askaridol und Saponin. In der Volksmedizin wird der Jesuitentee sehr gerne als belebendes, magenstärkendes Mittel, als Emmenagogum, bei rheumatischen und katarrhalischen Beschwerden, bei Leber- und Nierenleiden und die Varietät anthelminticum als Anthelminticum gebraucht.

Erläuterungen zu Abb. 81 u. 82, Taf. 14.

Abb. 81: Schnittdroge, zweimal vergr.: 1. u. 2. Reihe: Blattstückchen in U.-Ansicht mit Nervatur und drüsiger Punktierung. 3. Reihe: Blattstückchen in O.-Ansicht ohne Nervatur und ohne drüsige Punktierung. Links unten: Blütentrauben. Rechts unten: behaarte dünne Stiel- und breite, hellgestreifte Stengelteile.

Abb. 82: Ganzdroge, nat. Gr.: Blätter der Ganzdroge in O.-Ansicht ohne und in U.-Ansicht mit Nervatur. Rechts oben: Blütentraube.

Herba Basilici

Basilienkraut

Ocimum basilicum L. Lamiaceae

Basilie, Königskraut

Taf. 14, Abb. 83 u. 84

Auf den runzeligen, spröden, graugrünen Blatteilen treten unterseits die Haupt- und bogenläufigen Sekundärnerven und eine drüsige Punktierung deutlich hervor. Ein sehr charakteristisches Kennzeichen bieten die glockenförmig gestalteten, zweilippigen, behaarten Kelche, deren oberer Zahn sehr groß, kreisförmig, leicht aufgewölbt ist und die obere Lippe bildet. Die Unterlippe besteht aus vier Zähnen. Braunverfärbte Blüten und die kleinen, schwarzen, glatten Nüßchen finden sich mitunter. Vierkantige, graugrüne, weich behaarte Stengelteile kommen häufig vor.

Die Droge hat einen stark balsamischen Geruch und etwas salzigen Geschmack.

M. K.: Kurze, steife Stachelhaare und dünnwandige, gebogene Gliederhaare, beide mit warziger Kutikula. Labiatendrüsenschuppen.

Herba Basilici enthalten äther. Ö und Gerbstoff. Sie finden häufig Verwendung als Stomachicum und Karminativum, ferner bei katarrhalischen Erkrankungen und Schleimhautentzündungen des Urogenitaltraktes.

Erläuterungen der Abb. 83 u. 84, Taf. 14.

Abb. 83: Schnittdroge, zweimal vergr.: Obere Bildhälfte: Blattstückchen in U.-Ansicht mit drüsiger Punktierung und Nervatur; in O.-Ansicht Punktierung und Nervatur kaum hervortretend. Untere Bildhälfte: glockenförmige Kelche, drei Blüten, vier Nüßchen und Stengelteile.

Abb. 84: Ganzdroge, nat. Gr.: Ganzdrogenteile mit zahlreichen Kelchen und einzelnen, kraus zusammengezogenen Blättern.

Herba Plantaginis lanceolatae und majoris

Spitzwegerich- und Breitwegerichkraut

Plantago lanceolata L. u. *Plantago major L.*
Plantaginaceae

Spitzwegerich u. Breitwegerich

Taf. 15, Abb. 85 u. 86

Die hell- bis graugrünen spröden Blattstückchen sind an den auf der Unterseite deutlich hervorspringenden, weißlichen Nerven, die besonders an Blattbasisteilen annähernd parallel verlaufen, sehr gut zu erkennen. Die einzeln oder mehrfach ineinandergefaltet auftretenden Blattstückchen können unbehaart oder schwach behaart sein. In der Schnittdroge finden sich häufig längsrinnige, grüne bis braunschwarze Blattstielteile, mitunter auch ganze, eiförmige bis walzige, braune Blütenähren oder Teile davon.

M. K.: Gliederhaare mit zwei kurzen und einer langen Zelle, der gelenkartig die Endzelle aufsitzt und kurze, spitze Gliederhaare.

Herba Plantaginis enthalten Schleim und das Glykosid Aucubin. Sie sind in der Volksmedizin ein sehr häufig verwendetes Mittel bei Erkrankungen der Respirationsorgane. Sie werden auch als Blutreinigungsmittel gebraucht.

Erläuterungen der Abb. 85 u. 86, Taf. 15.

Abb. 85: Schnittdroge, zweimal vergr.: 1. Reihe: Blatteile in U.-Ansicht mit Nervatur. 2. Reihe: Blattstückchen in O.-Ansicht ohne Nervatur. Unter den übrigen Blatteilen einzelne faltig eingerollt. Links unten: eiförmige Blütenähren und Teile davon; rechts unten: längsrinnige blauviolette Stengelteile.

Abb. 86: Ganzdroge, nat. Gr.: Rechte Bildhälfte: Blätter von *Pl. lanceolata*, links in O.-Ansicht und rechts in U.-Ansicht mit deutlich hervortretender, weißlicher Parallelnervatur. In der Mitte oben ein behaartes Blattstückchen. Linke Bildhälfte: Blätter von *Pl. major* in O.-Ansicht ohne Nervatur und in U.-Ansicht mit Nervatur.

Herba Aconiti

Eisenhutkraut

Aconitum napellus L. Ranunculaceae

Eisenhut, Sturmhut

Taf. 15, Abb. 87 u. 88

Die Hauptbestandteile der Schnittdroge sind die spröden, oberseits dunkel-, unterseits hellgrünen, unbehaarten länglichen Fiederblattstückchen, auf deren Unterseite die weißlichen Haupt- und Sekundärnerven sich deutlich abheben. An den Blatteilen ist der Rand immer zur Unterseite hin eingerollt. Ein eindeutiges Merkmal bilden die häufig in der Schnittdroge vorhandenen großen, leuchtend-blauen Blütenblatteile und Staubblattreste.

M. K.: Einschichtiges Palisadenparenchym mit in charakteristischer Weise unmittelbar unter der Epidermis liegenden zahlreichen Oxalatdrusen.

Herba Aconiti enthalten das giftige Alkaloid Aconitin. Sie werden nur sehr selten bei rheumatischen Beschwerden verwendet.

Erläuterungen der Abb. 87 u. 88, Taf. 15.

Abb. 87: Schnittdroge, zweimal vergr.: 1. bis 3. Reihe: Blattstückchen in O.-Ansicht mit eingesenkter Nervatur und in U.-Ansicht mit deutlich hervortretender Nervatur. Unterste Reihe: Blütenblatteile und Blütenreste mit zahlreichen Staubblättern.

Abb. 88: Ganzdroge, nat. Gr.: Ganzdrogenteile mit Fiederblättern und Blütentrauben.

Herba Gratiolae

Gottesgnadenkraut

Gratiola officinalis L. Scrophulariaceae

Gottesgnadenkraut, Gichtkraut, weißes Gallenkraut

Taf. 15, Abb. 89 u. 90

Für die Schnittdroge bilden die hellgrünen Blattstückchen und die eiförmigen, zugespitzten Kapseln eindeutige Kennzeichen. Die feindrüsig punktierten Blattspreitenteile lassen auf der Unterseite den Hauptnerv und zwei oder vier annähernd parallel laufende Seitennerven hervortreten. Der Blattrand ist entfernt sägezähnig. Die zahlreichen braunen Kapselfrüchte sind vierklappig und von fünfzipfeligen Kelchblättern umschlossen. Sie enthalten sehr viele, kleine Samen. Mitunter sind auch rotbraunverfärbte, ganze Blüten anzutreffen. Häufig finden sich braune oder violette, zart längsgestreifte Stengelstücke.

M. K.: Drüsenhaare mit einer kurzen Fußzelle und vier bis acht Sekretionszellen in einer Etage. Stengelrinde mit Luftgewebe.

Herba Gratiolae enthalten Gratiogenin, die Glykoside Gratiosid, Cucurbitacin E, L und J, Bitterstoffe, Harz und Gerbsäure. Sie werden bei Herz-, Gicht-, Milz- und Leberleiden als Diureticum und Abführmittel verwendet.

Erläuterungen der Abb. 89 u. 90, Taf. 15.

Abb. 89: Schnittdroge, zweimal vergr.: 1. u. 2. Reihe: Blattstückchen mit sägezähniger Randausbildung, ohne Nervatur in O.-Ansicht, mit Nervatur in U.-Ansicht. 3. Reihe: braune Blüten und Teile davon. Rechts unten: blauviolette Stengelstücke. Links unten: Fruchtkapseln und Teile davon mit fünfzipfeligem Kelch.

Abb. 90: Ganzdroge nat. Gr.: Ganzdrogenteile mit den lanzettlichen, sägezähnigen Blättern und Fruchtkapseln.

Herba Convallariae

Maiglöckchenkraut

Convallaria majalis L. Liliaceae

Maiglöckchen

Taf. 16, Abb. 91 u. 92

Die Blatteilchen der Schnittdroge treten in Form rechteckiger Blattstückchen auf und sind durch eine Parallelnervatur, die sich sehr deutlich von der glänzenden hell- bis tiefgrünen Spreitenfläche abhebt, ausgezeichnet. Dünnhäutige, silbrigglänzende oder rötliche Blattscheidenteile sind mitunter vorhanden. Selten nur finden sich glockige, weiße Blüten. Sehr zahlreich trifft man breitgedrückte, gelbgrüne, stark längsgerillte Blattstiel- und Blütenschaftteile an.

M. K.: Mesophyll aus Schwammparenchym mit Schleimzellen, die kleine Oxalatraphiden oder mehrere derbe Oxalatnadeln enthalten.

Herba Convallariae enthalten Herz-Glykoside, vor allem Convallarin, Convallatoxin, Convallatoxol, Convallosid, Convallamarin und Saponine. Sie werden als Diureticum gegen Wassersucht und bei Herzleiden verwendet.

Erläuterungen der Abb. 91 u. 92, Taf. 16.

Abb. 91: Schnittdroge, zweimal vergr.: 1. bis 3. Reihe: Blattstückchen in U.-Ansicht und 4. Reihe in O.-Ansicht mit Parallelnervatur. 5. Reihe: dünnhäutige Blattscheidenteile. Unterste Reihe: längsgerillte Blattstiel- und Blütenschaftteile.

Abb. 92: Ganzdroge, nat. Gr.: Elliptische Blätter mit stärkerem Mittelnerv und annähernd parallellaufenden Seitennerven. Links unten und rechts oben: Blütenschaftteile mit dünnhäutigen Scheidenresten.

Herba Galegae

Geißrautenkraut

Galega officinalis L. Fabaceae

Geißraute, Geißklee, Suchtkraut

Taf. 16, Abb. 93 u. 94

Die Schnittdroge besteht fast ausschließlich aus den hellgrünen Fiederblattstückchen, die auf der Unterseite einen kräftigen Mittelnerv und unter sehr spitzem Winkel entspringende Sekundärnerven erken-

nen lassen. Mitunter finden sich auch Blatteile, die
ein zartes, gekrümmtes Stachelspitzchen tragen. Vereinzelt trifft man weißgelbe oder violettblaue
Schmetterlingsblüten, welche die Droge sehr eindeutig kennzeichnen. Grüne, längsrillige Stengelreste
sind nicht allzu häufig vorhanden.

M. K.: Kristallzellreihen um die Gefäßbündel.
Herba Galegae enthalten das Guanidinderivat Galegin, Flavonglykoside,
Saponin und Gerbstoff. Sie werden als Galaktagogum, Diureticum und
bei Diabetes mellitus gebraucht.
Erläuterungen der Abb. 93 u. 94, Taf. 16.

Abb. 93: Schnittdroge, zweimal vergr.: Links: zwei lanzettliche, ganz-
randige, stachelspitzige Fiederblätter in O.-Ansicht (links) und U.-
Ansicht (rechts). 1. bis 2. Reihe: Fliederblatteile in U.-Ansicht mit Nervatur. 3. Reihe: in O.-Ansicht fast ohne Nervatur. Unterer Bildrand:
gelblichblauviolette Schmetterlingsblüten und einzelne grüne Stengelstücke.

Abb. 94: Ganzdroge, nat. Gr.: Links: Ganzdrogenteil mit reichblütigen
Trauben von Schmetterlingsblüten. Rechts: ein Blatteil mit mehreren
Fiederblättern.

Herba Polygoni avicularis
Vogelknöterichkraut
Polygonum aviculare L. Polygonaceae
Vogelknöterich
Taf. 16, Abb. 95 u. 96

Die kleinen länglich-lanzettlichen Blättchen sind
meistens ganz erhalten und zeigen nur auf der hellgrünen Unterseite den Hauptnerv und die spitz-
winkelig davon ausgehenden Seitennerven. Der
Blattrand ist fast immer leicht gewellt. Die zahlreichen graugrünen Stengelteile sind stielrund und
fein längsgestreift; vielfach hängen an ihren Knoten
noch Reste der silbrigweißen, borstig aufgeschlitz-
ten Ochrea. Charakteristisch sind auch die zahlreichen kleinen, grünen, rotgeränderten Blüten und
die dreikantigen, vielfach noch von dem Perigon umgebenen, glatten, braunschwarzen Nüßchen. Vereinzelt trifft man auch auf bräunliche Wurzelteile.

M. K.: Äquifazialer Blattbau mit einer Reihe großer Oxalatdrusen im
Schwammparenchym.
Herba Polygoni avicularis enthalten 0,2⁰/₀ lösliche Kieselsäure, Flavonol-
glykoside und Gerbstoff. Sie werden häufig gegen Lungentuberkulose,
bei Nierenleiden, Gicht und Rheumatismus, als Antidiarrhoicum und bei
Blutungen angewandt.
Erläuterungen der Abb. 95 u. 96, Taf. 16.

Abb. 95: Schnittdroge, zweimal vergr.: Obere Bildhälfte: ganze, lanzettliche Blätter und Blattstückchen mit Nervatur in U.-Ansicht, ohne Nervatur in O.-Ansicht. Untere Bildhälfte: links Blüten, Mitte Nüßchen,
rechts und Mitte oben feingerillte Stengel und Wurzelstücke. Die zer-
schlitzten Ochreateile sind gut zu erkennen.

Abb. 96: Ganzdroge, nat. Gr.: Ganzdrogenteile mit Blättern, Blüten,
Ochreateilen, Stengeln und Wurzeln (ganz rechts).

Herba Genistae
Färberginsterkraut
Genista tinctoria L. Fabaceae
Färberginster
Taf. 17, Abb. 97 u. 98

Die ganzrandigen, schmallanzettlichen Blattstückchen
lassen nur auf der matten Unterseite den deutlich
hervortretenden Mittelnerv und die spitzwinklig
davon abgehenden Sekundärnerven erkennen. Die
zahlreichen großen, meist noch geschlossenen, braunen Schmetterlingsblüten und Teile von geöffneten
Blüten kennzeichnen die Schnittdroge eindeutig. Die
Stengelstücke sind grob längsgerillt.

Verwechslungsmöglichkeit mit *Flores Spartii scoparii*, Taf. 38, Abb. 251 u. 252 ist gegeben.

M. K.: Am Blattrande derbe, spitze Haare, die aus zwei kurzen Basal-
zellen und einer langen, gebogenen Endzelle bestehen.
Herba Genistae enthalten die Alkaloide Spartein, Cytisin, Anagyrin
und Flavonglykoside. Sie werden als Diureticum bei Nierenleiden,
Leber- und Milzkrankheiten, bei Gicht und Rheumatismus verwendet.
Erläuterungen der Abb. 97 u. 98, Taf. 17.

Abb. 97: Schnittdroge zweimal vergr.: 1. u. 2. Reihe: Blattstückchen in
O.-Ansicht ohne Nervatur, 3. u. 4. Reihe: in U.-Ansicht mit Nervatur.
Untere Bildhälfte: braune Schmetterlingsblüten und längsgerillte
Stengelteile.

Abb. 98: Ganzdroge, nat. Gr.: Ganzdrogenteile mit zahlreichen Blüten
und Blättern.

Herba Matrisilvae
(Herba Asperulae)
Waldmeisterkraut
Galium odoratum (L.) SCOP. Rubiaceae
Waldmeister
Taf. 17, Abb. 99 u. 100

Die ganzrandigen, oberseits blau- bis schwärzlich-
grünen und unterseits graugrünen Blattstückchen der
lanzettlichen Blätter lassen nur auf der Unterseite
den Mittelnerv allein hervortreten. Gelegentlich finden sich Blattspitzenteile, die mit einer Stachelspitze
versehen sind. Häufig sind dünne, mehrkantige Stengelteile vorhanden. Vereinzelt trifft man auch auf die
kleinen, kugeligen Früchte, die dicht mit hackig
gekrümmten Borsten versehen sind.
Der Geruch ist kumarinartig, der Geschmack würzig.

M. K.: Zahlreiche große, lange Raphidenbündel im Mesophyll.
Herba Matrisilvae enthalten Cumarin, ein Glykosid Asperulosid und
Gerbstoff. Sie finden Verwendung als Antispasmodicum und Diureti-
cum, bei Leber- und Gallenleiden.
Erläuterungen der Abb. 99 u. 100, Taf. 17.

Abb. 99: Schnittdroge, zweimal vergr.: 1. bis 3. Reihe: Blattstückchen
mit hervortretendem Mittelnerv, 4. u. 5. Reihe: mehrkantige Stengelteile
und hackigborstige Früchtchen.

Abb. 100: Ganzdroge, nat. Gr.: Ganzdrogenteile mit lanzettlichen,
stachelspitzigen Blättern.

Herba Rumicis acetosae
Sauerampferkraut
Rumex acetosa L. Polygonaceae
Großer Sauerampfer
Taf. 17, Abb. 101 u. 102

Die hellgrünen, matten, feingerunzelten, ganzrandigen Blattstückchen lassen auf der Unterseite den
Hauptnerv deutlich hervortreten. Ein sehr gutes
Kennzeichen bieten die kleinen, scheinquirlig beisammensitzenden, gelblichgrünen bis roten Blüten
und die zahlreichen Früchtchen mit den drei netzaderigen, grünen, meist rotgeränderten Flügeln. Häufig findet man auch die glänzenden, braunschwarzen,
dreikantigen Nüßchen. Breite, graugrüne, stark
längsgerillte Stengelstücke kommen häufig vor.
Fransig geschlitzte Ochreareste finden sich nur
selten.

M. K.: Drei- bis vierschichtiges Palisadenparenchym. Einzellige, dickwandige Haare mit breiter Basis und längsstreifiger Kutikula.
Herba Rumicis acetosae enthalten primäres Kaliumoxalat und Oxal-
säure. In der Volksmedizin in „Frühjahrskuren" als Blutreinigungsmittel verwendet.
Erläuterungen der Abb. 101 u. 102, Taf. 17.

Abb. 101: Schnittdroge, zweimal vergr.: 1. u. 2. Reihe: leicht geschrumpfte Blattstückchen in U.-Ansicht und 3. Reihe in O.-Ansicht.
Links unten: mehrblütige Scheinquirle. Rechts unten: Früchtchen mit den
drei netzaderigen Flügeln, mehrere dreikantige Samen und ein längs-
gerilltes Stengelstück.
Abb. 102: Ganzdroge, nat. Gr.: Links: drei Fruchtstände mit zahlreichen,
dreiflügeligen Früchtchen. Rechts: längsgerillte Stengelstücke mit pfeil-
förmigen Blättern.

Herba Violae tricoloris

Stiefmütterchenkraut

Viola tricolor L. Violaceae

Stiefmütterchen, Feldstiefmütterchen

Taf. 18, Abb. 103 u. 104

Ein Hauptmerkmal der Schnittdroge ist die farbenprächtige Buntheit der einzelnen Bestandteile. Neben den stark geschrumpften, matten, hellgrünen, feingerunzelten Blattstückchen, deren wellige Ausrandung und Nervatur nur an größeren Blatteilen zu sehen ist, fallen besonders die tiefblauen und leuchtend gelben oder blaßvioletten bis weißlichen, meist ganz eingerollten Blüten oder Blumenblatteile auf. Häufig trifft man auf die noch ganzen, ocker- bis hellgelben, unbehaarten, entweder geschlossenen oder meist dreiklappig loculicid aufgesprungenen Fruchtkapseln und kahnförmigen Teile davon. In den Kapseln oder einzeln in der Schnittdroge sind dann die zahlreichen hellgelben, birnförmigen Samen mit kleinem, weißlichem Anhängsel (Elaiosom) anzutreffen. Die grünen, kantig-rundlichen, großen Stengelstücke sind innen hohl.

Die Schnittdroge ist häufig durch Insektenfraß geschädigt.

M. K.: Derbe, einzellige, spitze Haare mit Kutikularstreifen. Am Blattrand kugelige Drüsenzotten.

Herba Violae tricoloris enthalten Saponine, Flavonglykoside und das Methylsalicylatglykosid Violutosid. Sie sind ein beliebtes Volksheilmittel wegen ihrer harntreibenden und blutreinigenden Wirkung.

Erläuterungen der Abb. 103 u. 104, Taf. 18.

Abb. 103: Schnittdroge, zweimal vergr.: Obere Bildhälfte: wellig ausgerandete Blattstückchen und stark eingeschrumpfte Blattknäuel. Untere Bildhälfte: links, tiefblauviolette bis hellgelbe Blüten und Blütenteile. Mitte und rechts: dreiklappige Fruchtkapsel und Teile davon mit Samen. Rechts unten: Drogengrus durch Drogenschädlinge entstanden.

Abb. 104: Ganzdroge, nat. Gr.: Stark eingeschrumpfte Ganzdrogenteile mit Blüten und Fruchtkapseln. Links am Rand: Herbarexemplar zur Verdeutlichung der Ganzdrogenteile.

Herba Serpylli

Quendelkraut

Thymus serpyllum L. em. FRIES. Lamiaceae

Quendel, Feldthymian, wilder Thymian

Taf. 18, Abb. 105 u. 106

Ein eindeutiges Kennzeichen stellen die kleinen, eiförmigen, vor allem unterseits stark drüsig punktierten, hellgrünen Blättchen mit verschieden starker Behaarung der Basis und des Blattstieles und die zahlreichen, leuchtend rotvioletten, zweilippigen Blütenkelche mit weißhaarigem Kelchschlund dar. Die rosaroten Blüten sind vielfach stark geschrumpft. Blauviolette, zart behaarte, vierkantige oder runde Stengelstücke sind zahlreich vorhanden. Da die Art sehr variiert, sind in der Behaarung und Blattform mitunter größere Unterschiede festzustellen.

Die Droge besitzt einen angenehmen, aromatischen Geschmack und Geruch.

M. K.: Mehrzellige Gliederhaare mit kleinen Oxalatnadeln in den Zellen. Drüsenköpfchen mit 12 sezernierenden Zellen.

Herba Serpylli enthalten äther. Öl mit Cymol, Carvacrol und etwas Thymol. Sie werden häufig bei Keuchhusten, als magen- und nervenstärkendes Mittel, bei Rheumatismus und zu Kräuterbädern verwendet.

Erläuterungen der Abb. 105 u. 106, Taf. 18.

Abb. 105: Schnittdroge, zweimal vergr.: Blättchen und Blattstückchen in O.- und U.-Ansicht mit drüsiger Punktierung und basalen Wimperhaaren. Unterer Bildrand: blauviolette Blütenkelche mit dem weißhaarigen Kelchschlund. Links: einzelne, rosarote Blüten. Unten: vierkantige Stengelteile.

Abb. 106: Ganzdroge, nat. Gr.: Ganzdrogenteile mit Blättern, Blüten und Blütenkelchen.

Herba Thymi

Thymiankraut

Thymus vulgaris L. und *Th. zygis. Lamiaceae*

Thymian, römischer Quendel

Taf. 18, Abb. 107 u. 108

Die gerebelte Droge besteht aus kaum gestielten ganzen, kleinen, graugrünen Blättern, die durch ihre rhombische bis nadelförmige Form und durch eine dichte, drüsige Punktierung auffallen. Die zur Oberseite hin aufgewölbten Blätter besitzen einen stark zur Unterseite eingeschlagenen Blattrand und lassen im Gegensatz zur dunkelgraugrünen Oberseite unterseits die Nervatur und mitunter eine graufilzige Behaarung erkennen. Sehr häufig kommen auch die meist grünen, behaarten, zweilippigen Kelche mit weißen Schlundborsten und manchmal auch die kleinen schwarzbraunen, rundlichen Samen vor. Dünne, meist blauviolette, leichtbehaarte Stengelstücke sind wenig vorhanden.

Die Droge riecht und schmeckt stark gewürzhaft.

Die gerebelte Droge ist manchmal mit Teilen anderer Pflanzen verunreinigt (Taf. 18, Abb. 107 unterste Reihe).

M. K.: Auf der Blattoberseite einzellige, kegelförmige, unterseits zweizellige, knieartig gebogene Haare mit warziger Kutikula. Bräunliche Labiatendrüsenköpfchen.

Herba Thymi enthalten äther. Öl mit Carvacrol und Thymol. Sie werden sehr häufig angewendet als Keuchhustenmittel, Diureticum, Stomachicum, Carminativum und Nervinum.

Erläuterungen der Abb. 107 u. 108, Taf. 18.

Abb. 107: Schnittdroge, zweimal vergr.: 1. Reihe: ganze Blättchen in O.-Ansicht mit drüsiger Punktierung. 2. Reihe: in U.-Ansicht mit eingerolltem Rand. 3. u. 4. Reihe: Blütenstände, eine Blüte, zahlreiche Kelche und vier Samen. Unterste Reihe: verschiedenartige Verunreinigungen der gerebelten Droge. In der Bildmitte zwei Stengelteile.

Abb. 108: Ganzdroge, nat. Gr.: Mehrere Ganzdrogenteile mit Blütenköpfchen und Blättern.

Herba Visci albi

Mistelkraut

Viscum album L. Loranthaceae

Mistel

Taf. 19, Abb. 109 u. 110

Die Schnittdrogenteile sind gekennzeichnet durch ihre grün- bis goldgelbe Farbe und durch ihre steiflederige, runzelige Beschaffenheit. Die dicken Blattstückchen zeigen meist fünfstrahlig verlaufende Nerven. Die derben, runden Stengelstücke lassen an ihren Querschnittsflächen eine hellgrüne Rinde und einen weißen, strahligen Holzkörper erkennen. Die Blütenteile bieten durch ihre eigenartige Form ein weiteres Merkmal.

M. K.: Feinzackige Oxalatdrusen, die im Innern einen unscharf begrenzten, grauen Hof haben.

Herba Visci albi enthalten blutdrucksenkende Substanzen, Viscotoxin, Acetylcholin, Saponine, Inosit, Triterpene und basische Proteine (Tumorhemmstoffe). Sie werden gegen Hypertonie, arteriosclerotische Beschwerden und als Diureticum verwendet.

Erläuterungen der Abb. 109 u. 110, Taf. 19.

Abb. 109: Schnittdroge, zweimal vergr.: Obere Bildhälfte: derbe Blattstückchen mit strahliger Nervatur. Untere Bildhälfte: links, runde Stengelstücke mit hellem, strahligem Holzkörper, rechts Blütenteile.

Abb. 110: Ganzdroge, nat. Gr.: Ganzdrogenstücke mit den spatelförmigen Blättern, Blüten und Stengelabschnitten.

Herba Grindeliae

Grindeliakraut

Grindelia robusta NUTT. u. *G. squarrosa DUMAL.*

Asteraceae

Grindelia

Taf. 19, Abb. 111 u. 112

Ein Merkmal der feingeschnittenen Droge ist der starke Glanz, der durch Harzausscheidungen bedingt ist. Die steifen, leicht zerbrechlichen, graugrünen, fein netziggerunzelten Blattstückchen sind am Rande stachelig gezähnt und manchmal durch zahlreiche große, dunkelbraune Harzklumpen miteinander verklebt. Auch die schmal-lanzettlichen, starren, gekrümmten, grüngelben Hüllkelchblätter und die zu mehreren zusammengeklebten Röhren- und steifen, gelben Zungenblüten kennzeichnen die Droge. Rundliche Stengelteile finden sich häufig.

M. K.: Große Scheibendrüsen aus vielen, übereinander liegenden Zellen mit einer kleinen Oxalatdruse in ihrem Innern.

Herba Grindeliae enthalten 20% expektorierendes Harz mit Grindeliasäure, Matricarianol sowie 4 weitere Polyacetylenverbindungen, 0,3% äther. Öl (Borneol), Tannin, Bitterstoffe (Grindelin) und Saponin. Sie werden bei Asthma, Bronchitis, Milz-, Gicht- und Blasenleiden verwendet.

Erläuterungen zu Abb. 111 u. 112, Taf. 19.

Abb. 111: Schnittdroge, zweimal vergr.: Obere Bildhälfte: glänzende Blattstückchen und einzelne braunschwarze Harzklumpen. Untere Bildhälfte: glitzernde Hüllkelchblätter, Zungen- und Röhrenblüten. Unterer Bildrand: Stengelstücke.

Abb. 112: Ganzdroge, nat. Gr.: Ganzdrogenstücke mit den stachelig gezähnten, stengelumfassenden Blättern und Blüten mit den stark glitzernden Hüllkelchblättern, Zungen- und Röhrenblüten.

Herba Nasturtii

Brunnenkressenkraut

Nasturtium officinale R. BR. Brassicaceae

Brunnenkresse, Wasserhanf, Wasserkresse

Taf. 19, Abb. 113 u. 114

Die hell- bis dunkelgrünen Blattstückchen sind stark geschrumpft, meistens eingerollt und vielfach gelbbraun verfärbt. Lediglich die kleinen weißen Kreuzblütlerblüten kennzeichnen die Droge. Derbe, grüne Stengelstücke kommen häufig vor.

M. K.: Mesophyll aus breiten Palisadenzellen und großzelligem Schwammgewebe.

Herba Nasturtii enthalten das Glykosid Gluconasturtiin und äther. Öl. Sie sind ein geschätztes Blutreinigungsmittel und Antiskorbuticum. Sie werden in den sogenannten Frühlingskräutertees gegen Blutarmut, bei Nierenleiden und Hautausschlägen angewandt.

Erläuterungen der Abb. 113 u. 114, Taf. 19.

Abb. 113: Schnittdroge, zweimal vergr.: Teils grüne, teils gelbverfärbte, ineinandergefaltete Blattstückchen. Einzelne weiße Blüten und Stengelreste.

Abb. 114: Ganzdroge, nat. Gr.: Ganzdrogenteile mit stark geschrumpften Blättern und zahlreichen Blüten.

Herba Rutae

Rautenkraut

Ruta graveolens L. Rutaceae

Weinraute, Gartenraute, Kreuzraute

Taf. 20, Abb. 115 u. 116

Die hellgrünen, spateligen Fiederblattstückchen sind feinrunzelig, ganzrandig und auf der Unterseite drüsig punktiert. Von den grünlich-gelben, gleichfalls drüsig punktierten Blüten liegen in der Regel die vierzähligen Seitenblüten, mitunter auch die fünfzähligen Endblüten vor. Die kleinen Kelchblätter sind eiförmig lanzettlich, die Blumenblätter löffelförmig ausgehöhlt, kapuzenförmig eingekrümmt und am Rande mehr oder minder gezähnelt. Der Fruchtknoten bildet eine vier- bis fünfteilige, braune Kapsel mit zahlreichen eingesenkten Drüsen. Hellgrüne, fein längsrinnige, punktierte, dicke Stengelstücke kommen häufig vor.

M. K.: Oberseits zwei Lagen, unterseits eine Reihe Palisadenzellen. Öldrüsen und zahlreiche Oxalatdrusen.

Herba Rutae enthalten äther. Öl und das Flavonglykosid Rutin. Sie werden in der Laienmedizin verwendet als Emmenagogum, Hydroticum, Diaphoreticum und Abortivum.

Erläuterungen der Abb. 115 u. 116, Taf. 20.

Abb. 115: Schnittdroge, zweimal vergr.: 1. Reihe: Blattstückchen in U.-Ansicht mit drüsiger Punktierung. 2. Reihe: Blatteile in O.-Ansicht, feingerunzelt. 3. Reihe: hellgrüne, punktierte, fein längsrinnige Stengelstücke. Untere Bildhälfte: ganze Blüten, Blumenblattteile und braunschwarze, drüsig punktierte Fruchtkapseln.

Abb. 116: Ganzdroge, nat. Gr.: Ganzdrogenteile mit stark geschrumpften, spatelförmigen Fiederblättchen, Blüten und Stengelabschnitten.

Herba Hyssopi

Ysopkraut

Hyssopus officinalis L. Lamiaceae

Hyssop, Ysop, Josefskraut

Taf. 20, Abb. 117 u. 118

Die Schnittdroge ist gekennzeichnet durch die hellgrünen, schmallänglichen, drüsig punktierten Blattstückchen und die grünen, meist tiefblauviolett angelaufenen, gleichmäßig fünfzipfeligen, röhrigen Kelche, aus denen von den zusammengeschrumpften, tiefblauen Blüten die langen Staubblätter oder der Griffel herausragen. Die ganzrandigen Blatteile sind stark zur Unterseite hin eingerollt und lassen auf dieser Seite lediglich den Mittelnerv hervortreten. Hellgrüne, vierkantige Stengelstücke kommen häufig vor.

Die Droge besitzt einen sehr würzigen Geruch und Geschmack.

M. K.: In den Epidermiszellen des Blattes stark lichtbrechende Sphärokristalle von Diosmin.

Herba Hyssopi enthalten äther. Öl, Gerbstoff und die Flavonderivate Hesperidin und Diosmin. Sie finden gelegentlich Verwendung zur Regulierung der Schweißsekretion, bei chronischem Bronchialkatarrh, Nieren- und Gallenleiden und bei Asthma.

Erläuterungen der Abb. 117 u. 118, Taf. 20.

Abb. 117: Schnittdroge, zweimal vergr.: Obere Bildhälfte: schmallanzettliche Blattstückchen, abwechselnd in O.- und U.-Ansicht mit drüsiger Punktierung, eingerolltem Blattrand und unterseits hervortretendem Mittelnerv. Untere Bildhälfte: blauviolette, fünfzipfelige, röhrige Kelche mit stark geschrumpften Blüten, einzelne Blüten und Kelchteile; rechts unten drei Stengelstücke.

Abb. 118: Ganzdroge, nat. Gr.: Ganzdrogenteile mit zahlreichen Blüten (links), mit Blütenkelchen (Mitte) und mit Blättern (rechts).

Herba Linariae

Leinkraut

Linaria vulgaris MILL. Scrophulariaceae

Gemeines Leinkraut, Harnkraut, Frauenflachs

Taf. 20, Abb. 119 u. 120

Die Blattstückchen sind von sehr schmaler, länglicher Form, oberseits dunkelgrün, unterseits hellgrün, am Rande stark eingerollt und lassen nur auf der Unterseite den Mittelnerv hervortreten. Kennzeichnend sind besonders die schwefelgelben, wolligen Blütenteile. Mitunter finden sich auch ganze, an der Basis gespornte Blüten mit rotgelbem Schlund, Teile der ovalen, grünen oder braunen Kapseln und kleine hell- bis schwarzbraune Samen mit breitem Flügelrande. Häufig kommen grüne oder blauviolette Stengelteile mit weißem Mark vor.

M. K.: Zweischichtiges Palisadenparenchym. Große Epidermiszellen mit dicker Kutikula.

Herba Linariae enthalten die Flavonglykoside Linarin und Pektolinarin. Sie werden gelegentlich als harn- und schweißtreibendes, abführendes Mittel, bei Gelbsucht, Wassersucht und Hämorrhoiden verwendet.

Erläuterungen der Abb. 119 und 120, Taf. 20.

Abb. 119: Schnittdroge, zweimal vergr.: Obere Bildhälfte: lanzettliche Blattstückchen in O.- und U.-Ansicht. Untere Bildhälfte: links gelbe, wollige Blütenteile und ganze, gespor(nte) Blüte; Mitte ovale Kapseln und Teile davon; rechts schwarzbraune, geflügelte Samen und markhaltige Stengelteile.

Abb. 120: Ganzdroge, nat. Gr.: Ganzdrogenteile mit dichtblütigen, traubigen Blütenständen, schmallanzettlichen Blättern und Fruchtkapseln.

Herba Ledi palustris

Sumpfporstkraut

Ledum palustre L. Ericaceae

Sumpfporst, Wanzenkraut, wilder Rosmarin, Labradortee

Taf. 21, Abb. 121 u. 122

Die kurzgestielten, schmal lineal-lanzettlichen, dikken, steif-lederartigen Blattstückchen sind auf der Oberseite dunkelgrün, etwas runzelig, stark glänzend, unbehaart und fein netzaderig. Von der Unterseite ist durch die starke Einrollung des Blattrandes lediglich ein schmaler, stark filzig-behaarter, rostbrauner Längsstreifen zu sehen. Mitunter findet man auch gelblichbraun verfärbte Blüten und braune, kegelförmige, fünffächerige Fruchtknoten mit fadenartigem Griffel. Rostbraune, filzig-behaarte Zweigreste und derbere, schwarzbraune, holzige Stengelreste kommen vor.

Die Droge hat einen adstringierenden, kampferartigen Geschmack.

M. K.: Palisadenparenchym aus 5 bis 6 Zellreihen. Schwammparenchym mit Interzellularen. Haare: einzellig mit dicker, verkorkter Membran oder mehrzellig, fadenförmig. Drüsenhaare mit schmalem oder breitem Köpfchen.

Herba Ledi palustris enthalten äther. Öl mit Ledol und Gerbstoff. Sie werden in der Volksmedizin gelegentlich als Diureticum, gegen Gicht, Rheumatismus, als Expectorans, gegen Hautkrankheiten und als Abortivum benützt.

Erläuterungen der Abb. 121 u. 122, Taf. 21.

Abb. 121: Schnittdroge, zweimal vergr.: Obere Bildhälfte: nadelförmige Blattstückchen, abwechselnd in O.- und U.-Ansicht. Untere Bildhälfte: links gelblich verfärbte Blüten; rechts Fruchtknoten, Knospe und Zweigstücke.

Abb. 122: Ganzdroge, nat. Gr.: Ganzdrogenteile mit nadelförmigen Blättern und traubigen Blüten- und Fruchtständen.

Herba Sabinae

(Summitates Sabinae)

Sabinakraut

Juniperus sabina L. Cupressaceae

Sade- oder Seviebaum, Stinkwacholder

Taf. 21, Abb. 123 u. 124

Die feingeschnittene Droge ist an den kleinen, hellgrünen, schuppenförmigen Blättern zu erkennen, die kreuzgegenständig, vierzeilig, den Zweigspitzen fest angedrückt ansitzen. Mitunter findet man auch ältere, etwas entfernt abstehende, kurz stachelspitzige Blätter und grüne oder blauschwarze, bereifte Beeren auf gekrümmten Kurztrieben. Mit der Lupe ist in der Mitte der gewölbten Außenseite der Schuppenblätter eine elliptische Öldrüse zu sehen.

Die Droge hat einen stark würzigen Geruch und Geschmack.

M. K.: Epidermis durch Faserhypoderm von dem zweireihigen Palisadenparenchym getrennt. Großer, ovaler Ölraum. Spaltöffnungen mit ankerförmigen Polen an den Fortsätzen.

Verfälschungen: Häufig Zweigspitzen von anderen Cupressaceen wie *Juniperus communis* (steife, pfriemliche, bis 16 mm große Blätter,

Taf. 21, Abb. 123, Mitte rechts unten), *Thuja orientalis* (mit viel größeren, schuppenförmigen Blättern, Taf. 21, Abb. 123, rechts unten) und von *Juniperus phoenicea* (mit großen, rotgelb glänzenden Beeren).

Herba Sabinae enthalten äther. Öl mit Sabinol und Sabinen, Gerbstoff und das Glykosid Pinipikrin. Sie werden trotz der Vergiftungsgefahr wegen ihrer uteruskontrahierenden Wirkung als Abortivum, Emmenagogum, mitunter auch als (nicht unbedenkliches) Diureticum verwendet.

Erläuterungen der Abb. 123 u. 124, Taf. 21.

Abb. 123: Schnittdroge, zweimal vergr.: Zweigspitzen und einzelne kleine, schuppenförmig anliegende und ältere abstehende Blätter. Rechts oben: Kurztriebe mit Beeren. Rechts unten: als Verfälschungen ein Zweigstück von *Thuja orientalis*, links daneben von *Juniperus communis*.

Abb. 124: Ganzdroge, nat. Gr.: Junge Zweigstückchen mit den schuppenförmigen Blättern und einzelne Beeren.

Herba Lycopodii

Bärlappkraut

Lycopodium clavatum L. Lycopodiaceae

Bärlapp, Hexenkraut, Jungfernkraut, Erdmoos

Taf. 21, Abb. 125 u. 126

Die Schnittdroge besteht aus kleinen Sproßstückchen, die sehr dicht mit zahlreichen 3—5 mm langen, fein lanzettlichen, hellgrünen, zugespitzten, etwas nach einwärts gekrümmten Blättchen besetzt sind. Braune Sporophyllstandteile finden sich nur selten. Ganz vereinzelt kann man auch einzelne gelblichgrüne Wurzelteile antreffen.

M. K.: Interzellularenreiches, nicht differenziertes Mesophyll. Epidermiszellen mit sehr dicker Kutikula und stellenweise mit eingesenkten Drüsenhaaren bedeckt.

Herba Lycopodii enthalten die Alkaloide Lycopodin, Clavatin und Clavatoxin. Das Bärlappkraut wird nur mehr gelegentlich in der Volksmedizin bei Nieren- und Blasenleiden angewandt.

Erläuterungen der Abb. 125 und 126, Taf. 21.

Abb. 125: Schnittdroge, zweimal vergr.: Sproßstückchen mit kleinen lanzettlichen Blättchen. Rechts unten: zwei gelbbraune Wurzelstückchen.

Abb. 126: Ganzdroge, nat. Gr.: Ganzdrogenteile mit dichter Beblätterung und einzelnen Wurzeln. Rechts am Rand: Sporophyllstand.

Herba Adonidis

Adoniskraut

Adonis vernalis L. Ranunculaceae

Frühlings-Adonisröschen

Taf. 22, Abb. 127 u. 128

In der Schnittdroge überwiegen die hellgrünen, fadenförmigen, leicht gebogenen Fiederblattstückchen. Vielfach treten die Blatteile in stark eingeschrumpften Knäueln auf. Ein auffallendes Merkmal bilden die großen, bis 2 cm langen, gelben, spatelförmigen, deutlich nervierten Blumenblätter und die etwas seltener anzutreffenden, kürzeren, außen flaumig behaarten, grünen, bläulich geäderten Kelchblätter. Häufig finden sich Blütenteile mit vielen gelben Staubblättern und zahlreichen apokarpen Fruchtblättern. Nicht selten trifft man auf hellgrüne, samtartig behaarte, netzig skulpturierte, fast erbsengroße, kugelige oder eiförmige, geschnäbelte Früchtchen. Zahlreich kommen markhaltige, längsfurchige, meist flachgedrückte Stengelteile von blau- bis rotvioletter und schwarzbrauner Färbung vor.

Die Stengelknotenpartien können in Teemischungen mit den sehr ähnlich aussehenden Knotenstückchen von *Herba Equiseti*, Taf. 33, Abb. 195 u. 196, verwechselt werden.

M. K.: Spärliche, einzellige, dünnwandige Haare. Armpalisaden. Endothecium perlschnurartig.

Verfälschungen: Rote, kleinere Blütenblätter stammen von *Adonis aestivalis*.

Herba Adonidis enthalten die herzwirksamen Strophantidin-Glykoside Adonidosid, Adonivernosid, Cymarin und Adonitoxin. Sie werden als mildes Herz- und Gefäßmittel, als Diureticum, Sedativum und und zu Entfettungs- und Blutreinigungskuren angewandt.

Erläuterungen der Abb. 127 u. 128, Taf. 22.

Abb. 127: Schnittdroge, zweimal vergr.: Obere Bildhälfte: kleine, fadenförmige Fiederblattstückchen und Blattknäuel. Untere Bildhälfte: Mitte gelbe, keilförmige, geäderte Blütenblätter und Blütenteile mit mehreren apokarpen Fruchtknoten. Unterhalb, eiförmige, gerunzelte Früchtchen; links Blütenteile mit zahlreichen gelben Staubblättern; rechts, Stengelstück mit Knotenpartie (Verwechslungsmöglichkeit mit *Herba Equiseti*) und drei größere, fein längsrinnige Stengelteile.

Abb. 128: Ganzdroge, nat. Gr.: Ganzdrogenteile mit den feinen Fiederblättern und großen gelben Blüten. Einzelne Fruchtstände. Rechts: feinlängsrinnige Stengelabschnitte.

Herba Eupatorii cannabini
Wasserhanfkraut
Eupatorium cannabinum L. Asteraceae
Wasserdost, Dostenkraut, braunes Leberkraut
Taf. 22, Abb. 129 u. 130

Die oberseits dunkelgrünen, unterseits graugrünen, ungleich entfernt gesägten Blattstückchen besitzen eine schwache rauhaarige Behaarung, die vor allem auf der Unterseite an den Nerven auftritt. Gekennzeichnet ist die Schnittdroge vor allem durch die zum Teil noch ganz erhaltenen, rötlich glänzenden Blütenköpfchen, durch die vielfach einzeln auftretenden kleinen, rotgeränderten, grünen, länglichen Hüllkelchblätter und die zahlreichen, mit weißlichem Pappus versehenen, fünfkantig gerieften, schwarzbraunen Früchtchen. Dünne, blauviolette, behaarte und große rotbraune, markhaltige, längsrinnige Stengelstücke kommen häufig vor.

M. K.: Kurzgliedrige, derbe, meist fünfzellige, dickwandige, leicht gekrümmte, kutikulargestreifte Deckhaare. Einschichtiges, kurzzelliges Palisadenparenchym. Eingesenkte Drüsenköpfchen.

Herba Eupatorii enthalten Bitterstoffe, Eupatorin und etwas äther. Öl. Sie werden bei Leber- und Gallenleiden, als Diureticum und Blutreinigungsmittel angewendet.

Erläuterungen der Abb. 129 u. 130, Taf. 22.

Abb. 129: Schnittdroge, zweimal vergr.: 1. Reihe: Blattstückchen in U.-Ansicht mit Behaarung. Drittes Blattstückchen mit Randzähnen. 2 Reihe: Blatteile in O.-Ansicht. 3. u. 4. Reihe: rotbraune, längsrinnige Stengelstücke. Unterer Bildrand: Blütenköpfchen mit rotgeränderten Hüllkelchblättern und einzelne schwarzbraune Achänen mit Pappus.

Abb. 130: Ganzdroge, nat. Gr.: Ganzdrogenteile mit reichblütigen Rispen und Blättern. Rechts rotbraunes, längsrinniges Stengelstück.

Herba Lobeliae
Lobelienkraut
Lobelia inflata L. Campanulaceae
Lobelie, Indianischer Tabak
Taf. 22, Abb. 131 u. 132

In Teemischungen findet die Droge fast immer in sehr kleingeschnittener Form Anwendung und bietet daher der Erkennung Schwierigkeiten. Gelegentlich finden sich größere, gelbgrüne, stark gefaltete Blattstückchen, die beiderseits, auf der Unterseite etwas dichter, besonders entlang der Nerven, zerstreut behaart und am Rande unregelmäßig kerbig gesägt sind. Braune, fein netzaderige Kapselstücke, die von den aufgeblasenen, zweifächerigen, gerippten Kapselfrüchten stammen, kommen selten und hellbraune, an den Kanten zottig behaarte Stengelstücke etwas häufiger vor.

M. K.: Epidermis der Oberseite papillös vorgewölbt. Unterseits lange, dickwandige, einzellige Haare mit warziger Kutikula. Samenschale mit stark verdickten, länglichen, braunen Zellen.

Herba Lobeliae enthalten Alkaloide der Lobelin- und Isolobiningruppe. Sie finden als Erregungsmittel für das Atmungszentrum in Asthmateemischungen Verwendung.

Erläuterungen der Abb. 131 u. 132, Taf. 22.

Abb. 131: Schnittdroge, zweimal vergr.: Obere Bildhälfte: Blattstückchen mit deutlicher Behaarung auf der Unterseite längs der Nerven. Untere Bildhälfte: links aufgeblasene Kapselfrüchte und Kapselstückchen; rechts kantige, zottig behaarte Stengelstücke.

Abb. 132: Ganzdroge, nat. Gr.: Ganzdrogenteile mit Kapselfrüchten und stark geschrumpften Blättern.

Herba Herniariae
Bruchkraut
Herniaria glabra L. u. Herniaria hirsuta L.
Caryophyllaceae
Kahles und behaartes Bruchkraut, Harnkraut, „Kuckucksseife"
Taf. 23, Abb. 133 u. 134

Die Schnittdroge ist sehr leicht zu erkennen an den hellgraugrünen, sternförmigen Blütenknäueln, die zu mehreren den dünnen, runden Stengelstücken ansitzen. Häufig kommen die kleinen, länglich eiförmigen, ganzrandigen, ungestielten Blätter vor. Die allseits dicht behaarten und daher in filzigen Klumpen zusammenhängenden Drogenteile stammen von *Herniaria hirsuta,* die unbehaarten, häufiger vorkommenden von *Herniaria glabra.* Vereinzelt finden sich auch hellgelbe, dünne Wurzelstücke.

Die Drogenteile besitzen einen angenehmen, kumarinartigen Geruch und einen etwas kratzenden Geschmack.

M. K.: Mesophyll mit Oxalatdrusen in kugeligen Zellen. Spitze, einzellige, kegelförmige Haare mit körneliger Kutikula.

Herba Herniariae enthalten Saponine, äther. Öl und das 7-Methoxycumarin Herniarin. Sie sind ein geschätztes Diureticum und werden meist zusammen mit *Folia Uvae ursi* gegen Nieren- und Blasenleiden und als Blutreinigungsmittel angewandt.

Erläuterungen der Abb. 133 u. 134, Taf. 23.

Abb. 133: Schnittdroge, zweimal vergr.: 1.—3. Reihe: kleine Blüten, in dichten Knäueln den Stengelstücken ansitzend. 4. Reihe: eiförmige, ungestielte Blättchen und winzig kleine Einzelblüten. 5. Reihe: dünne Stengelteile; 6. Reihe: Wurzelstückchen.

Abb. 134: Ganzdroge, nat. Gr.: Mehrere Ganzdrogenstücke mit zahlreichen kleinen Blüten, einzelnen Blättern und Wurzelstücken (am unteren Bildrand).

Herba Majoranae
Majorankraut
Majorana hortensis MOENCH. Lamiaceae
Majoran, Mairan, Wurstkraut
Taf. 23, Abb. 135 u. 136

Die gerebelte Droge ist gekennzeichnet durch die graugrünen, filzig behaarten, kreisrunden bis eiförmigen Hochblätter und die gelblich verfärbten Blüten. Letztere sind bis 4 mm lang und sitzen einem deckblattartigen Kelch auf. Zahlreich, aber nicht immer leicht zu finden, sind die 1 mm großen, glatten, hellbraunen, eiförmigen Früchtchen, die gelegentlich noch dem Kelch ansitzen, vorhanden. Beiderseits filzig behaarte, graugrüne, drüsig punktierte Blattstückchen der spateligen, ganzrandigen, undeutlich nervierten Blätter, zottig behaarte, dünne, vierkantige, blauviolette Stengel- und derbe, braunrote Sproßteile kommen nicht häufig vor.

Ein gutes Kennzeichen bietet auch der kräftige Majorangeruch.

M. K.: Ein- bis fünfzellige, spitze Gliederhaare mit Oxalatkristallen in den Ecken der Zellen und warziger Kutikula. Labiatendrüsenköpfchen.

Herba Majoranae enthalten äther. Öl mit Terpineol. Sie werden als Aromaticum angewandt.

Erläuterungen der Abb. 135 u. 136, Taf. 23.

Abb. 135: Schnittdroge, zweimal vergr.: Obere Bildhälfte: vierseitige, prismatische Blütenähren. Untere Bildhälfte: obere Reihe einzelne

Herba Violae odoratae

Veilchenkraut

Viola odorata L. Violaceae

Märzveilchen, wohlriechendes Veilchen

Taf. 23, Abb. 137 u. 138

In der Schnittdroge überwiegen die hellgelben, 3 bis
4 mm dicken Wurzelstückchen, die von den Ausläufern stammen und auf der Oberfläche zahlreiche
Narben und feine Würzelchenreste tragen. Im Querbruch zeigen sie eine gelbe, lockere Rinde und einen
weißen Holzkörper (vgl. *Radix Violae odor.* Taf. 49,
Abb. 431 u. 432). Ein weiteres Merkmal bilden die
oberseits dunkelgrünen, unterseits hellgrünen, verschieden stark behaarten Blattstückchen. Ein eindeutiges Kennzeichen stellen die vereinzelt auftretenden,
stark knäuelig eingeschrumpften, blauen bis violetten
Blüten und die häufiger vorkommenden gelblichen,
kugeligen, behaarten Fruchtkapseln dar. Die Kapseln
enthalten mehrere bis 3 mm lange, weiße, eiförmige
Samen mit großem Anhängsel (Elaiosom), die mitunter auch einzeln in der Schnittdroge anzutreffen
sind.

M. K.: Kegelförmige, einzellige, spitze Blatthaare mit Kutikularstreifung, ferner Oxalatdrusen.

Verfälschungen: *Herba Violae tricoloris,* Taf. 18, Abb. 103 u. 104, die
an der eiförmigen, meist loculicid dreifächerig aufgesprungenen Kapsel,
den kleineren, birnförmigen Samen und den bunten Blüten zu erkennen sind.

Herba Violae odoratae enthalten Saponin, Violutosid (Salicylsäure-
methylester-vicianosid), Schleim und äther. Öl. Sie finden in der Volksmedizin gelegentlich als Expectorans, als Brech- und Blutreinigungsmittel Verwendung.

Erläuterungen der Abb. 137 u. 138, Taf. 23.

Abb. 137: Schnittdroge, zweimal vergr.: Obere Bildhälfte: Wurzelstückchen mit zahlreichen Narben. Untere Bildhälfte: links unterschied-
lich behaarte Blattstückchen; Mitte unten, stark geschrumpfte blaue
Blüte; rechts drei kugelige, behaarte Kapseln; darüber eine loculicid
aufgesprungene Kapsel von *Herba Violae tricoloris* (als Verfälschung)
mit zahlreichen kleinen Samen. Zum Vergleich drei kleine gelbliche
Samen den großen weißen von *H. Violae odor.* (rechts untere Reihe)
gegenübergestellt.

Abb. 138: Ganzdroge, nat. Gr.: Rechts Wurzelstück mit den charakteristischen Ausläufern; links Blatt in U.-Ansicht mit Nervatur und fein-
gekerbtem Blattrand, daneben Blatt in O.-Ansicht ohne Nervatur. Links
unten: zwei geschrumpfte Blüten und eine Kapsel; Mitte: Ganzdroge
mit kurzem Wurzelstück, dünnen, feinbehaarten Stengeln und stark
geschrumpften Blättern.

Herba Pulmonariae maculatae

Lungenkraut

Pulmonaria officinalis L. Boraginaceae

Echtes Lungenkraut, Fleckenkraut

Taf. 24, Abb. 139 u. 140

Die rechteckig geschnittenen, teils einzeln auftretenden, teils mehrschichtig übereinanderliegenden oder
knäuelig eingerollten Blattstückchen sind oberseits
dunkel- bis braungrün, unterseits weißlich graugrün
und beiderseits mit zerstreut stehenden, großen Borstenhaaren mit kugeliger Anschwellung an der Basis
versehen. Die den Blättern der frischen Pflanze eigentümlichen Flecken sind an der Droge nur mehr selten
festzustellen. Gelegentlich kommen schwarzbraune

bis blauschwarze Stengelteile und vereinzelt, die
Schnittdroge eindeutig kennzeichnende ganze,
braune, gleichfalls borstig behaarte Blütenkelche vor.

M. K.: Kleine, spitzkegelförmig verdickte und große, einzellige, dickwandige, am Grunde retortenförmig erweiterte Borstenhaare mit
Zystolithen.

Herba Pulmonariae enthalten Schleimstoffe, Kieselsäure, Gerbstoffe und
ein Saponin. Sie sind ein beliebtes Volksmittel und werden häufig bei
Lungenleiden, als Diureticum und Antidiarrhoicum benützt.

Erläuterungen der Abb. 139 u. 140, Taf. 24.

Abb. 139: Schnittdroge, zweimal vergr.: 1. Reihe: dunkelgrüne Blattstückchen in O.-Ansicht mit großen Borstenhaaren. Ein Blatteil mit
Fleckung. 2. Reihe: weißlichgrüne Blattstückchen in U.-Ansicht mit
Kegelhaaren und braunem Mittelnerv (2. u. 3. Blattstückchen). 3. Reihe:
links drei Blatteilchen knäuelig eingerollt und 4. Reihe: links ein
brauner, borstig behaarter Blütenkelch. Die übrigen Stückchen, blauschwarze Stengelteile.

Abb. 140: Ganzdroge, nat Gr.: Zwei Blätter beiderseits dicht borstig
behaart; links in O.-Ansicht, rechts in U.-Ansicht mit braunem Mittelnerv. Rechts oben: Ganzdroge, stark eingeschrumpft. Untere Bildhälfte:
blauschwarze Sproß- und braune Stengelstücke mit braunen Blütenkelchen.

Herba Urticae

Brennesselkraut

Urtica dioica L. u. U. urens L. Urticaceae

Große und kleine Brennessel

Taf. 24, Abb. 141 u. 142

Die oberseits schwarzgrünen und unterseits hellgrünen, fast immer stark geschrumpften und knäuelig eingerollten Blattstückchen tragen große, ver-
streut stehende Brennhaare und auf der Unterseite
außerdem noch zahlreiche kleinere Borstenhaare.
Häufig trifft man auch auf vierkantige, meist breitgedrückte, grüne bis braune, stark gefurchte Stengelteile.

M. K.: Zahlreiche einzellige Borstenhaare und sehr lange Brennhaare,
deren Fuß von benachbarten Epidermiszellen becherförmig umwachsen
ist und auf einem säulenförmigen Sockel steht. Die sich stark nach oben
verjüngende Haarzelle endet in einem schräg aufsitzenden, leicht
abbrechenden, verkieselten Köpfchen.

Herba Urticae enthalten Histamin, Acetylcholin, Carotinoide, Ameisen-
und Essigsäure. Sie sind ein bekanntes Volksmittel und werden häufig
als Blutreinigungsmittel und Diureticum bei Wassersucht, Gicht und
Rheumatismus angewandt.

Erläuterungen der Abb. 141 u. 142, Taf. 24.

Abb. 141: Schnittdroge, zweimal vergr.: 1. Reihe: Blattstückchen in
O.-Ansicht mit großen Brennhaaren. 2. Reihe: Blattstückchen in U.-An-
sicht mit Brenn- und zahlreichen Borstenhaaren und Netznervatur.
3. Reihe: Blattstückchen aus mehreren übereinanderliegenden Schichten
bestehend und knäuelig eingerollt. Untere Reihe: derbe vierkantige,
längsfurchige Stengelstücke.

Abb. 142: Ganzdroge, nat. Gr.: Linke Bildhälfte: stark geschrumpfte
Blätter in O.-Ansicht mit Brennhaaren. Rechte Bildhälfte: Ganzdrogenstücke mit Blättern in U.-Ansicht mit Netznervatur, Brenn- und Borstenhaaren.

Herba Betonicae

Betonienkraut

Stachys officinalis (L.) TR. Lamiaceae

Betonie, Zehrkraut, Heilziest, Flohblume

Taf. 24, Abb. 143 u. 144

Die hell- bis schwarzgrünen Blattstückchen sind beiderseits mehr oder weniger stark behaart. Lediglich
auf der feindrüsig punktierten Unterseite tritt die
hellgrüne Nervatur deutlich hervor. Blattstückchen
mit den grobgesägten Randzähnen finden sich nicht
allzuhäufig. Blattstielteile und blauviolette, behaarte
Stengelstücke kommen häufig vor.

M. K.: Ein- bis mehrzellige, dickwandige Gliederhaare mit meist warziger Kutikula und Labiatendrüsenköpfchen.

Herba Betonicae enthalten Betonicin, Stachydrin, Gerbstoffe und Bitterstoff. Sie werden als Antidiarrhoicum verwendet.

Abb. 143: Schnittdroge, zweimal vergr.: Dunkle Blattstückchen in O.-Ansicht und helle Blatteile mit Nervatur in U.-Ansicht. Untere Bildrandmitte und rechts: dünne Stiel- und dickere Stengelstücke.

Abb. 144: Ganzdroge, nat. Gr.: Ganze Blätter in O.-Ansicht ohne und in U.-Ansicht mit Nervatur und grobgesägtem Blattrand. Rechts unten blauviolettes Stengelstück.

Herba Cardui benedicti

Kardobenediktenkraut

Cnicus benedictus L. Asteraceae

Benediktenkraut, Spinnen- oder Bitterdistel

Taf. 25, Abb. 145 u. 146

Die hellgrünen, steifen Blattstückchen der Laub- und Deckblätter besitzen einen stachelspitzigen Blattrand mit langen, fast rechtwinkelig abstehenden Schrotsägezähnen. Auf der Oberseite treten einzelne zottige Haare, auf der Unterseite die helle, grobnetzaderige Nervatur deutlich hervor. Durch spinnwebartige, klebrige Behaarung vor allem der Deckblattstückchen hängen die Schnittdrogenteile meist klumpig beisammen. Ein sehr charakteristisches Merkmal bilden die auf der gewölbten Außenseite mattgelben und auf der Innenseite weiß seidigglänzenden Hüllblattstückchen des Blütenstandes, die an der Spitze in einen einfachen oder einen rechtwinkelig abgebogenen, „kammartig" gefiederten, rotvioletten Stachel übergehen. Ein gutes Kennzeichen bilden auch die meist büschelig auftretenden, silbrigglänzenden, bis 2 cm langen, borstigen Spreuhaare des Blütenbodens und die gelben, langen Röhrenblüten. Unbehaarte, vielrippige Achänen mit zweireihigem Pappus sind nur gelegentlich anzutreffen. Häufig finden sich die derben, breiten, grünen oder violetten, längsfurchigen Stengelstücke.
Die Drogenteile besitzen einen sehr bitteren Geschmack.

M. K.: Die Blatthaare bestehen aus vielzelligen Gliederhaaren mit kurzen Zellen und schmalen Haaren mit sehr langer, peitschenförmig gewundener Endzelle. Große etagenförmige Öldrüsen.
Herba Cardui benedicti enthalten einen Bitterstoff Cnizin, Schleim, äther. Öl, Gerbstoff und Harz. Sie sind ein sehr beliebtes Bittermittel und finden bei Störungen der Verdauungsorgane, bei Gallen- und Lebererkrankungen Verwendung.
Erläuterungen der Abb. 145 u. 146, Taf. 25. .
Abb. 145: Schnittdroge, zweimal vergr.: Obere Bildhälfte: Blattstückchen mit den stachelspitzigen Randzähnen. Untere Bildhälfte: links hellgelbe Hüllblattstückchen ohne und mit rechtwinkelig abgebogenen, gefiederten Stacheln und abgebrochene, rotviolette, kammartige Stacheln. Anschließend drei gelbe Röhrenblüten; rechts daneben borstiges Spreuhaarbüschel aus dem Blütenboden; weiter rechts derbe, grüne bis rotviolette, längsrinnige Stengelstücke.
Abb. 146: Ganzdroge, nat. Gr.: Links Blütenstand mit Deckblättern in U.-Ansicht und den aus den Blütenköpfchen hervorragenden Stacheln der Hüllblätter. Rechts Laubblatt in U.-Ansicht mit stachelspitziger und schrotsägezahnförmiger Randausbildung und Nervatur. Rechts unten großes, rotviolettes Stengelstück.

Herba Scabiosae

Skabiosenkraut

Knautia arvensis (L.) COULT. Dipsacaceae

Ackerskabiose, Witwenblume, Grindkraut

Taf. 25, Abb. 147 u. 148

Die graugrünen, glanzlosen Blattstückchen der tieffiederspaltigen Laubblätter besitzen als Hauptmerkmal auf der Ober- und Unterseite große bis 3 mm lange Borstenhaare. Gelegentlich finden sich die stark geschrumpften, blau- bis rotlila Blüten. Die derben, längsgefurchten, grünen, mitunter blauviolett punktierten oder tiefblauvioletten, meist mit nach abwärts

gerichteten Borsten dicht behaarten Stengelstückchen kommen häufig vor.

M. K.: Sehr lange, einzellige, dickwandige Borstenhaare, die einer kurzen, vielzelligen Emergenz aufsitzen. Drüsenhaare mit einzelligem Stiel und vierzelligem Köpfchen. Einschichtiges Palisadenparenchym mit sehr großen Oxalatdrusen.
Herba Scabiosae enthalten Gerbstoffe und Bitterstoffe. Sie werden nur mehr selten zur Blutreinigung und bei chronischen Hautleiden verwendet.
Erläuterungen der Abb. 147 u. 148, Taf. 25.
Abb. 147: Schnittdroge, zweimal vergr.: 1. u. 2. Reihe: Blattstücke in O.-Ansicht mit Borstenhaaren. 3. u. 4. Reihe: Blattstückchen in U.-Ansicht mit hervortretender Nervatur und dichter Behaarung. Untere Bildhälfte: links rotlila gefärbte, geschrumpfte Blüten; rechts Stengelstücke mit blauvioletter Punktierung, längsfurchig mit nach abwärts gerichteten Borstenhaaren oder unbehaart.
Abb. 148: Ganzdroge, nat. Gr.: Ganzdroge mit leierförmigen bis fiederspaltigen, zottig behaarten Blättern und Stengeln. Links unten Blattstück in U.-Ansicht mit hervorragender Nervatur. Mitte unten in O.-Ansicht. Rechts am Rand und rechts unten: grüne, punktierte und tiefblauviolette Stengelstücke.

Herba Boraginis

Boretschkraut

Borago officinalis L. Boraginaceae

Boretsch, Gurkenkraut, Wohlgemutkraut

Taf. 25, Abb. 149 u. 150

Die graugrünen Blattstückchen sind beiderseits mit sehr zahlreichen steifen, derben Borstenhaaren mit auffallend großer, kugeliger Basis und kleineren zottigen Haaren dicht besetzt. Ein eindeutiges Merkmal bilden die häufig vorkommenden, leuchtend blauen Blüten mit ihrem filzig rauhhaarigen, fünfteiligen Kelch und den großen braunen, kegelförmig zusammengeneigten Antheren. Tiefgefurchte und verschieden stark behaarte, hell- bis dunkelbraune Stengelstücke sind vorhanden.

M. K.: Die starren, dickwandigen, bis 2 mm langen, einzelligen Borstenhaare der Oberseite und die meist zweizelligen, schlankeren der Unterseite besitzen eine blasig erweiterte Basis mit einem Zystolithen und sind rosettenartig von Epidermiszellen umgeben.
Herba Boraginis enthalten Schleim und Saponin. Sie finden in der Volksmedizin gelegentlich als Diureticum, zur Blutreinigung und als Mucilaginosum Anwendung.
Erläuterungen der Abb. 149 u. 150, Taf. 25.
Abb. 149: Schnittdroge, zweimal vergr.: Obere Bildhälfte: Blattstückchen in O.-Ansicht (1. Reihe) mit dichter Behaarung und in U.-Ansicht (2. Reihe) mit hervortretender Nervatur und etwas lockerer Behaarung. Untere Bildhälfte: links Blüten mit filzig behaartem Kelch, blauen Blumenblättern und großen, braunen Antheren. Rechts verschieden stark behaarte, derbe, längsgefurchte Stengelstücke.
Abb. 150: Ganzdroge, nat. Gr.: Linke Bildhälfte: Ganzdrogenstücke mit Blättern und Blütentrauben; alle Teile dicht borstig behaart. Rechte Bildhälfte: ein älteres Blatt in U.-Ansicht mit hervortretender Nervatur und lockerer Behaarung, rechts davon ein junges, dicht behaartes Blatt in O.-Ansicht; links und rechts unten: zwei Blüten mit den großen braunen Antheren.

Herba Nepetae catariae

Echtes Katzenkraut

Nepeta cataria L. Lamiaceae

Katzenkraut, Katzenminze

Taf. 26, Abb. 151 u. 152

Die Blattstückchen sind auf der dunkelgrünen Oberseite meist etwas lockerer filzig behaart als auf der graugrünen Unterseite. An einzelnen Blatteilen ist der grob gezähnte Blattrand wahrnehmbar. Ein eindeutiges Merkmal bilden die massenhaft in der Schnittdroge auftretenden einzelnen oder noch zu mehreren beisammensitzenden, etwas bauchig aufgetriebenen, hellgrünen, fein behaarten Blütenkelche. Häufig finden sich die kurzflaumig behaarten, gelblich verfärbten Blüten mit violettblauen Anthe-

ren und die glatten, braunen, kleinen Nüßchen mit
der auffallenden, weißen, nierenförmigen Pseudo-
strophiole. Derbe, vierkantige, grüne bis blauviolette,
behaarte Stengelstücke kommen häufig vor.

M. K.: Meist vierzellige Gliederhaare mit körneliger Kutikula und
alternierend kollabierten Zellen. Viele kleine Drüsenhaare mit zweizelligem Köpfchen und wohlentwickelte Labiatendrüsenköpfchen.
Herba Nepetae catariae enthalten äther. Öl mit Carvacrol. Sie werden
in der Laienmedizin nur mehr selten als Antidiarrhoicum und bei
chronischer Bronchitis angewandt.

Erläuterungen der Abb. 151 u. 152, Taf. 26.

Abb. 151: Schnittdroge, zweimal vergr.: Obere und mittlere Bildfläche:
meist eingerollte Blattstückchen; einzelne mit grobzähnigem Blattrand.
Unterer Bildrand: mehrere Kelche mit 15 Nerven und 5 geraden Zähnen,
einzelne gelbliche Blüten, vier braune Nüßchen mit nierenförmiger
Ansatzstelle an der Blütenachse und vierkantige Stengelstücke.

Abb. 152: Ganzdroge, nat. Gr.: Linke Bildhälfte: Ganzdrogenstücke mit
reichblütigen Scheinquirlen und einzelnen Hochblättern. Rechte Bildhälfte: größeres Laubblatt in U.-Ansicht mit fiederiger Netznervatur und
grobkerbig gezähnter Randausbildung. Kleines Blatt in O.-Ansicht.

Herba Galeopsidis

Hohlzahnkraut Blankenheimer Tee, Liebersches
Auszehrungskraut

Galeopsis segetum NECKER. Lamiaceae

Hohlzahn

Taf. 26, Abb. 153 bis 156

Die hellgrünen Blattstückchen sind weich samtartig
behaart, grob gesägt und lassen auf der Unterseite
die Haupt- und Sekundärnerven hervortreten. Ein
Hauptmerkmal bilden die zahlreichen, röhrigglok-
kigen, drüsig behaarten Kelche mit ihren fünf nach
außen abstehenden, stachelspitzigen Zähnen und die
etwas seltener anzutreffenden, meist stark geschrumpften, gelben Blüten, deren Unterlippe einen
schwefelgelben Fleck besitzt. Häufig kommen auch
die braunen, punktierten Nüßchen und die grünen
bis blauvioletten, vierkantigen, meist flaumig
behaarten Stengelstücke vor.

M. K.: Dickwandige Gliederhaare mit warziger Kutikula und kugeliger
Basalzelle. Drüsenhaare mit langem, mehrzelligem Stiel und schüssel-
förmigem Köpfchen, dessen 16 bis 32 Zellen kleine Oxalatkristalle
enthalten.
Verfälschungen: Zeitweise besteht die Schnittdroge fast ausschließlich
aus *Herba Sideritidis (Stachys recta)*, das, wie die Abb. 155, 1. bis 4.
Reihe und Abb. 156, links am Rand, zeigen, aus grobborstig behaarten,
dunkelgrünen Blattstückchen, zahlreichen Stengelteilen mit derben, abstehenden Haaren, kleineren gelben Blüten, zahlreichen locker behaarten, dunkelgrünen, gedrungenen Kelchen und dunkelbraunen Nüßchen
besteht. Eine gleichfalls häufige Verfälschung bildet auch *Galeopsis
speciosa Miller* (Abb. 155 links unten bis Mitte und Abb. 156 Mitte,
unten und rechts unten) mit zahlreichen, borstigen Stengelteilen, rauhhaarigen Blattstückchen, häufig auftretenden, sehr langen, hellen Kelchen mit kräftigen Stacheln und gelblich-weißen Blumenkronen, deren
Unterlippe einen großen, leuchtend rotvioletten Mittellappen (Abb. 156
Mitte) besitzt. Vielfach trifft man auch auf Bestandteile von *Galeopsis
tetrahit L.* (Abb. 155, rechts unten und Abb. 156, rechts oben), die an
den sehr dicht behaarten, mit steifen, abwärtsstehenden Haaren besetzten Stengelstücken, den kleinen rosaroten Blüten und den großen, stroh-
gelb glänzenden Kelchen mit kräftigen, weit abstehenden Stachelzähnen
zu erkennen sind.
Herba Galeopsidis enthalten Kieselsäure, Gerbstoff, Bitterstoff und Saponine. Sie werden sehr häufig in Kieselkräuterteemischungen bei Lungenleiden, als Expectorans bei Bronchitis und als adstringierendes und
anregendes Magen- und Darmmittel verwendet.

Erläuterungen der Abb. 153 u. 154, Taf. 26.

Abb. 153: Schnittdroge, zweimal vergr.: 1. u. 2. Reihe: weich behaarte,
grob gesägte Blattstückchen; 3. u. 4. Reihe: samtig behaarte Stengelteile; 5. Reihe: röhrigglockige, drüsig behaarte Kelche; 6. Reihe: geschrumpfte gelbe Blütenteile und vier braune, punktierte Nüßchen.

Abb. 154: Ganzdroge, nat. Gr.: Rechte Bildhälfte: Ganzdrogenteile mit
zahlreichen Kelchen, einzelnen großen Blüten und Blättern; linke Bildhälfte: Herbarexemplar zur Verdeutlichung der Einzelheiten der
Ganzdroge.

Erläuterungen der Abb. 155 u. 156, Taf. 26.

Abb. 155: Schnittdroge, zweimal vergr.: 1. bis 4. Reihe: *Herba Sideritidis*:
borstig behaarte, dunkelgrüne Blattstückchen; borstig behaarte Stengelstücke; kleine gelbe Blüten; grüne, wenig behaarte Kelche und dunkelbraune Nüßchen. Unterste Reihe linke Hälfte, *Galeopsis speciosa*:
Blattstück und rauhaarige, lange Kelche; rechte Hälfte, *Galeopsis Tetra-*

hit: langstachelige Kelche mit rosa Blüten und Stengelstücke mit steif
abstehenden Haaren.

Abb. 156: Ganzdroge, nat. Gr.: Links am Rand Ganzdrogenstück von
Herba Sideritidis mit zahlreichen Kelchen, einzelnen kleinen Blüten und
rechts daneben drei Blättern. Mitte, unten u. rechts unten, *Galeopsis
speciosa*: Ganzdrogenteile mit borstig behaarten Blättern, großen lang-
gezähnten Kelchen und großen Blüten mit violetten Mittellappen der
Unterlippe. Rechts oben, *Galeopsis tetrahit L.:* Ganzdrogenstück mit
hellen, kräftig gezähnten Kelchen, kleinen rosa Blüten und dicht borstig
behaartem Stengel.

Herba Veronicae

Ehrenpreiskraut

Veronica officinalis L. Scrophulariaceae

Ehrenpreis, Wundkraut

Taf. 27, Abb. 157 u. 158

Hauptbestandteile der Schnittdroge sind die spröden,
graugrünen Blattstückchen oder die ganzen kleinen,
verkehrt eiförmigen Blättchen mit deutlich gesägtem
oder gekerbtem Blattrand und beiderseits rauher
Behaarung. Ein eindeutiges Merkmal bilden die sehr
zahlreich auftretenden flachen, herzförmigen Fruchtkapseln mit den vier schmallanzettlichen Kelchblätt-
chen. Mitunter finden sich auch Bruchstücke der
gedrungenen Blütentrauben mit blauen oder rötlichen, dunkelgeäderten Blüten. Weich behaarte,
runde, grüne bis blauviolette Stiel- und hohle Stengelteile kommen häufig vor.

Auf Grund einer gewissen Ähnlichkeit der Früchte
ist Verwechslungsmöglichkeit mit *Herba Bursae
pastoris*, Taf. 30, Abb. 177 u. 178, gegeben.

M. K.: Mehrzellige, dickwandige Gliederhaare mit rauher Kutikula.
Herba Veronicae enthalten das Glykosid Aucubin, äther. Öl, Bitterstoff,
Gerbstoff und Saponine. Die Droge findet gelegentlich bei Lungenleiden,
als Expectorans, bei Gicht und Rheumatismus Verwendung.

Erläuterungen der Abb. 157 u. 158, Taf. 27.

Abb. 157: Schnittdroge, zweimal vergr.: Obere Bildhälfte: rauhhaarige,
kerbig gezähnte Blattstückchen und ganze Blätter. Untere Bildhälfte:
links und Mitte, ganze Blütentrauben und Teile davon mit dunkelgeäderten Blüten; Mitte rechts, verkehrt herzförmige, flache Fruchtkapseln mit
vierteiligem Kelch; rechts unten, weich behaarte, feinlängsgestreifte
Stengelstücke.

Abb. 158: Ganzdroge, nat. Gr.: Ganzdrogenstück mit Blättern, Blütentrauben und Fruchtständen.

Herba Alchemillae

Frauenmantelkraut

Alchemilla vulgaris L. Rosaceae

Frauenmantel, Taurose

Taf. 27, Abb. 159 u. 160

Die Blattstückchen, die einzeln oder ineinandergefaltet auftreten, sind entweder silbrig glänzend,
seidig behaart oder grau- bis braungrün und weniger
stark behaart. Die fast unbehaarten Blattstückchen
älterer Blätter zeigen ein sehr feinmaschiges, dunkelbraunes Nervennetz. Häufig findet man Blatteile mit
dem grob gezähnten und fein gewimperten Blattrand.
Ein Kennzeichen stellen auch die vielfach anzutreffenden gelblich-grünen Blütenknäuel dar, die aus kleinen, blumenblattlosen, vierzähligen Blüten mit
Außen- und Innenkelch bestehen. Die hellgrünen
Blattstiel- und Stengelstücke sind weich seidig
behaart.

Die Schnittdroge ist mitunter stark verunreinigt.

M.K.: Bis 1 mm lange, einzellige Haare mit dicker, geschichteter Wand
und grob getüpfelter Basis. Im Mesophyll Oxalatdrusen.
Herba Alchemillae enthalten Gerbstoffe. Sie werden gelegentlich als
Adstringens, bei Frauenleiden und gegen Zuckerkrankheit verwendet.

Erläuterungen der Abb. 159 u. 160, Taf. 27.

Abb. 159: Schnittdroge, zweimal vergr.: 1.—2. Reihe: Blattstückchen abwechselnd in U.- und O.-Ansicht mit unterschiedlicher Behaarung, Ner-

vatur und grob gezähntem Blattrand. 3. Reihe: Blatteile ineinandergefaltet und weich seidig behaart. Unterer Bildrand: zahlreiche gelbgrüne Blütenknäuel und einzelne Blattstielteile.

Abb. 160: Ganzdroge, nat. Gr.: Rechts am Rand: Ganzdrogenstück mit Blättern und Blütendolden; Links am Rand: großes langgestieltes, neunlappiges, tief eingefaltetes Blatt. In der Mitte: Stengelstück mit kurzgestielten, siebenlappigen Blättern und zahlreichen Blüten.

Herba Fragariae
Erdbeerblätter
Fragaria vesca L. Rosaceae
Erdbeere
Taf. 27, Abb. 161 u. 162

Die Blattstückchen besitzen auf der Unterseite eine weich seidig glänzende Behaarung und auffallend parallel laufende Seitennerven. Einzelne Blatteile zeigen auch den scharf gesägten Blattrand, der erkennen läßt, daß in jedem Zahn ein Seitennerv endigt. Vereinzelt finden sich gelblich verfärbte Blüten und braune „Erdbeeren", welche die Schnittdroge eindeutig bestimmen. Häufig kommen die dicht behaarten, grünen bis blauvioletten Stengelstückchen vor.

M. K.: Lange, einzellige, sehr dickwandige, an der Basis gekrümmte Haare und kurze, meist dreizellige, dünnwandige Drüsenhaare mit ovaler Endzelle. Im Mesophyll Oxalatdrusen.

Herba Fragariae enthalten Gerbstoff. Sie werden häufig als Blutreinigungsmittel in den Frühjahrskur-Teemischungen, den deutschen Haus-Tees, als Diureticum und Ersatz des schwarzen Tees verwendet.

Erläuterungen der Abb. 161 u. 162, Taf. 27.

Abb. 161: Schnittdroge, zweimal vergr.: 1. u. 2. Reihe: Blattstückchen in U.-Ansicht mit dichter Behaarung, parallel laufenden Seitennerven und scharf gesägtem Blattrand. 3. Reihe: drei dunklere Blatteile in O.-Ansicht mit lockerer Behaarung und rechts am Rand zwei weißfilzige, noch nicht entfaltete Blätter. Links unten: Blüten und „Erdbeeren". Rechts: rotbraune Wurzelstockteile und weich behaarte Stiel- und Stengelstückchen.

Abb. 162: Ganzdroge, nat. Gr.: Ganzdrogenstücke mit Blüten und Früchtchen; einzelne dreiteilige Blätter, vielfach noch nicht entfaltet und unterseits stark behaart.

Herba Agrimoniae
Odermennigkraut
Agrimonia eupatoria L. Rosaceae
Odermennig
Taf. 28, Abb. 163 u. 164

Die Blattstückchen sind auf der graugrünen Unterseite dicht graufilzig behaart, lassen die fiederige Nervatur hervortreten und zeigen (bei Lupenbetrachtung) eine drüsige Punktierung. Auf der dunkelgrünen Oberseite ist die Behaarung lockerer. Der Blattrand ist grobkerbig gesägt. Hellbraune, mehrkantige, borstig behaarte Stengelstücke kommen zahlreich vor. Teile der ährenartigen Blütentrauben, gelbe Blüten und mit hakig gekrümmten Borsten versehene kleine Scheinfrüchte kennzeichnen die Droge eindeutig, finden sich aber nur vereinzelt.

M. K.: Einzellige, bis 4 mm lange, dickwandige Haare mit Spirallinien und Kutikularknötchen, ferner Köpfchenhaare mit mehrzelligem Stiel. Im Mesophyll Drusen und Einzelkristalle.

Herba Agrimoniae enthalten Gerbstoff, Bitterstoff, Quercitrin und Nikotinsäureamid. Sie werden in der Volksmedizin häufig gegen Leber- und Gallenleiden, als Adstringens bei Blutungen und zu Gurgelwässern (von Sängern und Rednern) verwendet.

Erläuterungen der Abb. 163 u. 164, Taf. 28.

Abb. 163: Schnittdroge, zweimal vergr.: Obere Bildhälfte: Blattstückchen in U.-Ansicht graufilzig behaart, mit hervortretender Nervatur und grobkerbig gesägten Randzähnen. Untere Bildhälfte: weniger dicht behaarte Blattstückchen in O.-Ansicht, borstig behaarte Stengelstücke und links unten eine gelbe Blütenknospe und ein mit gekrümmten Borstenhaken besetztes Scheinfrüchtchen.

Abb. 164: Ganzdroge, nat. Gr.: Ganzdrogenstück mit graufilziger Behaarung der hellgraugrünen Blätter in U.-Ansicht, der Stengel und ährenartigen Blütentraube (Mitte oben). Links am Rand zwei Blätter in O.-Ansicht weniger dicht behaart.

Herba Anserinae
Gänsefingerkraut
Potentilla anserina L. Rosaceae
Gänserich, Silberkraut, Krampfkraut
Taf. 28, Abb. 165 u. 166

Die am Rande scharf gesägten bis fiederspaltigen Blattstückchen sind auf der Unterseite weißglänzend und dicht filzig behaart, auf der Oberseite hell- bis dunkelgrün und wenig behaart. Ein Merkmal bilden auch die fast immer vorhandenen gelben Blütenblattteile, Blüten und Blütenknospen. Weichhaarige grüne bis gelbbraune Stengelstücke kommen häufig vor.

M. K.: Auf der Blattoberseite vereinzelte, gerade, einzellige, auf der Unterseite zahlreiche sehr lange, meist peitschenförmig gewundene und verflochtene Haare.

Herba Anserinae enthalten einen spasmolytisch wirkenden Stoff, Flavone (Quercitrin und Quercetin) und Gerbstoff. Sie werden bei Herz- und Magenkrämpfen, bei Gelbsucht, Blutungen und Diarrhöen verwendet.

Erläuterungen der Abb. 165 u. 166, Taf. 28.

Abb. 165: Schnittdroge, zweimal vergr.: Dunkelgrüne Blattstückchen mit spitz gesägtem Blattrand in O.-Ansicht mit geringer Behaarung, in U.-Ansicht dicht behaart. Mitte unten gelbe Blütenknospen und Blütenteile. Rechts unten Stengelstücke.

Abb. 166: Ganzdroge, nat. Gr.: Ganzdrogenstücke mit den tief fiederspaltigen, oberseits dunkelgrünen und unterseits weißglänzenden Blättern. Links oben zwei gelbe Blütenknospen.

Herba Rubi idaei
Himbeerblätter
Rubus idaeus L. Rosaceae
Himbeere
Taf. 28, Abb. 167 u. 168

Die auf der dunkel- bis braungrünen Oberseite unbehaarten Blattstückchen besitzen auf der Unterseite als Hauptmerkmal einen dichten, silbergrauen Haarfilz und lassen auf dieser Seite auch die fiederige Netznervatur hervortreten. Häufig zeigen die infolge der dichten Behaarung meist in Klumpen zusammenhaftenden Blatteile den ungleich gesägten Blattrand. Ein Kennzeichen bilden auch die gelegentlich anzutreffenden unreifen „Himbeeren" mit den zahlreichen weißgrau behaarten Früchtchen. Grüne oder rötlich angelaufene Blattstiel- und Stengelstücke, die mitunter sehr kleine Stacheln tragen, kommen häufig vor.

M. K.: Lange, peitschenförmig gewundene und untereinander filzig verflochtene, derbwandige Haare und kurze, einzellige, derbe Haare mit grob getüpfelter Basis. Im Mesophyll zahlreiche Oxalatdrusen.

Herba Rubi Idaei enthalten Flavone und Gerbstoff. Sie werden ähnlich wie die Brombeer- und Erdbeerblätter zu Haus-Tees und zur Blutreinigung in Frühstückstees verwendet.

Erläuterungen der Abb. 167 u. 168, Taf. 28.

Abb. 167: Schnittdroge, zweimal vergr.: Blattstückchen in U.-Ansicht mit weißem Haarfilz, in O.-Ansicht dunkelgrün und unbehaart. Links unten eine „Himbeere", in der Mitte zwei runde Stengelstücke und rechts unten klumpig zusammenhängende Blattstückchen.

Abb. 168: Ganzdroge, nat. Gr.: Ganzdrogenstücke mit den unterseits weißfilzig behaarten, oberseits dunkelgrünen, unbehaarten Blättern und mehreren „Himbeeren". Rechts am Rand ein Stengelstück.

Herba Mari veri
Amberkraut
Teucrium marum L. Lamiaceae
Amberkraut, Katzen- oder Mastichkraut
Taf. 29, Abb. 169 u. 170

Die Schnittdroge ist gekennzeichnet durch die meist ganzen, kleinen, etwa 1 cm langen, spitz eiförmigen Blättchen, die auf der grau- bis dunkelgrünen Oberseite nur wenig, auf der weißgrauen Unterseite dicht behaart sind und nur unterseits den Hauptnerv erkennen lassen. Von der ganzrandigen Spreite ist bei ausgewachsenen Blättern ein schmaler Randstreifen, bei jungen Blättern die ganze Blattfläche zur Unterseite hin eingerollt. Die zahlreich vorhandenen glokkigen Blütenkelche sind stark filzig behaart. Vereinzelt sind ganze rosarote oder bräunlich verfärbte Lippenblüten mit langen Staubblättern, häufig die weißfilzigen, holzigen Stengelstückchen anzutreffen. Die Droge besitzt einen durchdringenden, stark aromatischen Geruch.

M. K.: Blatthaare der Oberseite kurz, ein- bis zweizellig. Auf der Unterseite mehrzellige, stark gebogene Gliederhaare mit warziger Kutikula und vereinzelten, mehr oder weniger großen Ausstülpungen, die nicht mit den astartig verzweigten Gliederhaaren der Verfälschungen *Teucrium polium* und den langen Peitschenhaaren von *Teucrium montanum* verwechselt werden dürfen.

Verfälschungen: Die Handelsdroge besteht fast ausschließlich aus *Teucrium polium*, dessen Blätter beiderseits samtartig behaart und so stark eingerollt sind, daß die Blattrandkerben zahnradartig ineinandergreifen und aus *Teucrium montanum*, das lineallanzettliche, auf der Unterseite dicht filzig behaarte Blätter und kurzzähnige Kelche besitzt.

Herba Mari veri enthalten äther. Öl, Gerbstoff und Harze. Sie werden sehr gerne als Gallenmittel, außerdem bei Magen-, Nieren- und Blasenleiden verwendet.

Erläuterungen der Abb. 169 u. 170, Taf. 29.

Abb. 169: Schnittdroge und ein Ganzdrogenstück, zweimal vergr.: Links am Rand ein Ganzdrogenstück mit Blättern, Kelchen und Blüten. Obere Bildhälfte rechts: spitzeiförmige Blätter, 1. Reihe in U.-Ansicht, grauweiß mit eingerolltem Blattrand, 2. Reihe in O.-Ansicht, dunkelgrün mit schwacher Behaarung, 3. Reihe in U.- und O.-Ansicht und ganz rechts, vier junge, stark eingerollte Blättchen. 4. Reihe drei rote Blüten mit den langen Staubblättern. Links unten fünf glockige, graufilzig behaarte Blütenkelche. Rechts unten, von den Stengelstücken eingeschlossen, Verfälschungen: rechts drei Blätter von *Teucrium polium* und links eine gelbe Blüte und ein kurzzähniger Kelch von *Teucrium montanum*.

Abb. 170: Ganzdroge, nat. Gr.: Sträuchlein mit vielen kleinen Blättern, zahlreichen Kelchen mit rosaroten Blüten und Stengelabschnitten.

Herba Marrubii albi

Weißes Andornkraut

Marrubium vulgare L. Lamiaceae

Andorn, Helfkraut, Mutterkraut

Taf. 29, Abb. 171 u. 172

Die stark runzeligen und meist knäuelig zusammenhaftenden, netzaderigen Blattstückchen besitzen unterseits eine schmutzigweiße, filzige Behaarung. Auf der dunkelgrünen, fast kahlen Oberseite ist die Blattfläche zwischen dem Nervennetz emporgewölbt. Häufig finden sich die derben, vierkantigen, weichwollig behaarten Stengelstücke und die filzig behaarten Blütenkelche mit den glänzenden, hakig nach auswärts zurückgebogenen Zähnen. Schwarze, dreikantige, stumpfe Nüßchen und gelblichweiße Blütenteile kommen vereinzelt vor.
Verwechslungsmöglichkeit mit *Folia Salviae* (Taf. 6).

M. K.: Büschelhaare aus zahlreichen, auf einem Sockel von Epidermiszellen aufsitzenden, meist einzelligen und vielfach peitschenförmig gewundenen Haaren. Im Mesophyll Oxalatnadeln.

Herba Marrubii albi enthalten den Bitterstoff Marrubiin. Sie sind ein beliebtes Volksmittel und werden als Expectorans, ferner bei Leberleiden, Herzrhythmusstörungen und als Emmenagogum verwendet.

Erläuterungen der Abb. 171 u. 172, Taf. 29.

Abb. 171: Schnittdroge, zweimal vergr.: 1. Reihe: Blattstückchen in U.-Ansicht mit weißfilziger Behaarung und Netznervatur, 2. Reihe: in O.-Ansicht, spärlicher behaart, mit zwischen den Nerven emporgewölbter Blattfläche. Bildmitte: weichwollig behaarte, vierkantige Stengelstücke. Unterer Bildrand: filzig behaarte Blütenkelche mit hakig gekrümmten Kelchzähnen. Rechts zwei dreikantige schwarze Nüßchen.

Abb. 172: Ganzdroge, nat. Gr.: Ganzdrogenstück mit stark eingerollten, filzig behaarten Blättern und weichwollig behaarten Stengelstücken.

Herba Verbasci

Wollkraut

Verbascum thapsus L., V. phlomoides L. u. V. thapsiforme SCHR. Scrophulariaceae

Königskerze, Kelchkerze, Wollblume

Taf. 29, Abb. 173 u. 174

Die Schnittdroge besteht fast ausschließlich aus den graugrünen, grobfilzig behaarten Blattstückchen, die meist, infolge der starken Behaarung, in dichten Knäueln zusammenhaften oder in mehreren Lagen übereinanderliegen. Die am Rande schwach gekerbten Blatteile lassen nur auf der Unterseite die Netznervatur etwas hervortreten. Auch die gelegentlich anzutreffenden Stengelstücke sind filzig behaart. Verwechslungsmöglichkeit mit *Folia Althaeae* (Taf. 6) ist gegeben.

M. K.: Sternartig verzweigte Etagenhaare.

Herba Verbasci enthalten Schleim, äther. Öl, Saponine und Bitterstoffe. Sie werden nur mehr selten als Mucilaginosum, bei Bronchialaffektionen und als Zusatz zu Fruchttees angewandt.

Erläuterungen der Abb. 173 u. 174, Taf. 29.

Abb. 173: Schnittdroge, zweimal vergr.: Grobfilzig behaarte Blattstückchen, knäuelig oder mehrschichtig zusammenhaftend. Links unten Blatteile in U.-Ansicht mit Nervatur. Rechts unten ein dichtfilzig behaartes Stengelstück.

Abb. 174: Ganzdroge, nat. Gr.: Links ein grobfilzig behaartes Blatt in U.-Ansicht mit schwach hervortretender Netznervatur. In der Mitte ein Blatt in O.-Ansicht ohne Nervatur. Rechts zwei dichtbehaarte Stengelstücke.

Herba Droserae

(Herba Rorellae)

Sonnentaukraut

Drosera rotundifolia L. Droseraceae

Sonnentau, Himmelstau

Taf. 30, Abb. 175 u. 176

Die Schnittdroge ist gekennzeichnet durch die kleinen, meist eingeschrumpften, löffelförmigen, braungrünen Blättchen, die auf der Oberseite und am Rande lange haarförmige, karminrote Tentakeln mit kleinem Köpfchen tragen. Neben den ganzen, rundlichen bis herzförmigen Blättchen oder Blattstückchen finden sich auch die dünnen, rotbraunen Blütenstandstiele, einzelne braune, fünfzählige, mit rotbräunlichen Blumenblättern versehene Blüten und schwärzliche, eiförmige, einfächerige Fruchtkapseln.

Als Verunreinigungen sind verschiedene Moose und andere therapeutisch wirksame Drosera-Arten zu beobachten.

M. K.: Schwammparenchymartiges Mesophyll. Tentakel aus mehrzellreihigem Stiel mit vielzelligem Köpfchen, das aus sezernierenden Epidermiszellen und zentralen Speichertracheiden besteht.

Herba Droserae enthalten Droseron, ein 3-Hydroxyplumbagin mit antibiotischer Wirkung und ein peptonisierendes Ferment. Sie werden häufig als Keuchhustenmittel, bei Asthma bronchiale, gegen Lungentuberkulose und arteriosklerotische Beschwerden angewandt.

Erläuterungen der Abb. 175 u. 176, Taf. 30.

Abb. 175: Schnittdroge, zweimal vergr.: Obere Bildhälfte: ganze löffelförmige Blättchen und stark geschrumpfte Blattstückchen mit zahlreichen Tentakeln. Untere Bildhälfte: links Blütenstandteile, rechts Blütenstandstielteile und verschiedene Torfmoose (als Verunreinigung).

Abb. 176: Ganzdroge, nat. Gr.: Ganzdrogenstücke in zwei Hälften zerschnitten: links, untere Hälfte mit zahlreichen grundständigen Rosettenblättern, rechts, fadenförmige Blütenstandstiele mit Blüten.

Herba Bursae pastoris

Hirtentäschelkraut

Capsella bursa-pastoris (L.) MEDIK. Brassicaceae

Hirtentäschelkraut, Gänsekresse

Taf. 30, Abb. 177 u. 178

Die auffälligsten Bestandteile der Schnittdroge bilden die dreieckigen bis herzförmigen, flachgedrückten, grünen bis strohgelben, langgestielten Schötchenfrüchte oder Teile davon, wie die abgesprungenen Fruchtklappen, die falschen Scheidewände und die zahlreichen kleinen, rotbraunen Samen. Vereinzelt sind auch kleine Knäuel der weißlichgrünen, stark eingeschrumpften Blütenstände zu finden. Sehr zahlreich kommen die hellgrünen, kantigen, fein längsgerillten Stengelstücke vor. Die mehr oder weniger stark behaarten Blattstückchen treten vereinzelt auf.

M. K.: Einzellige, drei- bis fünfstrahlige Sternhaare mit gekörnter Kutikula und lange, dickwandige, kegelförmige, glatte Haare.

Herba Bursae pastoris enthalten Kaliumsalze, biogene Amine (wie Cholin, Acetylcholin, Tyramin, Histamin) und das Flavonglykosid Diosmin. Sie sind ein altes Volksmittel und werden häufig als Hämostypticum bei Menorrhagien, ferner bei Erkrankungen der Harnorgane angewendet.

Erläuterungen der Abb. 177 u. 178, Taf. 30.

Abb. 177: Schnittdroge, zweimal vergr.: Obere Bildhälfte: verkehrt dreieckige Schötchen, Mitte drei Stückchen mit der falschen Scheidewand nach Abspringen der beiden Fruchtblätter und zahlreiche kleine Samen. Untere Bildhälfte: links Blütenstandsknäuel, Mitte behaarte Blätter und Blattstückchen, rechts Stengelstückchen.

Abb. 178: Ganzdroge, nat. Gr.: Ganzdrogenstücke mit Früchtchen, einzelnen Blütenstandsknäueln und Blättern (rechts am Rand).

Herba Centaurii

Tausendgüldenkraut

Centaurium minus MOENCH. Gentianaceae

Tausendgüldenkraut, Fieberkraut

Taf. 30, Abb. 179 u. 180

Die Hauptbestandteile der Schnittdroge bilden die meist strohgelben, hohlen, vierkantigen Stengelstücke, die an den Knoten gegenständige Blattstückchen tragen. Ein eindeutiges Merkmal stellen die zahlreichen, vielfach noch ganz erhaltenen, rosaroten, fünfzähligen Blüten mit ihrer langen, weißlichen Blumenröhre dar. Häufig sind auch die schraubenförmig gedrehten Antheren zu finden. Mitunter kommen die länglichen, aus zwei Fruchtblättern bestehenden, einfächerigen Kapselfrüchte mit zahlreichen kleinen, braunen, netzaderigen Samen vor. Die glatten, ganzrandigen, graugrünen, drei- bis fünfnervigen Blattstückchen treten in der Schnittdroge gegenüber den Stengelstückchen und Blüten mengenmäßig sehr zurück.

Tausendgüldenkraut schmeckt bitter.

M. K.: Zweireihiges Palisadengewebe mit Oxalatkristallen im ganzen Mesophyll.

Verfälschungen: Die am Rande entfernt knorpelig gezähnten, einnervigen Blätter von *Epilobium angustifolium* (M. K.: Haare und Oxalatraphiden) und die an den Knoten gelenkig verdickten, klebrigen Stengelstücke und bläulich roten Blüten von *Silene armeria* (M. K.: Einreihiges Palisadenparenchym und einzelne sehr große Oxalatdrusen).

Herba Centaurii enthalten Bitterstoffe: das Glykosid Erytaurin, das Aglucon Erythrocentaurin, Amarogentin und Gentiopikrin. Die meisten Bitterstoffe sollen in den Blüten, weniger in den Blättern und nur geringe Mengen in den Stengeln enthalten sein. Das Tausendgüldenkraut ist eine der häufigst angewandten Kräuterdrogen und findet vor allem als Bittermittel bei Magenschwäche und Appetitlosigkeit, ferner bei Leber- und Gallenleiden und zur Blutreinigung Verwendung.

Erläuterungen der Abb. 179 u. 180, Taf. 30.

Abb. 179: Schnittdroge, zweimal vergr.: Oberer Bildrand: hohle, vierkantige Stengelstücke, an den meisten die gegenständigen Blattstückchen ansitzend. Bildmitte: links rosarote Blüten und einzelne schraubig

gedrehte Antheren; rechts am Rand goldgelbe, längliche Fruchtkapseln aus zwei Fruchtblättern bestehend. Unterer Bildrand: drei- bis fünfnervige Blattstückchen.

Abb. 180: Ganzdroge, nat. Gr.: Rechts gebündelte Handelsdroge mit roten Blüten. Links Herbarexemplar zur Verdeutlichung der Einzelheiten der Ganzdroge.

Herba Fumariae

Erdrauchkraut

Fumaria officinalis L. Papaveraceae

Erdrauch, Grindkraut, Krätzheil

Taf. 31, Abb. 181 u. 182

In der geschnittenen Droge überwiegen die grünen, hohlen, furchigkantigen Stengelstücke. Als eindeutige Kennzeichen der Droge sind die stark geschrumpften, rotvioletten, an der Spitze schwarzroten, länglichen Blüten und die grünen, kugeligen, oben etwas eingezogenen, einsamigen Schließfrüchte und deren kleine braunrote Samen anzusprechen. Die graugrünen, feingerunzelten Blattstückchen mit linearen oder keilförmigen Zipfeln der fiederschnittigen Blätter treten in der Schnittdroge mengenmäßig sehr zurück.

M. K.: Dünnes Mesophyll mit einreihigem Palisadenparenchym. Auf den Epidermiszellen der Oberseite öfters Kristallbelag.

Herba Fumariae enthalten Fumarin und noch andere Alkaloide, Fumarsäure und Harz. Die Droge ist ein in der Volksmedizin geschätztes Blutreinigungsmittel, das auch bei Leber- und Gallenleiden und gegen Hautkrankheiten angewendet wird.

Erläuterungen der Abb. 181 u. 182, Taf. 31.

Abb. 181: Schnittdroge, zweimal vergr.: 1. u. 2. Reihe: kantigfurchige Stengelstücke. 3. u. 4. Reihe: einzelne Blüten und Blütentraube (links am Rand). 5. Reihe: kugelige Schließfrüchte. 6. Reihe: Fruchtwandteile und einzelne rotbraune Samen (rechts). Links am Rande Teilstück eines Fruchtstandes. Unterer Bildrand: fiederschnittige Blattstückchen.

Abb. 182: Ganzdroge, nat. Gr.: Ganzdrogenstücke mit zahlreichen Blüten, Früchten und eingeschrumpften Blättern. Links am Rand Fruchtstände; rechts am Rand großes Stengelstück.

Herba Cochleariae

Löffelkraut

Cochlearia officinalis L. Brassicaceae

Löffelkraut, Skorbutkraut, Bitterkresse, Scharbocksheil

Taf. 31, Abb. 183 u. 184

In der Schnittdroge sind die strohgelben, hohlen, breitgedruckten Stengelstückchen überwiegend vorhanden. Ein eindeutiges Merkmal stellen die etwa 0,5 cm langen, aufgeblasenen, eiförmigen Schötchen dar. Sie werden von einem 1 bis 2 cm langen Stiel getragen und an ihrer Spitze ist der Griffel erhaltengeblieben. Vielfach finden sich auch die von den Schötchen nach Abspringen der breiten Fruchtblätter übriggebliebenen falschen Scheidewände und kleine braune, fein netzig skulpturierte Samen. Häufig kommen die in kleinen geschrumpften Knäueln beisammensitzenden, weißen Kreuzblütlerblüten und seltener die dunkelgrünen, runzeligen Blattstückchen vor.

M. K.: Mesophyll mit einer Schicht sehr breiter Palisadenzellen und großen armartigen Schwammparenchymzellen.

Herba Cochleariae enthalten Bitterstoff, das Glykosid Glucocochlearin, Vitamin C und äther. Öl mit Butyl- und Benzylsenföl. Sie werden in der Volksheilkunde gegen Skorbut und Skrophulose, als Stomachicum und Diureticum, ferner zu Blutreinigungskuren verwendet.

Erläuterungen der Abb. 183 u. 184, Taf. 31.

Abb. 183: Schnittdroge, zweimal vergr.: 1. u. 2. Reihe: breitgedrückte Stengelstücke. 3. u. 4. Reihe: eiförmige Schötchen; rechts braune Samen und zwei Fruchtreste mit der falschen Scheidewand. Untere Bildhälfte: links unten weiße Blütenknäuel, Mitte stark gerunzelte Blattstückchen, rechts Blattstielteile.

Abb. 184: Ganzdroge, nat. Gr.: Ganzdrogenstücke mit Blüten und Schötchen. Einzelne löffelförmige Blätter und ein Stengelstück.

Herba Hyperici

Johanniskraut

Hypericum perforatum L. Clusiaceae

Johanniskraut, Hexenkraut, Bockskraut

Taf. 31, Abb. 185 u. 186

Die häufigsten Bestandteile der Schnittdroge sind die gelbgrünen, runden, verholzten, meist mit zwei einander gegenüberstehenden Längsleisten versehenen Stengelstücke. Kennzeichnend sind die zahlreichen gelben, meist bräunlich verfärbten Blüten mit ihrer dunkelroten, drüsigen Punktierung am Rande und schwarzroten Streifung auf der Blumenblattfläche. Neben vielen Blütenknospen sind offene, ganze, fünfzählige Blüten mit vielen Staubblättern und einem dreifächerigen Fruchtknoten und vereinzelt auch rotbraune Früchtchen anzutreffen. Ein weiteres gutes Merkmal bilden die grünen, ganzrandigen Blattstückchen durch ihre im durchscheinenden Lichte besonders auffällige Durchlöcherung.

M. K.: Im Mesophyll große kugelige Sekreträume.

Herba Hyperici enthalten äther. Öl, Gerbstoffe, den Farbstoff Hypericin, Pseudohypericin und das Flavonglykosid Hyperin. Sie werden in der Volksmedizin gerne als Nervenberuhigungsmittel, zur Blutreinigung und Anregung des Stoffwechsels, als Emmenagogum, gegen Entzündungen und als Gallenmittel benützt.

Erläuterungen der Abb. 185 u. 186, Taf. 31.

Abb. 185: Schnittdroge, zweimal vergr.: Oberer Bildrand: Stengelstücke; Bildmitte: gelbe Blüten und einzelne Blumenblätter mit schwarzroter, drüsiger Punktierung und Streifung; rechts einige rotbraune Früchtchen. Unterer Bildrand: durchscheinend punktierte Blattstückchen.

Abb. 186: Ganzdroge, nat. Gr.: Ganzdrogenstücke mit zahlreichen Blüten (links), Blättern und Stengelabschnitten (rechts).

Herba Eryngii plani und campestris

Mannstreukraut

Eryngium planum L. u. Eryngium campestre L.

Apiaceae

Flachblätteriger und Feld-Mannstreu, Brachdistel

Taf. 32, Abb. 187 u. 188

Das auffälligste Merkmal von *Eryngium planum* bilden die sehr zahlreich auftretenden, fein längsgerillten Stengelstückchen mit ihrer stahlblauen Färbung. Häufig finden sich auch Blattstückchen der steifen, leicht zerbrechlichen Laubblätter, die an dem gekerbt gesägten Blattrand lange, dornige oder grannenborstige, leicht blaugefärbte Randzähne tragen. Blattstückchen der oberen Stengelblätter mit gesägten Abschnitten und oberseits stahlblaue, unterseits hellgrüne Blatteile der steifen, lanzettlichen, entfernt dornig gesägten Hüllblätter kommen vielfach vor. Ein weiteres Kennzeichen der Droge stellen die zahlreichen kleinen Blüten mit ihren blaugefärbten, an der Spitze gefransten Blumenblättern und die mit kleinen, filzig weißen, sehr schmalen, spitzen Schuppen bekleideten Teilfrüchte dar.

Bei *Eryngium campestre* überwiegen die gelbbraunen, starren Blattstückchen, die langdornig gezähnt sind und beiderseits eine goldgelbe Netznervatur deutlich hervortreten lassen. Die häufig vorkommenden weißlichen, flachrilligen Stengelstücke sind vielfach schwarz punktiert. Die Teilfrüchtchen sind mit weißfilzigen, fast reihenweise angeordneten, lanzettlich-spitzen, sparrig-abstehenden, kleinen Schuppen dicht besetzt. Die außen schwarzbraunen, quergeringelten Wurzelstückchen zeigen im Querbruch ein lockeres, gelbbraunes Rindengewebe, das sich von dem hellgelben, strahligen Mark deutlich abhebt.

M. K.: Im Stengelquerschnitt eine dünne Rindenschicht und ein mächtiger Holzkörper. Im Palisadengewebe des Blattes Oxalatdrusen aus kurzen, kräftigen Kristallen.

Herba Eryngii plani u. *campestris* enthalten Saponine, Gerbstoff und etwas äther. Öl. Die Droge findet bei Keuchhusten, als Diureticum und Blutreinigungsmittel Verwendung.

Erläuterungen der Abb. 187 u. 188, Taf. 32.

Abb. 187: Schnittdroge, zweimal vergr.: Obere Bildhälfte, *Herba Eryngii plani*: 1. u. 2. Reihe, stahlblaue Stengelstücke; 3. Reihe von links nach rechts, vier stahlblaue Hüllblattstückchen und vier grüne Laubblattstückchen; 4. Reihe, blaue Blüten mit weißfilzig beschuppten Früchtchen. Untere Bildhälfte, *Herba Eryngii campestris*: 1. Reihe, vielfach schwarz punktierte Stengelstücke. Links unten, gelbbraune, netzaderige, langdornige Blattstückchen. Mitte unten, drei dicht weißfilzig beschuppte Früchtchen. Rechts unten, schwarzbraune Wurzelstückchen.

Abb. 188: Ganzdroge, nat. Gr.: Ganzdrogenteile von *Herba Eryngii plani* mit trugdoldigen Blütenköpfchen und zahlreichen Stengelblättern. Links am Rand und unten, einzelne stark geschrumpfte Blätter.

Herba Verbenae

Eisenkraut

Verbena officinalis L. Verbenaceae

Eisenkraut, Opferkraut, Taubenkraut

Taf. 32, Abb. 189 u. 190

In der Schnittdroge überwiegen die vierkantigen, längsgerillten, graugrünen, an den Längskanten stellenweise mit sehr kleinen, entfernt stehenden Stachelspitzchen versehenen Stengelstücke. Eindeutige Kennzeichen der Droge stellen die Teilstücke der Blütenrispen oder der langen Fruchtähren dar, die zahlreiche kleine, rosarote Blüten oder braune, in vier Nüßchen zerfallende Spaltfrüchtchen tragen. Die graugrünen Blattstückchen der fiederlappigen, grob gesägten Blätter sind beiderseits mit kurzen, steifen Borsten behaart und lassen auf der Unterseite eine Netznervatur deutlich hervortreten.

M. K.: Zahlreiche lange Borstenhaare, deren Spitze mit Kalziumkarbonat angefüllt ist; kleine Drüsenhaare mit vierzelligem Köpfchen und etwas längere Zwiebelturmhaare.

Herba Verbenae enthalten die Glykoside Cornin und Verbenin, ferner äther. Öl, Gerbstoff und Bitterstoff. Sie werden in der Volksmedizin als Uterinum und Galaktagogum, ferner als Diureticum und Emmenagogum verwendet.

Erläuterungen der Abb. 189 u. 190, Taf. 32.

Abb. 189: Schnittdroge, zweimal vergr.: Oberer Bildrand: längsgerillte Stengelstücke. Bildmitte links: vier Teilstücke von Blütenrispen und vier einzelne, kleine Blüten. Bildmitte rechts: Teilstücke von Fruchtähren, einzelne Spaltfrüchtchen und zahlreiche Nüßchen. Unterer Bildrand: Blattstückchen.

Abb. 190: Ganzdroge, nat. Gr.: Ganzdrogenteile mit Blütenrispen, Fruchtähren, Blättern, Stengelabschnitten und Wurzeln.

Herba Galii aparinis

Klebkraut

Galium aparine L. Rubiaceae

Kletten-Labkraut, Kleberich

Taf. 32, Abb. 191 u. 192

Die Schnittdroge ist einmal gekennzeichnet durch die zahlreichen viereckigen, braungrünen Stengelstücke, die vier weißlich glänzende, mit feinen Widerhaken dicht besetzte Längskanten besitzen. Ein weiteres Merkmal bilden die kleinen, kugeligen, grünbraunen, hakenborstigen Früchtchen und die schmalen, hell- bis schwarzgrünen, stachelspitzigen, am Rande und besonders auf dem Mittelnerv rauhstacheligen Blattstückchen.

M. K.: Dickwandige Haare mit hakenförmiger Spitze und rosettenförmigem Zellsockel um den verbreiterten Fuß. Im Lumen Plasmastränge und Oxalatkristalle.

Herba Galii aparinis enthalten das Glykosid Asperulosid, Galiosin, Gerbstoffe, äther. Öl und ein labartiges Enzym. Sie werden gelegentlich in der Volksmedizin als Diureticum, ferner als krampfstillendes und schweißtreibendes Mittel verwendet.

Erläuterungen der Abb. 191 u. 192, Taf. 32.

Abb. 191: Schnittdroge, zweimal vergr.: Obere Bildhälfte: Stengelstücke mit den rauhstacheligen Längskanten. Untere Bildhälfte: kugelige, hakenborstige Früchte und schmale, rauhstachelige Blattstückchen.

Abb. 192: Ganzdroge, nat. Gr.: Vierkantige Stengelstücke mit Früchtchen und Blättern.

Herba Spartii scoparii

Besenginsterkraut

Cytisus scoparius (L.) LINK. Fabaceae

Besenginster, Besenpfriem, Bram

Taf. 33, Abb. 193 u. 194

Die Schnittdroge besteht fast ausschließlich aus den schwarzbraunen, rutenförmigen Zweig- und Sproßstückchen, die fünf stark vorspringende Längskanten besitzen. Die kleinen, graugrünen, unterseits seidig behaarten Laubblättchen und die gelbbraunen Blütenknospen oder Blüten *(Flores Spartii scoparii, Taf. 38)* sind nur selten zu finden.

M. K.: Äquifacialer Blattbau. Haare aus 2 kurzen und einer langen, dickwandigen Endzelle mit gekörnter Kutikula.

Herba Spartii scoparii enthalten Spartein als Hauptalkaloid und Genistein, ferner das Flavonglykosid Scoparosid. Sie werden in der Volksmedizin gelegentlich als Diureticum und gegen Herzrhythmusstörungen angewandt.

Erläuterungen der Abb. 193 u. 194, Taf. 33.

Abb. 193: Schnittdroge, zweimal vergr.: Fünfkantige Zweigstückchen und derbere Sproßstücke. Unterer Bildrand: Laubblätter und braune Blütenknospen.

Abb. 194: Ganzdroge, nat. Gr.: Fünfkantige, rutenförmige Zweigstücke mit Laubblättern und Blütenknospen. Rechts am Rand zwei fünfkantige Sproßstücke.

Herba Equiseti

Schachtelhalmkraut

Equisetum arvense L. Equisetaceae

Acker-Schachtelhalm, Zinnkraut, Katzenwedel

Taf. 33, Abb. 195 u. 196

Die Schnittdroge besteht aus den dünnen, graugrünen, vierkantigen Seitenaststückchen und den mit 9—15 hervortretenden Längsrippen versehenen, 2—5 mm dicken, etwas rauh sich anfühlenden, hohlen Stengelstücken. Außer diesen Bestandteilen finden sich häufig Knotenpartien, von denen die Seitenäste abgehen. Gelegentlich trifft man auf röhrenförmige, mit 9—15 braunen Zähnen besetzte Blattscheiden. An älteren und basalen Stengelteilen tritt mitunter Braunfärbung auf.

M. K.: Im Querschnitt unter den Tälchen ein Kreis größerer, innerhalb der Endodermis ein Kreis kleinerer Höhlungen.

Verfälschungen: *Equisetum palustre*, Sumpf-Schachtelhalm mit tieffurchigen, glatten Stengeln und 10 weißumrandeten Blattscheidezähnen (giftig!) u. a. *Equisetum*-Arten.

Herba Equiseti enthalten Kieselsäure, die Flavonglykoside Isoquercitrin, Galuteolin und Equisetrin, ferner das Saponin Equisetonin und das Pyrimidin-Derivat Thymin. Die Droge gehört zu den am häufigsten in Teemischungen verwendeten Kräuterdrogen. Das Schachtelhalmkraut ist infolge seines Kieselsäuregehaltes ein geschätztes Mittel zur Festigung des Lungengewebes. Es wird außerdem in der Volksmedizin seit langem als harntreibendes und blutstillendes Mittel, sowie äußerlich bei schlecht heilenden Wunden verwendet.

Erläuterungen der Abb. 195 u. 196, Taf. 33.

Abb. 195: Schnittdroge, zweimal vergr.: 1. Reihe: linke Hälfte, vierkantige Seitenaststückchen; rechte Hälfte, 9—15 kantige, teils schwarzbraune Hauptstengelstückchen. Im übrigen Knotenstückchen mit Seitenzweigteilen. Links unten, drei einzelne Blattscheidenteile.

Abb. 196: Ganzdroge, nat. Gr.: Ganzdrogenteile mit zahlreichen Seitenästchen. Links oben und rechts unten, Stengelstücke mit Blattscheiden.

Herba Ephedrae

Ephedrakraut

Ephedra sinica STAPF u. E. shennungiana TANG.
Ephedraceae

Ephedra, Meerträubchen

Taf. 33, Abb. 197 u. 198

Die Schnittdroge besteht aus den graugrünen, zylindrischen, etwa 1—2 mm dicken, meist breitgedrückten, feingerillten Zweigstückchen, die rutenartig von kurzen, holzigen, knorrigen Achsenstücken entspringen. An den Knoten sitzen zwei kleine, reduzierte, einander gegenüberstehende, 2—4 mm lange, bis zur Mitte zu einer Röhre verwachsene Blättchen. Gelegentlich trifft man auf braune, verholzte Aststückchen.

M. K.: Kutikularhöcker auf der Epidermis. Subepidermale Faserbündel. Sproßquerschnitt ohne Höhlungen *(Herba Equiseti)*. Sternförmiges Mark.

Herba Ephedrae enthalten Alkaloide, vor allem l-Ephedrin. Sie werden in Teemischungen gegen Keuchhusten, Bronchialasthma und Kreislaufstörungen angewendet.

Erläuterungen der Abb. 197 u. 198, Taf. 33.

Abb. 197: Schnittdroge, zweimal vergr.: 1.—4. Reihe: feinlängsgerillte, breitgedrückte Zweigstückchen. 5.—8. Reihe: Knotenstücke. Unterer Bildrand: verholzte Sproßstückchen.

Abb. 198: Ganzdroge, zweimal vergr.: Rutenzweige und knorrige, verholzte Achsenstücke (links unten).

Herba Tanaceti

Rainfarnkraut

Chrysanthemum vulgare (L.) BERNH. Asteraceae

Rainfarn, Wurmkraut, Drüsenkraut

Taf. 34, Abb. 199 u. 200

Die Schnittdroge ist gekennzeichnet durch die braungelben, halbkugeligen, gestielten Blütenköpfchen *(Flores Tanaceti)*, die eine größere Anzahl kleiner Röhrenblüten enthalten. Einzelne abgeblühte Blütenköpfchen zeigen einen von zahlreichen trockenhäutigen Hüllkelchblättern umgebenen, nackten Blütenboden. Die kleinen Achänen besitzen keinen Pappus. Die schwarzgrünen, fiederschnittigen Blattstückchen sind deutlich drüsig punktiert und mit lanzettlich eingeschnittenem, oder stark gesägtem Blattrand versehen. Die derben, hellgrünen bis rotbraunen Stengelstücke sind längsgerillt und markhaltig.

M. K.: Haare mit mehreren kurzen Stielzellen und langer, peitschenförmiger, oft zusammengefallener Endzelle.

Herba Tanaceti enthalten äther. Öl mit Tanaceton und den Bitterstoff Tanacetin. Das Kraut und vielfach auch die Blüten allein werden in Teemischungen mitunter als Anthelminticum (bei Oxyuren und Askariden) und Emmenagogum angewendet.

Erläuterungen der Abb. 199 u. 200, Taf. 34.

Abb. 199: Schnittdroge, zweimal vergr.: Halbkugelige Blütenköpfchen und Teile davon. Fiederschnittige, spitzgezähnte, drüsig punktierte Blattstückchen und längsgerillte, markhaltige Stengelstücke.

Abb. 200: Ganzdroge, nat. Gr.: Ganzdrogenteile mit zahlreichen Blütenköpfchen, doppelt fiederschnittigen Blättern und Stengelabschnitten.

Herba Virgaureae

Goldrutenkraut

Solidago virgaurea L. Asteraceae

Goldrute, Wundkraut

Taf. 34, Abb. 201 u. 202

Hauptbestandteile sind die charakteristischen, strahligen Blütenköpfchen, die zahlreiche, auch vielfach einzeln in der Schnittdroge auftretende gelbe, mit langen, weißen Pappushaaren umgebene Blüten und dachziegelartig anliegende, schmallanzettliche, innen stark glänzende Hüllkelchblätter besitzen. Die grau-

bis braungrünen Blattstückchen zeigen auf der Unterseite ein dunkles, feinmaschiges Nervennetz. Die runden, meist rotvioletten, dicken Stengelteile sind längsgestreift und markhaltig.

M. K.: Vier- bis sechszellige Haare mit braunem Sekret in der Spitze und zwei- bis dreizellige Drüsenhaare.

Herba Virgaureae enthalten Saponine und etwas äther. Öl. Sie werden als Diureticum bei Nierenleiden und Rheumatismus, ferner bei Menorrhagien und Hauterkrankungen angewendet.

Erläuterungen der Abb. 201 u. 202, Taf. 34.

Abb. 201: Schnittdroge, zweimal vergr.: Strahlige Blütenköpfchen mit zahlreichen Blüten und glänzenden Hüllkelchblättchen. Links unten: rotviolette Stengelstücke und rechts unten: Blattstückchen.

Abb. 202: Ganzdroge, nat. Gr.: Ganzdrogenteile mit traubigen Blütenrispen und Blättern.

Herba Senecionis jacobaeae

Jakobskreuzkraut

Senecio jacobaea L. Asteraceae

Jakobs-Kreuzkraut, Spinnenkraut

Taf. 34, Abb. 203 u. 204

Die Schnittdroge ist gekennzeichnet durch die zahlreichen großen, gelben, weißwolligen Blütenköpfchen, die eine Anzahl goldgelber Röhren- und Zungenblüten mit wolligfilzigem Pappus enthalten. Außer den Blüten sind auch die hellgrünen, mit zwei- bis dreizähnigen, abstehenden Randzipfeln versehen, stark geschrumpften Blattstückchen charakteristisch, die durch ihre spinnwebartig wollige Behaarung meist zu mehreren zusammenhaften. Häufig finden sich auch hellgrüne bis rotviolette, kantig gerillte Stengelstückchen.

M. K.: Mehrzellige Gliederhaare aus dünnwandigen, mitunter kollabierten, körnelig kutikularisierten Zellen. Interzellularenreiches Mesophyll.

Herba Senecionis Jacobaeae enthalten Alkaloide, Flavone und äther. Öl. Sie werden in der Volksmedizin als Emmenagogum und Stypticum angewandt.

Erläuterungen der Abb. 203 u. 204, Taf. 34.

Abb. 203: Schnittdroge, zweimal vergr.: Gelbe, weißwollige Blütenköpfchen; mehrzähnig ausgerandete Blatt- und längsgerillte Stengelstückchen.

Abb. 204: Ganzdroge, nat. Gr.: Ganzdrogenteile mit Blütenköpfchen und stark geschrumpften Blättern.

Herba Millefolii

Schafgarbenkraut

Achillea millefolium L. Asteraceae

Schafgarbe, Tausendblatt

Taf. 35, Abb. 205 u. 206

Die Droge ist in Teemischungen sehr leicht an den auch als *Flores Millefolii* bekannten Schafgarbenblüten zu erkennen. Die Blütenköpfchen besitzen 5 kurze, breite, weiße, manchmal auch rötliche Zungenblüten, viele kleine, gelbe Röhrenblüten und sind außen von zahlreichen trockenhäutig gerandeten, länglich eiförmigen, am Rande braunen Hüllkelchblättchen dachziegelartig bedeckt. Die stark geschrumpften, dunkelgrünen Blattstückchen sind doppelt bis dreifach fiederschnittig und unterseits mit vertieften Öldrüsen versehen. Derbe runde und längsgerillte, behaarte, grüne bis rotviolette, markige Stengelstücke kommen häufig vor.

M. K.: Haare mit 4—6 kurzen Basalzellen und sehr langer, dickwandiger Endzelle und Kompositendrüsenhaare. Blattquerschnitt mit äquifacialem Mesophyll.

Herba Millefolii enthalten äther. Öl mit Cineol und Cham-Azulen, den Bitterstoff Achillein und Gerbstoff. Die Schafgarbe wird sehr häufig als aromatisches Bittermittel, in der Volksmedizin gegen Blutungen ver-

schiedener Art und als Cholereticum verwendet. In gleicher Weise wie *Achillea Millefolium* werden in der Volksmedizin andere *Achillea*-Arten als aromatische Bittermittel benützt. Häufig wird die kräftig riechende *Achillea moschata*, die Moschusschafgarbe, mit schwarz umrandeten Hüllkelchblättern gebraucht. Diese Droge ist unter der Bezeichnung *Herba Ivae moschatae* oder *Herba Genipi veri* im Handel.

Erläuterungen der Abb. 205 u. 206, Taf. 35.

Abb. 205: Schnittdroge, zweimal vergr.: Oben Blütenköpfchen und junge Blütendolde. In der Mitte fiederschnittige Blätter. Unten längsgerillte, markhaltige Stengelstücke.

Abb. 206: Ganzdroge, nat. Gr.: Blütendolde mit zahlreichen Blütenköpfchen. Fiederschnittige, gelappte Blätter. Rechts junge Blütendolde und Stengelstück.

Herba Artemisiae

Beifußkraut

Artemisia vulgaris L. Asteraceae

Beifuß, Wilder Wermut, Gänsekraut, Fliegenkraut

Taf. 35, Abb. 207 u. 208

Die Schnittdroge ist gekennzeichnet durch die Blütenköpfchen mit grauweißen, wollig behaarten Hüllkelchblättern und rötlichen oder gelblichen Blüten. Ein gutes Merkmal bilden auch die Blattstückchen durch ihre weißfilzige Behaarung auf der Unterseite. Die Oberseite ist dunkel- bis schwarzgrün und unbehaart. Infolge der unterseitigen Behaarung der Blattstückchen und der Blütenhüllblätter haften die Schnittdrogenbestandteile fast immer klumpig zusammen. Häufig sind auch die derben, deutlich längsgerillten, rotvioletten, markhaltigen Stengelstücke anzutreffen.

M. K.: Bifacialer Blattbau. Auf der Unterseite T-förmige Haare mit kurzem Stiel und sehr langer, dünner, gewundener Querzelle, die mit den Querzellen benachbarter Haare verflochten sind. Bandartige Blütenbodenhaare fehlen (*Herba Absinthii*).

Herba Artemisiae enthalten äther. Öl mit Cineol und Bitterstoffe. Die Droge wird in der Volksmedizin als Cholereticum, Spasmolyticum, Emmenagogum und Anthelminticum verwendet.

Erläuterungen der Abb. 207 u. 208, Taf. 35.

Abb. 207: Schnittdroge, zweimal vergr.: Einzelne Blütenköpfchen und unterseits weißfilzig behaarte, oberseits dunkelgrüne, unbehaarte Blattzipfel; rotviolette, längsgerillte Stengelstücke und Schnittdrogenbestandteile klumpig zusammenhängend (rechts unten).

Abb. 208: Ganzdroge, nat. Gr.: Ganzdrogenteile mit rispig angeordneten Blütenköpfchen; doppelt fiederschnittige Blätter.

Herba Absinthii

Wermutkraut

Artemisia absinthium L. Asteraceae

Wermut, Magenkraut, Wurmtod

Taf. 35, Abb. 209 u. 210

Die Droge ist leicht an den 3—4 mm großen, halbkugeligen Blütenköpfchen zu erkennen, die eine Anzahl gelber Röhrenblüten auf flachem, mit Spreuhaaren versehenen Blütenboden enthalten. Ein Merkmal bilden auch die silbergrau behaarten, schmallanzettlichen Blattzipfel. Die graufilzig behaarten, längsgerillten, markhaltigen Stengelstücke treten in einer guten Droge mengenmäßig zurück.
Die Droge riecht angenehm würzig und schmeckt aromatisch und stark bitter.

M. K.: Sehr viele T-förmige Haare mit dreizelligem Stiel und waagrechter Querzelle mit sezernierender Membran. Blattbau aequi- oder bifacial. Zahlreiche bandförmige, bis 1,5 mm lange Blütenbodenhaare.

Herba Absinthii enthalten äther. Öl mit Chamazulen und (dem in großen Dosen giftigen) Thujon und die Bitterstoffe Absinthiin und Absinthin. Wermut findet sich häufig als ausgezeichnetes Bittermittel zur Appetitanregung bei Verdauungsstörungen und der Rekonvaleszenz, dann als Emmenagogum (mißbräuchlich als Abortivum), als Anthelminticum, Cholereticum und gegen Schnupfen Verwendung.

Abb. 209: Schnittdroge, zweimal vergr.: Blütenköpfchen mit gelben Röhrenblüten; graugrüne, seidig behaarte Blattstückchen und weißfilzig behaarte, längsrinnige Stengelstücke.

Abb. 210: Ganzdroge, nat. Gr.: Ganzdrogenteile mit rispig angeordneten Blütenköpfchen und mehrfach fiederschnittigen Blättern.

Herba Ericae
(Herba Callunae)
Heidekraut

Calluna vulgaris SALISB. Ericaceae

Heidekraut, Besenheide
Taf. 36, Abb. 211 u. 212

Die Schnittdroge ist auffällig gekennzeichnet durch die rosaroten, seidig glänzenden Blüten, deren vier blumenblattartige Kelchblätter nach innen umgeschlagen sind und die kleine, rosarote, glockenförmige Blumenkrone verdecken. Der lange Griffel mit seiner kopfigen Narbe ragt weit aus der Blüte hervor. Vier sehr kleine, grüne Hochblätter bilden einen Außenkelch. Neben den charakteristischen Blüten finden sich häufig auch Zweigstückchen mit den kleinen, grünen, kreuzgegenständigen, schuppenförmigen Blättern und vereinzelt schwarzbraune, verholzte Aststückchen.

Die Blüten allein sind unter der Bezeichnung *Flores Ericae (Flores Callunae)* im Handel.

M. K.: Auf der dachrinnenförmig eingestülpten Blattunterseite und am Rande der Kelchblätter einzellige, dickwandige, glatte, leicht gebogene Haare.

Herba Ericae enthalten die Flavonglykoside Quercitrin und Myricitrin sowie Arbutin und Gerbstoff. Sie werden als Diureticum bei Nieren- und Blasenleiden, ferner bei Gicht, Rheumatismus, Gelenkleiden und gegen Schlaflosigkeit verwendet.

Erläuterungen der Abb. 211 u. 212, Taf. 36.

Abb. 211: Schnittdroge, zweimal vergr.: Zahlreiche einzelne Blüten. Links oben zwei einseitswendige Blütentrauben, rechts oben Zweigstückchen mit den kleinen Schuppenblättern. Rechts unten drei schwarzbraune Aststückchen.

Abb. 212: Ganzdroge, nat. Gr.: Ganzdrogenteile mit einseitswendigen Blütentrauben und schuppenförmig beblätterten Zweigstückchen.

Herba Origani
Dostenkraut

Origanum vulgare L. Lamiaceae

Gemeiner Dost, Brauner Dosten, Wohlgemut, Wilder Majoran
Taf. 36, Abb. 213 u. 214

Die Droge ist leicht zu erkennen an den violetten, scheinährenartigen Blütenstandteilen, die aus großen, eiförmigen Hochblättern mit violetter Spitze und in deren Achseln sitzenden, kleinen, rosaroten Blüten mit violettbespitzten, am oberen Rande weißbehaarten Kelchen bestehen. Die Hochblätter finden sich sehr häufig auch einzeln in der Schnittdroge, während die kleinen Blüten weniger auffallen. Große

vierkantige, weißgrau behaarte, mitunter violette Stengelstücke und hellgrüne, unterseits leicht behaarte und die Hauptnervatur zeigende, drüsig punktierte Blattstückchen sind vorhanden.

M. K.: Sehr lange, mehrzellige, dickwandige Gliederhaare mit körneliger Kutikula und Labiatendrüsenköpfchen.

Herba Origani enthalten äther. Öl mit Thymol und Gerbstoff. Das Dostenkraut wird in der Volksmedizin häufig als Magenmittel, ferner als Spasmolyticum bei Krampfhusten und zu Kräuterbädern verwendet.

Erläuterungen der Abb. 213 u. 214, Taf. 36.

Abb. 213: Schnittdroge, zweimal vergr.: 1. u. 2. Reihe: scheinährenartige Blütenstandteile. 3. Reihe: eiförmige Hochblätter mit violetter Spitze. 4. Reihe: kleine einzelne Blüten und Blütenkelche. 5. u. 6. Reihe: vierkantige, behaarte Stengelstücke. 7. Reihe: Blattstückchen mit hervortretender Nervatur und leichter Behaarung in U.-Ansicht. Unterste Reihe: Blatteile in O.-Ansicht.

Abb. 214: Ganzdroge, nat. Gr.: Ganzdrogenteile mit zahlreichen violetten, zu doldenrispigen Blütenständen zusammengesetzten Scheinähren, behaarten Stengelabschnitten und Blättern.

Herba Polygalae amarae
Bitteres Kreuzblumenkraut

Polygala amara L. Polygalaceae

Bittere Kreuzblume
Taf. 36, Abb. 215 u. 216

Das auffälligste Kennzeichen der Schnittdroge bilden die meist noch zu mehreren den kleinen Teilstücken der langen, traubigen Blütenstände ansitzenden, leuchtend blauen, manchmal auch rosafarbenen, zygomorphen Blüten. Vielfach finden sich auch die flachen, verkehrt eiförmigen, zweisamigen, häutig gerandeten Fruchtkapseln, die noch von den fünf Kelchblättern umgeben sind. Die braungelben Samen mit dreilappigem Anhängsel kommen nur sehr selten vor. In annähernd gleicher Häufigkeit wie die Blüten treten auch die leicht gerunzelten, dicken, hell- bis dunkelgrünen, einnervigen Blattstückchen der ganzrandigen, spatelförmigen, rosettenartig angeordneten Blätter auf. Fein längsgerillte Stengelstücke und dünne, gebogene, gelbbraune Wurzelstückchen mit hellem Holzkörper und leicht ablösbarer Rinde sind anzutreffen.

Die Droge soll einen intensiv bitteren Geschmack besitzen. Schwach bittere oder geschmacklose Droge ist als minderwertig anzusprechen.

M. K.: Einzellige, verdickte, etwas gekrümmte Haare mit grobkörniger Kutikula.

Herba Polygalae amarae enthalten Saponine und den Bitterstoff Polygalin. Die Droge wird als Expectorans, Galaktagogum und als Bittermittel verwendet.

Erläuterungen der Abb. 215 u. 216, Taf. 36.

Abb. 215: Schnittdroge, zweimal vergr.: Oberer Bildrand: leicht gerunzelte Blattstückchen. Bildmitte: Blütenstände und Teile davon. Rechts mehrere zweisamige Kapselfrüchte. Unterer Bildrand: Feingerillte Stengelstücke und (rechts) gebogene Wurzelstückchen.

Abb. 216: Ganzdroge, nat. Gr.: Ganzdrogenteile mit Blütentrauben und spatelförmigen, rosettenartig zusammensitzenden Blättern.

BLÜTENDROGEN

Die Erkennung von Blütendrogen in Teemischungen bereitet im allgemeinen keine Schwierigkeiten, da die Blütenteile fast immer durch ihre charakteristische Farbe eindeutig bestimmt werden können. Auf den Tafeln 37 bis 39 sind die einzelnen Blüten ihren Farbtönen nach, abgestuft von hell bis dunkel, angeordnet. Den grünen Blüten (Abb. 217, Taf. 37) folgen weiße (Abb. 221 bis 224), gelblichweiße (Abb. 225 bis 232) und gelbe (Abb. 233, Taf. 37 bis Abb. 248, Taf. 38). Auf die braungelben (Abb. 249 bis 252) folgen braune (Abb. 253 bis 258), rotbraune (Abb. 259) und dunkelbraune (Abb. 264, Taf. 38). Auf Tafel 39 sind die farbenprächtigen Blüten vom zarten Hellrosa (Abb. 265), leuchtenden Rosen- (Abb. 267) und Safranrot (Abb. 269) bis zum schwarzsamtenen Purpur (Abb. 276) und die graublauen (Abb. 277), azurblauen (Abb. 279) und tiefdunkelblauen Blüten (Abb. 286) zusammengefaßt. Auf den Tafeln 34 bis 36 sind ebenfalls Blüten als wesentliche Bestandteile von Kräuterdrogen abgebildet.

Flores Humuli lupuli
(Strobuli Lupuli)
Hopfenblüten

Humulus lupulus L. Moraceae

Hopfen

Taf. 37, Abb. 217 u. 218

Die Schnittdroge besteht aus den gelbgrünen, dünnhäutigen, annähernd parallelnervigen Blattstückchen der eiförmigen, am Grunde einseitig eingerollten Vorblätter. An der Basis sind die Deck- und Vorblätter mit goldgelbglänzenden, sandkorngroßen Drüsenhaaren *(Glandulae Lupuli)* dicht besetzt.

M. K.: Schüsselförmige Drüsenhaare mit sezernierenden Zellen und halbkugelig vorgewölbter Kutikula.

Flores Humuli lupuli enthalten die Hopfenbittersäuren Humulon und Lupulon, denen eine geringe bakteriostatische Wirkung zukommen soll. Sie werden in Teemischungen sehr häufig als Sedativum, als Antaphrodisiacum und Amarum verwendet.

Erläuterungen der Abb. 217 u. 218, Taf. 37.

Abb. 217: Schnittdroge, zweimal vergr.: Blattstückchen mit Parallelnervatur; zwei ganze eiförmige Vorblätter; ein Stengelstück, Nüßchen (vom Wildhopfen) und unten einzelne Öldrüsen *(Glandulae Lupuli)*.

Abb. 218: Ganzdroge, nat. Gr.: Links ein ganzer und rechts ein längs halbierter, zapfenartiger weiblicher Fruchtstand *(Strobuli Lupuli)*.

Flores Tiliae
Lindenblüten

Tilia cordata MILL. u. *Tilia platyphyllos SCOP.*

Tiliaceae

Winterlinde und Sommerlinde

Taf. 37, Abb. 219 u. 220

Die Droge ist in Teemischungen leicht zu erkennen an den hellgrünen, glänzenden, ganzrandigen, netzaderigen Hochblattstückchen und den braunen, stark geschrumpften Lindenblüten mit 5 Kelch- und Blumenblättern, zahlreichen Staubblättern und gelegentlich auch einzeln in der Schnittdroge aufzufindenden, kugeligen, graufilzig behaarten, fünffächerigen Fruchtknoten.

M. K.: Hochblattepidermis mit Hesperidin-Sphäriten. Alle Blütenteile mit langen, einzelligen Büschel- oder Sternhaaren besetzt. Zahlreiche Schleimzellen.

Verfälschungen: Blüten anderer *Tilia*-Arten wie *T. americana* (Abb. 220 Mitte unten) und *T. tomentosa* (Abb. 220 rechts unten), die außer den 5 Blumenblättern noch 5 blumenblattartige Staminodien und eine starke Behaarung auf den Hochblättern besitzen, sollen nicht vorkommen.

Flores Tiliae enthalten viel Schleim und mehrere Flavonglykoside wie Tilirosid (p-Cumarsäureester des Kämpferol-3-glucosids), Afzelin, Quercitrin, Astragalin, Kämpferitrin, etwas Gerbstoff und äther. Öl mit Farnesol. Sie werden sehr häufig als schweißtreibendes Mittel, ferner als Diureticum, Aromaticum und Sedativum verwendet.

Erläuterungen der Abb. 219 u. 220, Taf. 37.

Abb. 219: Schnittdroge, zweimal vergr.: Braune Blüten, ein weißfilziger Fruchtknoten, zwei Hochblatt- und (als Verunreinigung) ein Laubblattstückchen.

Abb. 220: Ganzdroge, nat. Gr.: Oben ein Blütenstand mit Hochblatt, links ein Blütenstand ohne Hochblatt. Darunter eine Knospe und eine offene Blüte von *T. tomentosa*.

Flores Chamomillae romanae
Römische Kamillenblüten

Anthemis nobilis L. Asteraceae

Römische Kamille

Taf. 37, Abb. 221 u. 222

In Teemischungen findet man neben einzelnen ganzen, 2—3 cm großen, weißen Blütenköpfchen der gefüllten Form, die von zahlreichen, hellgrünen, schmallanzettlichen, strohigen, sich dachziegelartig deckenden Hüllblättern umgeben sind, vielfach die weißen, bis zu 7 mm langen, dreizähnigen, weiblichen Zungenblüten mit kurzem, gelblich-braunem Fruchtknoten. Die in der Mitte des Blütenköpfchens in geringer Menge vorhandenen gelben Röhrenblüten treten kaum in Erscheinung. Nicht selten findet sich auch der nicht hohle, sondern markige Blütenboden, der mit zahlreichen, länglichen Spreublättern besetzt ist.

M. K.: Auf der Unterseite der Hüllkelchblätter zahlreiche Gliederhaare, die aus mehreren, kurzen Stielzellen und einer langen, dünnwandigen Endzelle bestehen.

Verfälschungen: Blütenköpfchen von *Chrysanthemum Parthenium* (Abb. 222, rechts unten), dem früher, als *Herba matricariae*, vielgebrauchten Mutterkraut, die an den kleineren Blüten mit nacktem, flachem Blütenboden leicht zu erkennen sind.

Flores Chamomillae romanae enthalten äther. Öl mit Azulen, Cumarin- und Flavonglykoside, Bitterstoff und Cholin. Sie werden im allgemeinen wie *Flores Chamomillae*, jedoch seltener als Carminativum, Emmenagogum und sehr häufig als bleichendes Haarwaschmittel benützt.

Erläuterungen der Abb. 221 u. 222, Taf. 37.

Abb. 221: Schnittdroge, zweimal vergr.: Ein ganzes, gefülltes Blütenköpfchen und einzelne weibliche Zungenblüten.

Abb. 222: Ganzdroge, nat. Gr.: Links Blütenköpfchen mit zahlreichen Zungenblüten und kaum hervortretenden, gelben Röhrenblüten. Rechts oben ein Blütenköpfchen in U.-Ansicht mit Hüllblättern, darunter ein Blütenköpfchen von *Chrysanthemum Parthenium* als Verfälschung.

Flores Lamii albi
Weiße Taubnesselblüten

Lamium album L. Lamiaceae

Weiße Taubennessel, Bienensaug

Taf. 37, Abb. 223 u. 224

In Teemischungen finden sich vielfach die ganzen, gelblichweißen Blumenkronen oder einzelne größere Teile, die die S-förmig gekrümmte Form der runzelig zusammengefallenen Blüten erkennen lassen. Ihre Oberlippe ist stark gewölbt und deutlich behaart. Die dreilappige Unterlippe besteht aus einem herzförmigen, heraufgeschlagenen Mittellappen und kleinen, zahnartigen Seitenlappen. Meistens sind an den Blüten noch die großen, braunschwarzen, bartig behaarten Antheren vorhanden.

M. K.: Lange, zwei- bis dreizellige, derbe, gekörnelte und lange, einzellige, glatte, ferner kurze, eckzahnförmige Haare.

Verfälschungen mit Blüten verschiedener *Lonicera*-Arten sind an den rosaroten Blütenteilen zu erkennen.

Flores Lamii albi enthalten Schleim, Gerbstoff und Saponin. Sie werden häufig in Teemischungen bei Frauenleiden, bei Katarrhen der Luftwege und als Blutreinigungsmittel verwendet.

Erläuterungen der Abb. 223 u. 224, Taf. 37.

Abb. 223: Schnittdroge, zweimal vergr.: Drei ganze Lippenblüten ohne Kelche und mehrere Blütenteile mit den großen, braunschwarzen Antheren.

Abb. 224: Ganzdroge, nat. Gr.: Mehrere ganze Blüten ohne Kelch. Rechts unten, Blütenknospen mit Kelch.

Flores Sambuci
Holunderblüten

Sambucus nigra L. Caprifoliaceae

Holunder, Holler

Flieder

Taf. 37, Abb. 225 u. 226

In Teemischungen finden sich hauptsächlich die 3—4 mm breiten, fünflappigen Blumenkronen mit den 5 anhaftenden Staubblättern. Mitunter kommen in der gerebelten Droge auch die ganzen Blüten mit dem sehr kleinen, fünfzipfeligen Kelch und dem unterständigen Fruchtknoten mit 3 griffellosen Narben und einzelne kleine, gelbe Blütenknospen vor. Grüne, längsgerillte Blütenstandstiele und Blattstückchen treten vereinzelt auf.

Verwechslungen mit den Blüten von *Sambucus racemosa* (mit violetten Griffeln und Kelchspitzen), mit *S. Ebulus* (mit purpurroten Antheren) und mit *Flores Spiraeae*, Taf. 37, Abb. 227 und 228, kommen vor.

M. K.: Auf der Unterseite der Kelchblätter kleine, einzellige, kegelförmige Haare mit körneliger Kutikula und kleine Drüsenhaare mit mehrzelligem Stiel und Köpfchen.

Flores Sambuci enthalten äther. Öl, Flavonglykoside, Schleim und Gerbstoff. Sie werden vor allem als schweißtreibendes Mittel und Diureticum in vielen Teemischungen sehr häufig verwendet.

Erläuterungen der Abb. 225 u. 226, Taf. 37.

Abb. 225: Gerebelte Droge, zweimal vergr.: Einzelne ganze, entfaltete Blüten, Blütenknospen, ein Stengelstück und Blatteile.

Abb. 226: Ganzdroge, nat. Gr.: Trugdoldige Blütenstände mit entfalteten Blüten und Blütenknospen. Links unten mehrere Einzelblüten.

Flores Spiraeae

Spierblumen

Filipendula ulmaria (L.) MAXIM. Rosaceae

Mädesüß, Geißbart, Sumpfspiräe, Wurmkraut

Taf. 37, Abb. 227 u. 228

In Teemischungen finden sich hauptsächlich die kugeligen, bis zu 2 mm großen, gelblichweißen Blütenknospen, die von 5 kleinen, grünen Kelchblättern umgeben sind. Vielfach sind auch ganze, entfaltete Blüten vorhanden, die als auffälliges Kennzeichen zahlreiche Staubblätter mit sehr langen Stielen und fünf (im Gegensatz zu *Flores Sambuci*) nicht verwachsene, bis 3 mm lange Blumenblätter besitzen. Diese verkehrt eiförmigen Blütenblätter fallen sehr leicht ab und sind häufig einzeln in der Droge anzutreffen. Gelegentlich kommen auch die kleinen, grünen, spiralig umeinander gewundenen, sichelförmigen Früchtchen zahlreich vor.

M. K.: Einzellige, dickwandige Kelchblatthaare. In der Fruchtknotenwand eine Schicht sich kreuzender Zellen und viele Oxalatkristalle.

Flores Spiraeae enthalten Salizylsäure, Phenol- und Flavonglykoside, Gerbstoff und Schleim. Sie werden gelegentlich als schweißtreibendes Mittel und als Diureticum angewandt.

Erläuterungen der Abb. 227 u. 228, Taf. 37.

Abb. 227: Gerebelte Droge, zweimal vergr.: Zwei geöffnete Blüten mit den langen Staubblattstielen; zahlreiche Blütenknospen, einzelne Blumenblätter und Früchtchen teils einzeln, teils noch spiralig umeinander gewunden.

Abb. 228: Ganzdroge, nat. Gr.: Blütenstände mit offenen Blüten und Blütenknospen. Unten einzelne Früchtchen.

Flores Acaciae

(Flores Pruni spinosae)

Schlehdornblüten

Prunus spinosa L. Rosaceae

Schlehdorn, Schwarzdorn

Taf. 37, Abb. 229 u. 230

Neben den zahlreichen einzelnen, gelblichweißen oder braunen, länglich eiförmigen, bis 4 mm langen Blumenblättern sind in Teemischungen vielfach die ganzen Blüten mit einem kreiselförmigen Kelch und 5 Kelchblättern, mit 5 Blütenblättern und ungefähr 20, den Blumenblättern gleichlangen Staubblättern anzutreffen. Der Griffel des einzigen Fruchtblattes ragt mit seiner kopfigen Narbe weit aus der Blüte hervor. Gelegentlich sind stark geschrumpfte, dunkelgrüne, feinnetzaderige Blattstückchen und kleine Zweigstückchen zu finden.

M. K.: Kutikula der Kelchblätter gefaltet und gekräuselt. Spaltöffnungen von mehreren rosettenförmig angeordneten Nebenzellen umgeben.

Verfälschungen: Blüten von *Prunus Padus* (Abb. 230, rechts unten) sind an den etwas größeren Blüten mit zurückgeschlagenen Kelchblättern und den gegenüber den Blumenblättern nur halb so langen Staubblättern zu erkennen.

Flores Acaciae enthalten Flavonglykoside. Sie sind ein uraltes Volksmittel und werden häufig in abführenden Teemischungen für Kinder, als Diureticum, bei Blasen- und Nierenleiden und zur Blutreinigung verwendet.

Erläuterungen der Abb. 229 u. 230, Taf. 37.

Abb. 229: Schnittdroge, zweimal vergr.: Ganze Blüten, einzelne Blütenteile, ein Blatt- und ein Stengelstück.

Abb. 230: Ganzdroge, nat. Gr.: Ganze Blüten, einzelne Blattstückchen und rechts unten, als Verfälschung, eine Blüte von *Prunus padus*.

Flores Crataegi

Weißdornblüten

Crataegus oxyacantha L. Rosaceae

Weißdorn, Hagedorn

Taf. 37, Abb. 231 u. 232

In der Schnittdroge treten hauptsächlich die gelbbraunen Blütenknospen mit ihrem grünen, kurzzipfeligen Kelch in Erscheinung. Vielfach trifft man auch abgefallene Blütenknospen ohne Kelch und die gestielten Kelchbecher einzeln in der Droge an. Entfaltete ganze Blüten mit den zahlreichen Staubblättern und zwei Griffeln sind selten zu finden. Häufiger kommen Blütenblatteile und gelegentlich auch größere, feinnetzaderige Blattstückchen mit ungleich gesägtem Rand und einzelne Zweigstücke in der Droge vor.

Von *Flores Acaciae* unterscheiden sich die *Flores Crataegi* durch die 2 Griffel, größeren Blüten und Blumenblätter.

M. K.: Einzellige, gekrümmte Haare und papillöse Epidermiszellen der Blütenblätter.

Flores Crataegi enthalten Flavone, Ursol- und Oleanolsäure. Sie werden bei Kreislaufstörungen zur Gefäßerweiterung und Blutdrucksenkung verwendet.

Erläuterungen der Abb. 231 u. 232, Taf. 37.

Abb. 231: Schnittdroge, zweimal vergr.: Blütenknospen, eine entfaltete Blüte, Blumenblatteile und ein Blattstückchen.

Abb. 232: Ganzdroge, nat. Gr.: Einzelne ganze Blüten und Blütenknospen. Rechts ein Blatt, feinnetzaderig mit ungleich gesägtem Rand. Darunter Blütenknospen, in Blumenblattknospe und Kelchbecher zerfallen.

Flores Chamomillae

Kamillenblüten

Matricaria chamomilla L. Asteraceae

Echte oder kleine Kamille

Taf. 37, Abb. 233 bis 236

Die Blütenköpfchen tragen eine Anzahl gelber Röhrenblüten und außen einen Kranz weißer Zungenblüten. Letztere fallen leicht ab und sind häufig einzeln anzutreffen. Das wichtigste Kennzeichen ist der hohle Blütenboden, der keine Spreublätter trägt. Die Hüllkelchblätter sind schmallanzettlich und am Rande trockenhäutig. Die Blüten besitzen keinen Pappus.

Kamillenblüten riechen kräftig gewürzhaft.

M. K.: Fruchtknotenepidermis mit strickleiterförmigen Schleimzellen. Hüllkelchblätter unbehaart. Endothecium mit netzartigen Verdickungsleisten.

Verfälschungen (Abb. 235 u. 236): Die Blüten von *Anthemis arvensis*, der Acker-Hundskamille, von *Matricaria inodora*, der geruchlosen Kamille und von *Achillea Ptarmica*, der Bertram-Schafgarbe sind an dem markhaltigen Blütenboden leicht zu erkennen.

Flores Chamomillae enthalten äther. Öl, das zu etwa 50% aus dem antiphlogistisch und spasmolytisch wirkenden Sesquiterpen *a*-Bisabolol und dessen Epoxiden besteht. Daneben finden sich vor allem Flavone, Polyine und Cumarine, sowie insbesondere der blaue Kohlenwasserstoff Chamazulen bzw. dessen Vorstufen wie das Matricin. Sie werden unter allen Drogen am häufigsten in Teemischungen bei verschiedenartigen Leiden verwendet. Kamillentee findet vor allem als Carminativum, besonders bei Kleinkindern, bei Magen- und Darmkrankheiten, bei Koliken, Menstruationsstörungen, als schweißtreibendes, beruhigendes Mittel und sehr häufig auch wegen seiner entzündungswidrigen, granulationsfördernden und antiseptischen Wirkung zu äußerlichem Gebrauch in der Behandlung von Wunden, Furunkeln, Hautentzündungen und bei Erkrankungen des Haarbodens ausgedehnte Verwendung.

Erläuterungen der Abb. 233 u. 234, Taf. 37.

Abb. 233: Konzisdroge, zweimal vergr.: Drei ganze Blütenköpfchen; rechts am Rand ein längshalbiertes zur Veranschaulichung des hohlen Blütenbodens; links und Mitte unten einzelne weiße Zungenblüten.

Abb. 234: Ganzdroge, nat. Gr.: Mehrere ganze Blütenköpfchen, links unten zwei längshalbiert.

Erläuterungen der Abb. 235 u. 236, Taf. 37.
Verfälschungen von *Flores Chamomillae:*

Abb. 235, Blütenteile, zweimal vergr. u. Abb. 236, ganze Blüten, nat. Größe von:
Anthemis arvensis (oben), *Matricaria inodora* (Mitte) und *Achillea ptarmica* (unten).

Flores Stoechados
Gelbe Katzenpfötchen

Helichrysum arenarium (L.) MOENCH. Asteraceae

Gelbe Katzenpfötchen, gelbe Immortellen,
Sandstrohblume, Harnblume
Taf. 37, Abb. 237 u. 238

In Teemischungen ist die Droge sehr leicht zu erkennen an den gelben, meist zu mehreren beisammensitzenden Blütenköpfchen, deren auffallendes Merkmal die zahlreichen strohigen, dachziegelartig sich deckenden, etwas abstehenden, zitronengelb glänzenden Hüllkelchblätter sind. Die kleinen orangegelben Röhrenblüten mit gelbem Pappus treten wenig in Erscheinung, da bei einer vorschriftsmäßig, vor dem vollständigen Aufblühen gesammelten Droge die Blüten von den Hüllkelchblättern eingeschlossen sind. Da neben den Blüten häufig auch wolligfilzig behaarte Stielteile der Pflanze vorhanden sind, treten die Blüten meist in dichten Knäueln zusammenhängend auf.

M. K.: Sehr lange, dünne Peitschenhaare und einzellige, keulenförmige, an der Basis abgewinkelte Haare.

Verwechslungen und Verfälschungen mit den gleichartig verwendeten *Flores Pedis cati* von *Antennaria dioica*, den roten oder weißen Katzenpfötchen (Abb. 238 rechts unten) können auf Grund der weißen oder roten Blütenfarbe leicht festgestellt werden.

Flores Stoechados enthalten Bitterstoff, Gerbstoff und etwas äther. Öl. Sie werden gelegentlich bei Gallenleiden und als Diureticum verwendet. Vielfach werden die Blüten wegen ihrer leuchtend gelben Farbe auch zur Schönung von Teemischungen benützt.

Erläuterungen der Abb. 237 u. 238, Taf. 37.

Abb. 237: Schnittdroge, zweimal vergr.: Einzelne Blütenköpfchen mit den abstehenden, gelben, glänzenden Hüllkelchblättern.

Abb. 238: Ganzdroge, nat. Gr.: Trugdolde mit mehreren und daneben einzelne Blütenköpfchen. Rechts unten Blütenköpfchen von *Flores Pedis cati.*

Flores Primulae
Schlüsselblumen
Primula veris L. Primulaceae
Frühlingsschlüsselblume, Apothekerprimel
Taf. 37, Abb. 239 u. 240

Die *Flores Primulae cum Calycibus* bestehen aus größeren, stark geschrumpften Teilstücken der gelben Blüten, die 5 eidottergelbe, im Grunde orangegefleckte Blumenblätter mit einer bräunlichgelben, nach oben glockig erweiterten Röhre besitzen und von einem hellgrünen, etwas bauchig aufgetriebenen, scharfkantigen und fünfzähnigen Kelch umschlossen sind. *Flores Primulae sine Calycibus* fehlt der Kelch.

M. K.: Zwei- bis vierzellige Haare mit birnenförmiger Endzelle.

Verfälschungen: Blüten von *Primula elatior* (Abb. 240, rechts unten), die als Volksheilmittel gleichfalls Verwendung finden, sind an der schwefelgelben Blütenfarbe und dem Fehlen der orangegelben Flecken zu erkennen.

Flores Primulae cum Calycibus enthalten Saponine, Phenolglykoside und Flavone. Sie werden als Expectorans und Diureticum verwendet und außerdem auch an Stelle von *Flores Verbasci* zur Schönung von Hustenteemischungen gebraucht.

Erläuterungen der Abb. 239 u. 240, Taf. 37.

Abb. 239: Schnittdroge, zweimal vergr.: Obere und mittlere Reihe Blütenblatteile, untere Reihe Kelchstückchen.

Abb. 240: Ganzdroge, nat. Gr.: Oben ganze Blumenröhren *sine Calycibus*, links unten zwei Blüten *cum Calycibus*, rechts zwei ganze Blüten von *Primula elatior* als Verfälschung.

Flores Farfarae
Huflattichblüten
Tussilago farfara L. Asteraceae
Huflattich, Brustlattich
Taf. 38, Abb. 241 u. 242

Die Droge ist in Teemischungen leicht zu erkennen an den goldgelben Blütenköpfchen, die außen von lineallanzettlichen, rotviolett überlaufenen, meist wollig behaarten Hüllkelchblättern umgeben sind. Die Blütenköpfchen enthalten eine große Anzahl weiblicher Randblüten mit sehr langen, fadenförmigen Zungen und in der Mitte einige männliche Röhrenblüten. Vielfach findet man etwas abgeblühte Köpfchen, an denen glänzendweiße Pappushaare sehr zahlreich vorhanden sind.

M. K.: Auf dem Hüllkelch Bündel einzelliger, langer Peitschenhaare und Drüsenhaare mit violettem Köpfchen auf einem mehrzelligen Stiel.

Flores Farfarae enthalten etwas Schleim und Gerbstoff. Sie werden gelegentlich als schleimlösendes Mittel in Brustteemischungen angewendet.

Erläuterungen der Abb. 241 u. 242, Taf. 38.

Abb. 241: Schnittdroge, zweimal vergr.: Zwei ganze Blütenköpfchen mit einigen männlichen Röhrenblüten, vielen fadenförmigen weibl. Zungenblüten und violetten Hüllkelchblättern. Rechts oben einige gelbe Röhrenblüten. Unten Hüllkelchblätter von der Außen- und Innenseite.

Abb. 242: Ganzdroge, nat. Gr.: Ganze Blütenköpfchen. Rechts unten ein etwas verblühtes mit weißen Pappushaaren.

Flores Verbasci
Wollblumen
Verbascum phlomoides L. u. V. densiflorum BERT.
Scrophulariaceae
Gemeine und großblumige Königskerze
Taf. 38, Abb. 243 u. 244

Die Schnittdroge besteht aus den etwas geschrumpften, großen, leuchtend gelben Blütenblatteilen der fünfzähligen, außen weißwollig behaarten Blumenkrone. Vereinzelt finden sich auch dichtfilzig behaarte, rötlich gelbe oder unbehaarte, gelbe Staubblätter.

Gelbbraun oder schwarz gewordene Blütenblatteile sind minderwertig.

M. K.: Quirlästige Etagensternhaare auf den Blütenblättern. Staubblatthaare einzellig, keulenförmig mit körneliger Kutikula.

Verfälschungen: Blütenteile von *Verbascum nigrum* (mit wollig behaarten, violetten Staubblättern, Abb. 243 rechts unten und Abb. 244 links unten), *Flores Genistae* (Abb. 243 u. 244 rechts Mitte und Taf. 17, Abb. 97 u. 98), *Flores Spartii scoparii* (Taf. 38, Abb. 251 u. 252) und Blüten von *Laburnum anagyroides* (giftig!), dem gemeinen Goldregen.

Flores Verbasci enthalten Schleim und Saponin. Sie werden häufig als mildes Expectorans und zur Schönung von Teemischungen verwendet.

Erläuterungen der Abb. 243 u. 244, Taf. 38.

Abb. 243: Schnittdroge, zweimal vergr.: Gelbe Blütenblatteile. Als Verfälschung rechts am Rand zwei Blütenblätter von *Flores Genistae*, darunter eines von *V. nigrum* mit violetten Staubblättern.

Abb. 244: Ganzdroge, nat. Gr.: Eine ganze Blumenkrone mit drei filzig behaarten und zwei unbehaarten Staubblättern. Links zwei kleine, stark geschrumpfte Blüten von *V. nigrum*, rechts eine Blüte von *Genista tinctoria.*

Flores Calendulae
Ringelblumenblüten
Calendula officinalis L. Asteraceae
Ringelblume, Goldblume
Taf. 38, Abb. 245 u. 246

In Teemischungen ist die Droge leicht zu erkennen an den gold- bis orangegelben, glänzenden, meist etwas zerknitterten, bis 25 mm langen, 5 bis 7 mm

breiten, an der Spitze dreizähnigen Zungenblüten.
Diese weiblichen Randblüten besitzen an dem basalen, röhrenförmigen Teil kleine Haare. Ein Pappus ist an den Blüten nicht vorhanden. Kleine kahnförmige oder kreisförmig eingerollte, am Rücken kurzstachelige, grob quergeriefte Früchtchen kommen nur sehr selten vor.

M. K.: An der Basis der Zungenblüten sehr lange, aus zwei Zellreihen bestehende Gliederhaare mit keulenförmiger Endzelle.

Flores Calendulae enthalten äther. Öl, Xantophylle, Bitterstoff, Saponin und Schleim. Sie werden äußerlich bei schlecht heilenden Wunden, innerlich gelegentlich als Diureticum und bei Leberleiden, vielfach auch nur als schmückender Zusatz in Teemischungen verwendet.

Erläuterungen der Abb. 245 u. 246, Taf. 38.

Abb. 245: Schnittdroge, zweimal vergr.: Goldgelbe, glänzende, zungenförmige Randblüten.

Abb. 246: Ganzdroge, nat. Gr.: Ein ganzes Blütenköpfchen mit zahlreichen zungenförmigen Randblüten und einigen Röhrenblüten.

Flores Arnicae
Arnikablüten
Arnica montana L. Asteraceae
Arnika, Bergwohlverleih

Taf. 38, Abb. 247 u. 248

In Teemischungen ist die Droge leicht zu erkennen an den leuchtend rotgelben, meist stark geschrumpften Zungenblüten und den weniger auffälligen Röhrenblüten mit den langen Achänen und dem glänzenden Pappus. An den Zungenblüten tritt vielfach die parallele Längsnervatur durch ihre dunklere Färbung deutlich hervor.

M. K.: Fruchtknotenwand mit schwarzen, verästelten Phytomelaneinlagerungen und Zwillingshaaren. Sehr lange, mehrzellige Gliederhaare. Pollenkörner mit stacheliger Exine.

Verfälschungen und Verwechslungen mit Blüten von *Scorzonera humilis*, der kleinen Schwarzwurzel (Abb. 248 rechts oben), mit doppelt so großen Achänen und derberem Pappus als *Flores Arnicae*, mit Blüten von *Inula britannica*, dem Wiesen-Alant (Abb. 248 rechts unten), mit sehr kleinen Achänen und Pappus, ferner mit *Anthemis tinctoria*, der Färber-Kamille, mit Achänen ohne Pappus, *Doronicum pardalianches*, der echten Gemswurz, mit pappuslosen Achänen, *Flores Calendulae* (Taf. 38, Abb. 245 u. 246) und *Taraxacum officinale* (Taf. 51, Abb. 447 u. 448), dem Löwenzahn, kommen vor.

In Teemischungen werden in der Regel nur die einzelnen Zungen- und Röhrenblüten „sine Calycibus" angewendet. Bei Verwendung von ganzen Blütenköpfchen ist darauf zu achten, daß der Blütenboden nicht von den weißen und schwarzen Larven von *Tephritis arnicae* durchsetzt ist.

Flores Arnicae enthalten äther. Öl (mit etwas Azulen, Laurin- und Palmitinsäure), die Alkohole Arnidiol und Faradiol (Arnicin, Gerbstoff und Bitterstoff, Flavonglykoside, eine herzwirksame und eine adrenalinähnliche Substanz. Sie werden bei nervösen Herzbeschwerden, als gefäßerweiterndes Mittel, bei Erkrankungen der Respirationsorgane, als Diureticum, mißbräuchlich auch als nicht ungefährliches Abortivum und sehr häufig äußerlich als Wundheilmittel verwendet.

Vor einer kritiklosen inneren Anwendung von Arnikablütentee ist zu warnen, da Vergiftungen bei längerem, reichlichen Teegenuß auf nüchternen Magen vorgekommen sind.

Erläuterungen der Abb. 247 u. 248, Taf. 38.

Abb. 247: Schnittdroge, zweimal vergr.: Einzelne Zungen- und Röhrenblüten mit Achänen und Pappus.

Abb. 248: Ganzdroge, nat. Gr.: Links ein ganzes Blütenköpfchen, darunter und rechts oben einzelne Zungen- und Röhrenblüten. Als Verfälschungen: rechts oben am Rand zwei große Achänen von *Scorzonera humilis*, rechts unten mehrere kleine Blüten von *Inula britannica*.

Flores Aurantii
Pomeranzenblüten
Citrus aurantium L. subsp. aurantium ENGLER.
Rutaceae
Pomeranze, Bittere Orange

Taf. 38, Abb. 249 u. 250

Die Schnittdroge besteht aus den hell- bis dunkelbraunen, steifen, mitunter leicht aufgewölbten Blütenknospen, die als Hauptmerkmal auf der Außenseite zahlreiche bräunliche, punktförmige Drüsen

besitzen. Vereinzelt finden sich kleine, braunschwarze, 8- bis 12fächerige Fruchtknoten, rotbraune, lange Staubblätter, die mitunter zu mehreren in flachen Bündeln verwachsen sind und Reste des napfförmigen Kelches.

M. K.: In den Blüten- und Kelchblättern große Ölräume, Hesperidin- und Oxalatkristalle.

Flores Aurantii enthalten äther. Öl, Bitterstoff und Hesperidin. Sie werden mitunter als nervenberuhigendes und magenstärkendes Mittel in Teemischungen verwendet.

Erläuterungen der Abb. 249 u. 250, Taf. 38.

Abb. 249: Schnittdroge, zweimal vergr.: Drüsig punktierte Blumenblattteile. Links unten ein Kelchrest, daneben drei braunschwarze Fruchtknoten und ein Staubblatt.

Abb. 250: Ganzdroge, nat. Gr.: Drüsig punktierte, geschlossene Blütenknospen mit napfförmigem Kelch; zwei Blüten ohne Blumenblätter mit den zahlreichen, bündelweise verwachsenen Staubblättern; einzelne Fruchtknoten und gestielte Blütenkelche.

Flores Spartii scoparii
Ginsterblüten
Cytisus scoparius (L.) LINK. Fabaceae
Besenginster, Besenpfriem, Bram

Taf. 38, Abb. 251 u. 252

Die Schnittdroge besteht hauptsächlich aus größeren, hellbraunen Blumenblattstückchen, die die Form des stark gekrümmten Kieles deutlich erkennen lassen, oder noch dem kurzen, glockenförmigen, zweilippigen Kelch ansitzen. Mitunter sind auch ganze, jüngere, meist noch geschlossene Blüten und einzelne Staubblattbündel anzutreffen.

Die Blüten besitzen einen sehr starken, honigartigen Geruch.

M. K.: An der Fruchtknotenwand massenhaft lange, dünnwandige, grob körnelig kutikularisierte Haare.

Flores Spartii scoparii enthalten Spartein als Hauptalkaloid und Sarothamnin. Ferner die Basen: Tyramin, Dopa und Scoparin. Die Flavonderivate: Orientin, Vitexin, Luteolin. Ferner Aesculetin, äther. Öl, Gerbstoff, Bitterstoff und das Flavonglykosid Scoparosid. Sie werden nur selten als Diureticum und als herztonisierendes Mittel verwendet.

Erläuterungen der Abb. 251 u. 252, Taf. 38.

Abb. 251: Schnittdroge, zweimal vergr.: Blumenblatteile, die zum Teil die Form der Schmetterlingsblüte erkennen lassen.

Abb. 252: Ganzdroge, nat. Gr.: Einzelne ganze Blüten, teils geschlossen, teils halbgeöffnet und aufgeblüht.

Flores Cinae
Zitwerblüten, Wurmsamen
Artemisia cina BERG et SCHMIDT. Asteraceae
Wurmkraut

Taf. 38, Abb. 253 u. 254

Die Droge besteht aus den etwa 2 bis 4 mm langen, gelb- bis braungrünen, geschlossenen Blütenköpfchen, die hauptsächlich aus 12 bis 20 dachziegelartig sich deckenden Hüllkelchblättern bestehen.

M. K.: Hüllkelchblätter mit langen, dünnwandigen, schlangenförmig gewundenen T-Haaren und Kompositendrüsenhaaren.

Verfälschungen: Bei der großen morphologischen Ähnlichkeit der echten und falschen Droge (Abb. 253, 3. Reihe rechte Hälfte und unterste Reihe, unechte „persische" Cina) ist die Unterscheidung nur dadurch möglich, daß 30prozentige methylalkoholische Natriummethylatlösung die Kompositendrüsenschuppen der echten Droge infolge ihres Santoningehaltes beim Erhitzen lebhaft ziegelrot und die der santoninfreien Droge nur grüngelb färbt.

Flores Cinae enthalten Santonin und äther. Öl. Sie werden in Teemischungen gelegentlich als Anthelminticum gegen Spulwürmer verwendet.

Erläuterungen der Abb. 253 u. 254, Taf. 38.

Abb. 253: Ganze Blütenköpfchen, zweimal vergr.: 3. Reihe, rechte Hälfte und unterste Reihe santoninfreie, unechte, „persische" Cina.

Abb. 254: Ganzdroge, nat. Gr.: Zahlreiche Blütenköpfchen.

Flores Matricariae discoideae

Strahlenlose Kamillenblüten

Matricaria discoidea DC. Asteraceae

Strahlenlose Kamille

Taf. 38, Abb. 255 u. 256

In Teemischungen finden sich meist die ganzen, gelblichgrünen Blütenköpfchen mit mehrreihigen, eilänglichen, stumpfen und häutig durchscheinenden Hüllkelchblättern, deren Blütenboden hohl und kugelförmig ist und zahlreiche vierzähnige Röhrenblüten trägt. Das Hauptmerkmal der Droge ist in dem Fehlen der Zungenblüten zu erblicken.

Die Droge riecht stark kamillenähnlich.

M. K.: Hüllkelchblatt größtenteils aus dickwandigen, stark getüpfelten, länglichen Zellen aufgebaut.

Flores Matricariae discoideae enthalten äther. Öl (ohne Azulen) und werden in der Volksmedizin nur sehr selten, bei Kolikanfällen und als Wurmmittel verwendet.

Erläuterungen der Abb. 255 u. 256, Taf. 38.

Abb. 255: Schnittdroge, zweimal vergr.: Zwei Blütenköpfchen, einzelne Hüllkelchblätter, Blütenboden- und Blatteile.

Abb. 256: Ganzdroge, nat. Gr.: Ganze Blütenköpfchen und fiederschnittige Blätter.

Flores Anthos

Rosmarinblüten

Rosmarinus officinalis L. Lamiaceae

Rosmarin

Taf. 38, Abb. 257 u. 258

Die Blüten besitzen einen großen, glockigen, bräunlichgrünen, zweilippigen Kelch, dessen oberer Rand graufilzig behaart ist, und eine braunverfärbte, meist stark geschrumpfte Blumenkrone, aus der die langen Staubblätter weit hervorragen. Neben den meist ganz erhaltenen Blüten finden sich in Teemischungen auch die verkehrt eiförmigen, $1^{1}/_{2}$—2 mm langen, dunkelbraunen Nüßchen mit auffallend großen, weißgelben Ansatzflecken und einzelne Blattstückchen (siehe *Folia Rosmarini*, Taf. 10 Abb. 55 und 56).

M. K.: Mehrzellige Haare mit köpfchenförmiger Endzelle, Gliederhaare und ästig verzweigte Haare.

Flores Anthos enthalten äther. Öl mit Terpenen und Cineol. Sie sollen dieselbe Wirkung wie *Folia Rosmarini* besitzen, werden aber nur selten in Teemischungen verwendet.

Erläuterungen der Abb. 257 u. 258, Taf. 38.

Abb. 257: Schnittdroge, zweimal vergr.: Ganze Blüten, ein Kelch, vier Nüßchen und Blattstückchen.

Abb. 258: Ganzdroge, nat. Gr.: Drei Blütenstände und mehrere Einzelblüten.

Flores Koso

Kosoblüten

Hagenia abyssinica GMEL. Rosaceae

Koso

Taf. 38, Abb. 259 u. 260

In Teemischungen erkennt man die Droge an den purpurroten bis braunrötlichen, häutigen, netzaderigen Kelchblattstückchen und an den dicht seidig behaarten, kreiselförmigen Blütenbechern. Häufig kommen auch ganze weibliche Blüten vor, die die einzelnen Blütenteile, die 2 rundlichen Vorblätter, die 5 ovalen, fast 1 cm langen, purpurfarbigen Außen- und die 5 kleinen, bis 3 mm langen, nach außen umgeschlagenen und gegen die Mitte oben zusammengeneigten Innenkelchblätter erkennen lassen.

Braunverfärbte Drogen sind minderwertig.

M. K.: Lange, einzellige, dickwandige Borstenhaare, Drüsenhaare und Oxalatkristalle.

Verfälschungen: Männliche Blüten, die an ihrer grünlichen Farbe, geringeren Größe und zahlreichen, großen Staubblättern kenntlich sind; Bruchstücke von grünen Deckblättern und zottig behaarte Rispenteile von mehr als 0,5 mm Dicke dürfen nicht vorhanden sein.

Flores Koso enthalten Kosotoxin und werden gelegentlich als Anthelminticum verwendet.

Erläuterungen der Abb. 259 u. 260, Taf. 38.

Abb. 259: Schnittdroge, zweimal vergr.: Oben links eine ganze weibl. Blüte mit den 5 großen, roten Außen- und 5 kleinen, umgeschlagenen Innenkelchblättern; oben Mitte eine geschlossene Blüte. Rechts oben als Verfälschung eine männliche Blüte mit zahlreichen, großen Staubblättern. Links unten und Mitte unten 3 behaarte Blütenbecher und einzelne große, netzaderige Außenkelchblätter.

Abb. 260: Ganzdroge, nat. Gr.: Einzelne ganze, weibliche Blüten und ein Teilstück der Blütenrispe (rechts oben).

Stigmata Maidis

Maisgriffel

Zea mays L. Poaceae

Mais

Taf. 38, Abb. 261 u. 262

Die sehr dünnen, etwa 0,2 mm breiten, $^{1}/_{2}$ bis 1 cm langen, fadenartigen, rinnigen oder abgeflachten Griffelstückchen von bräunlichroter oder hellgelblicher Farbe werden in Teemischungen leicht übersehen.

M. K.: Von der Oberfläche schief aufwärts gerichtete, vielzellige und mehrreihige Haare. Zwei den Rändern parallel laufende Gefäßbündel.

Stigmata Maidis enthalten Saponine, Flavone, ein Alkaloid, Gerbstoff, Harz und etwas äther. Öl. Sie werden gelegentlich als Diureticum, bei Harnbeschwerden und Blasengrieß, ferner als unschädliches Entfettungsmittel verwendet.

Erläuterungen der Abb. 261 u. 262, Taf. 38.

Abb. 261: Schnittdroge, zweimal vergr.: Dünne, fadenförmige Griffelstückchen.

Abb. 262: Ganzdroge, nat. Gr.: Teilstück der langen, schopfartig zusammengebündelten Maisgriffel.

Caryophylli

Gewürznelken

Syzygium aromaticum (L.) MERR et PERRY.

Myrtaceae

Gewürznelken

Taf. 38, Abb. 263 u. 264

Die Schnittdroge besteht aus Teilstückchen der rotbraunen, undeutlich vierkantigen, länglichen Fruchtknoten mit den 4 abstehenden, dreieckigen, steifen Kelchblättern und den abgefallenen, gelbbraunen Blumenblattkappen, die aus 4 dachziegelartig sich deckenden Blumenblättern gebildet sind. Mitunter sind auch die zahlreichen, gekrümmten Staubblätter wahrzunehmen.

M. K.: In allen Blütenteilen große, ovale, mit äther. Öl gefüllte, schizogene Ölräume. Steinzellen, Steinzellenkork und knorrige Bastfasern dürfen nicht vorhanden sein.

Als Verfälschungen kommen die Blüten- und Blütenstandstiele (Abb. 263 unten und Abb. 264 rechts unten), minderwertige Mutternelken (*Anthophylli*), die mehr oder weniger reifen, 1,5 bis 3 cm langen, walzenförmigen Beerenfrüchte des Gewürznelkenbaumes und bereits entölte Nelken in Betracht.

Caryophylli enthalten äther. Öl mit Eugenol und Caryophyllen. Sie werden in Teemischungen gelegentlich als Aromaticum bei Verdauungsstörungen verwendet.

Erläuterungen der Abb. 263 u. 264, Taf. 38.

Abb. 263: Schnittdroge, zweimal vergr.: Links oben zwei ganze Blütenknospen mit Fruchtknoten, vierblätterigem Kelch und Blumenblattkappen. Rechts oben abgefallene Blumenblattkappen. Drei Fruchtknotenstücke und unten drei Nelkenstielteile als Verfälschungen.

Abb. 264: Ganzdroge, nat. Gr.: Ganze Blütenknospen. Rechts unten als Verfälschung Blüten- und Blütenstandstiele.

Flores Althaeae

Eibischblüten

Althaea officinalis L. Malvaceae

Eibisch, Sammetpappel, Heilwurz

Taf. 39, Abb. 265 u. 266

Die Schnittdroge besteht aus den hellrosaroten Blütenblattstückchen der großen, fünfblättrigen, fleischfarbigen Blumenkrone und aus den graugrünen, dicht filzig behaarten, schmallanzettlichen Zipfeln des neunteiligen Außenkelches und den langen, eiförmigen Blatteilen des fünfspaltigen Innenkelches. Vielfach finden sich auch die meist zehnteiligen „handkäseförmigen" Malvaceenfrüchte (vgl. *Fol. Althaeae*, Taf. 6 Abb. 35 u. 36). Infolge der dichten Behaarung der Kelchblattstückchen und der Kapselfrüchte treten die Schnittdrogenteile in kleinen Klumpen zusammenhängend auf.

M. K.: An der Blumenblattbasis lange, derbwandige, einzellige Haare in Büscheln beisammen stehend.

Verfälschungen mit Blüten von *Lavatera thuringiaca* (Thüringer Strauchpappel), Abb. 266 rechts oben, mit dreiteiligem, großblättrigem Außenkelch kommen vor.

Flores Althaeae enthalten Schleim und werden wie *Folia Althaeae* und *Radix Althaeae*, allerdings viel seltener, in Hustenteemischungen verwendet.

Erläuterungen der Abb. 265 u. 266, Taf. 39.

Abb. 265: Schnittdroge, zweimal vergr.: Klumpig zusammenhängende Blüten- und Kelchblatteile. Unten Kapselfrüchte und Teile davon.

Abb. 266: Ganzdroge, nat. Gr.: 4 ganze Blüten mit Außen-, Innenkelch und fünfteiliger Blumenkrone. Rechts oben als Verfälschung eine Blüte von *Lavatera thuringiaca* mit 3 großen Außenkelchblättern.

Flores Rosae

Rosenblüten

Rosa gallica L. u. R. centifolia L. Rosaceae

Zentifolie, Hundertblätterige Rose, Gartenrose

Taf. 39, Abb. 267 u. 268

Die meist klein zerschnittenen Blumenblattstückchen sind in Teemischungen leicht zu erkennen an ihrer allgemein bekannten rosenroten Blütenfarbe und dem bei sorgfältiger Aufbewahrung der Droge vorhandenen angenehmen Rosenduft. Ganze, umgekehrt herzförmige bis elliptische, kurzgenagelte Blumenblätter kommen nur vereinzelt vor.

M. K.: Epidermiszellen zu kegelförmigen Papillen vorgewölbt und mit gekräuselter Kutikula versehen.

Flores Rosae enthalten äther. Öl, Gerbstoff, Anthocyan- und Flavonglykoside. Sie werden nur selten in Teemischungen als leicht adstringierender Zusatz, in der Hauptsache zur Schönung derselben verwendet.

Erläuterungen der Abb. 267 u. 268, Taf. 39.

Abb. 267: Schnittdroge, zweimal vergr.: Hell- bis dunkelrote Blumenblattstückchen.

Abb. 268: Ganzdroge, nat. Gr.: Oben 3 junge, gefüllte Blütenknospen. Unten 3 einzelne, herzförmige bis elliptische Blumenblätter.

Crocus

Safranblüten

Echter Safran

Crocus sativus L. Iridaceae

Taf. 39, Abb. 269 bis 272

Die Droge besteht aus den bis 2 cm langen, sich trichterförmig erweiternden und am oberen Rande geschlitzten und feingekerbten einzelnen Narbenschenkeln, die glänzend dunkelrot bis braunrot gefärbt und von fettiger, zerbrechlicher Beschaffenheit sind.

Safranblüten besitzen einen kräftigen, eigenartigen Geruch.

M. K.: Langgestreckte Epidermiszellen mit kurzen, stumpfkegelförmigen Papillen. Tiefrote Farbstofftropfen, in Öl unlöslich.

Safranblüten werden sehr häufig und auf die verschiedenartigste Weise verfälscht. In erster Linie werden hierzu ähnlich aussehende rote Blüten, ferner fein geraspelte Stückchen von *Lignum Santali* und *Lignum Campechianum* (Abb. 271 u. 272) verwendet.

Crocus enthält äther. Öl, Crocine und Crocetine (Carotinoidfarbstoffe). Safranblüten werden in Teemischungen selten und dann nur in sehr geringen Mengen als Diureticum, Emmenagogum (mißbräuchlich als Abortivum) und Aphrodisiacum verwendet.

Erläuterungen der Abb. 269 u. 270, Taf. 39.

Abb. 269: Schnittdroge, zweimal vergr.: Teilstücke der trichterförmigen Narbenschenkel.

Abb. 270: Ganzdroge, nat. Gr.: Trichterförmige Narbenschenkel.

Erläuterungen der Abb. 271 u. 272, Taf. 39.

Verfälschungen von *Crocus*:

Abb. 271: Pflanzenteile in Concisform, zweifach vergr.

Abb. 272: Pflanzenteile in nat. Gr.:
Links oben Blütenteile von *Tritonia aurea*, links unten *Lignum Campechianum*, rechts unten *Lignum Santali*. Die übrigen Blüten **von** *Carthamus tinctorius*.

Flores Rhoeados

Klatschmohnblüten

Papaver Rhoeas L. Papaveraceae

Klatschmohn, Feldmohn

Taf. 39, Abb. 273 u. 274

In Teemischungen treten die Blumenblattstückchen fast immer in weich oder samtartig-filzig sich anfühlenden, eingerollten Knäueln auf, die aus mehrschichtig übereinanderliegenden, stark zerknitterten Blütenblättern von schmutzig rotvioletter Farbe bestehen. Der schwarze Fleck am Grunde der Blütenblätter und die davon ausgehenden, strahlig verlaufenden Nerven sind beim Aufweichen der Drogenteile in Wasser deutlich zu erkennen.

M. K.: Langgestreckte, wellig buchtige Epidermiszellen der Kronblätter mit vereinzelten kleinen, rundlichen Spaltöffnungen.

Flores Rhoeados enthalten ein Alkaloid Rhoeadin, Glykoside und Schleim. Sie werden als Zusatz zu Hustenteemischungen verwendet.

Erläuterungen der Abb. 273 u. 274, Taf. 39.

Abb. 273: Schnittdroge, zweimal vergr. Knäuelig eingerollte, zerknitterte Blütenblattstückchen.

Abb. 274: Ganzdroge, nat. Gr.: Mehrere ganze Blumenblätter, stark zerknittert, mit dem schwarzen Fleck am Grunde und den strahlig verlaufenden Nerven.

Flores Paeoniae

Pfingstrosenblüten

Paeonia officinalis L. Ranunculaceae

Pfingstrose

Taf. 39, Abb. 275 u. 276

In Teemischungen fallen die leuchtend purpurroten Blütenblattstückchen sofort durch ihre schöne Farbe auf. Die großen Blumenblatteile sind leicht gerunzelt, von dicklicher, etwas spröder, steifer Beschaffenheit, von zahlreichen strahligen Nerven durchzogen, am Grunde mit einem hellen Fleck versehen und am oberen Rande ungleich ausgeschweift.

M. K.: Große, gestreckte, an den Seitenwänden perlschnurartig verdickte Epidermiszellen mit Kutikularstreifung.

Flores Paeoniae enthalten Anthocyanglykoside und Gerbstoff. Sie wurden früher, wie die Wurzeln und Samen, gegen Epilepsie, Gicht und Wassersucht verwendet. Heute werden sie nur mehr zum Schönen von Teemischungen gebraucht.

Erläuterungen der Abb. 275 u. 276, Taf. 39.

Abb. 275: Schnittdroge, zweimal vergr.: Vier leicht gerunzelte, dickliche Blütenblattstückchen.

Abb. 276: Ganzdroge, nat. Gr.: Zwei ganze Blumenblätter mit dem ausgeschweiften oberen Rand und hellem Grundfleck.

Flores Lavandulae

Lavendelblüten

Lavandula angustifolia MILL. Lamiaceae

Echter Lavendel, Römischer Thymian

Taf. 39, Abb. 277 u. 278

Die Droge besteht aus dem röhrenförmigen, nach oben etwas erweiterten, etwa 5 mm langen, bläulichgrauen Kelch, der mit 10 bis 13 weißgrau behaarten, scharf hervortretenden Längsrippen versehen ist. Von den 5 Kelchzähnen sind die 4 kurzen kaum wahrzunehmen, während der 5. als rhombisch eiförmiges, blaues Lippchen deutlich absteht. Da die Blüten vor der vollständigen Entfaltung gesammelt werden, treten die blauen, stark geschrumpften Blumenkronen gegenüber dem Kelch nur wenig in Erscheinung. Vereinzelt finden sich auch die glänzendbraunen Nüßchen.

Die Blüten sollen angenehm gewürzhaft, nach „Lavendel" riechen, bitter schmecken und nicht mißfarben sein.

M. K.: Hirschgeweihartig verzweigte Gliederhaare mit körneliger Kutikula, knorrige Haare mit Drüsenköpfchen und lange Schlangenhaare.

Flores Lavandulae enthalten äther. Öl und Gerbstoff. Sie werden in Teemischungen sehr häufig als Aromaticum und Nervinum und äußerlich zu hautreizenden Kräuterbädern verwendet.

Erläuterungen der Abb. 277 u. 278, Taf. 39.

Abb. 277: Schnittdroge, zweimal vergr.: Ganze Blüten mit Kelch, Kelchlippe und Blumenkrone. Links unten und rechts Mitte, je zwei geschrumpfte Blumenkronen. Rechts unten 4 Nüßchen.

Abb. 278: Ganzdroge, nat. Gr.: 1.—3. Reihe ganze Blüten. Unterste Reihe geschrumpfte Blumenkronen und 4 Nüßchen.

Flores Cyani

Kornblumenblüten

Centaurea cyanus L. Asteraceae

Blaue Kornblume

Taf. 39, Abb. 279 u. 280

Die mehrzipfeligen, trichterförmigen, strahligen Randblüten und kleineren Röhrenblüten fallen in Teemischungen sofort durch ihre kornblumenblaue Farbe auf. Vereinzelt finden sich auch die am oberen Rande etwas ausgefransten Hüllkelchblätter und die gelblichweißen, mit braunrotem Pappus versehenen Früchte.

Die Droge ist vor Licht geschützt aufzubewahren, da die Blüten sehr leicht ausbleichen.

M. K.: Längliche Zellen mit vereinzelten Compositendrüsenhaaren.

Flores Cyani enthalten den Bitterstoff Cnicin und Glykoside. (Das sehr lichtempfindliche Anthocyanglykosid Cyanin bleicht leicht aus und die Blüten werden dann weiß.) Sie wurden früher als harntreibendes Mittel, zu Räucherspecies und Augenwässern verwendet. Heute werden sie nur mehr zur Schönung den Teemischungen beigegeben.

Erläuterungen der Abb. 279 u. 280, Taf. 39.

Abb. 279: Schnittdroge, zweimal vergr.: Mehrzipfelige Randblütenteile. Mitte rechts 4 Röhrenblüten. Unten 2 Hüllkelchblätter.

Abb. 280: Ganzdroge, nat. Gr.: Randblüten, links unten 3 Röhrenblüten. Rechts unten 3 Hüllkelchblätter und Knospe mit ausgefransten Hüllkelchblättern.

Flores Calcatrippae

Ritterspornblüten

Delphinium consolida L. Ranunculaceae

Rittersporn

Taf. 39, Abb. 281 u. 282

Die Droge ist in Teemischungen sehr leicht zu erkennen an den azurblauen, mitunter auch rotblauvioletten, etwas geschrumpften, blumenblattartigen Kelch- und Blumenblattstückchen. Häufig finden sich auch braunviolette Staubblätter mit großen, grünen Antheren. Vereinzelt sind schmallanzettliche Blattstückchen anzutreffen.

M. K.: An der Blumenblattbasis und am Fruchtknoten derbe, kurze, einzellige Dolchhaare und langhalsige, chiantiflaschenförmige Haare mit gelbem Inhalt.

Flores Calcatrippae enthalten das blaue Anthocyanglykosid Delphinin und das gelbe Flavonderivat Kämpferol. Sie werden heute fast ausschließlich zum Schönen von Teemischungen verwendet. Früher bildete die Droge ein geschätztes Heilmittel gegen kranke Augen, Asthma, Keuchhusten und wurde auch als Diureticum gebraucht.

Erläuterungen der Abb. 281 u. 282, Taf. 39.

Abb. 281: Schnittdroge, zweimal vergr.: Blaue, leicht gerunzelte, blumenblattartige Kelch- und Blumenblattstückchen; unten lineale Blattzipfel und grüne Antheren.

Abb. 282: Ganzdroge, nat. Gr.: Links eine ganze, blaue Blüte mit 5 blumenblattartigen Kelchblättern, von denen das oberste in einen Sporn ausgezogen ist, und 3 verwachsenen Blumenblättern. Rechts und unten, zwei tief fiederschnittige, größere Blattstückchen.

Flores Malvae arboreae

Stockrosenblüten

Althaea rosea L. Cav. Malvaceae

Stockrose, Stockmalve, Schwarze Malve

Taf. 39, Abb. 283 u. 284

Die Schnittdroge besteht aus den schwarzpurpurroten, leicht gerunzelten Blütenblattstückchen der großen, am Grunde weiß behaarten Blumenblätter und den graugrünen, filzig behaarten Blattstückchen des Außen- und Innenkelches. Nur sehr vereinzelt treten auch Fruchtkapseln von der typischen Malvaceenform (vgl. *Folia Malvae* Taf. 4 und *Folia Althaeae* Taf. 6) auf.

M. K.: Große Borstenhaare; mehrstrahlige, derbe Büschelhaare. Oxalatdrusen und Schleimzellen.

Flores Malvae arboreae enthalten Schleim, Gerbstoff und Anthocyanglykoside. Sie werden in Teemischungen nur selten gegen Husten gebraucht. Eine größere Rolle spielt die Droge als Färbemittel für Genußmittel, Wein u. dergl. mehr.

Erläuterungen der Abb. 283 u. 284, Taf. 39.

Abb. 283: Schnittdroge, zweimal vergr.: Schwarzpurpurrote Blumenblatt- und dicht filzig behaarte, graugrüne Kelchblattreste.

Abb. 284: Ganzdroge, nat. Gr.: Eine ganze Blüte mit sechsblättrigem Außen- und fünfblättrigem Innenkelch und 5 großen, dunklen Blumenblättern. Rechts oben eine Blütenknospe.

Flores Malvae

Malvenblüten

Malva silvestris L. Malvaceae

Malve, Käsepappel

Taf. 39, Abb. 285 u. 286

In Teemischungen ist die Droge an den tiefblauen, vielfach runzelig eingerollten oder mehrfach ineinandergefalteten Blütenblattstückchen und den hellgrünen, borstig behaarten Außen- und weicher behaarten Innenkelchblattstückchen zu erkennen. Gelegentlich sind auch die Kapselfrüchte zu finden (vgl. *Folia Malvae* Taf. 4).

M. K.: Große, einzellige Borstenhaare; sternartige Büschelhaare. Schleimzellen und Oxalatdrusen.

Flores Malvae enthalten Schleim und das Anthocyanglykosid Malvin. Die Droge wird häufig als Mucilaginosum und mildes Adstringens verwendet.

Erläuterungen der Abb. 285 u. 286, Taf. 39.

Abb. 285: Schnittdroge, zweimal vergr.: Tiefblaue, runzelig eingerollte Blütenblatteile. Links unten Blütenblattknäuel mit Kelchblattresten.

Abb. 286: Ganzdroge, nat. Gr.: 3 ganze, runzelig eingeschrumpfte Blüten mit dreizähligem Außen- und fünfblättrigem Innenkelch und 5 Blumenblättern.

Flores Graminis

Heublumen

Taf. 39, Abb. 287 u. 288

Die Droge besteht in der Hauptsache aus den gelben, grünen oder rötlichen Spelzen der verschiedenartigsten Wiesengräser. Vielfach finden sich auch die Samen und strohigen Stengelteile der Stammpflanzen.

Flores Graminis werden ausschließlich zu Bädern (Spec. balneorum) verwendet.

Erläuterungen der Abb. 287 u. 288, Taf. 39.

Abb. 287: Heublumen, zweimal vergr.: Spelzen verschiedener Gräser.

Abb. 288: Heublumen, nat. Gr.: Spelzen und strohige Stengelteile.

SAMENDROGEN

Die Erkennung von Samendrogen, die als eigener Bestandteil in einer Teemischung vorhanden sind, bereitet im allgemeinen keine Schwierigkeiten, da es sich in der Regel um einige wenige, auf Taf. 40 in den Abb. 289 bis 304 wiedergegebene Samen von charakteristischer Form und Farbe handelt. Vielfach werden jedoch die bei vielen Kraut- und auch einigen Blatt-, Blüten- und Früchtedrogen auftretenden Samen der Stammpflanze*) in einer Teemischung irrtümlicherweise als eigene Samendrogen aufgefaßt und als solche zu analysieren versucht, was immer sehr mühsam und meistens erfolglos ist. Die „Hanfsamen" sind als *Fructus Cannabis* unter den Einzeldrogen auf Taf. 60, Abb. 545 und 546 wiedergegeben.

---

*) Siehe: *Folia Betulae* Taf. 2, Abb. 9; *F. Malvae* Taf. 4, Abb. 21; *F. Althaeae* Taf. 6, Abb. 35; *F. Boldo* Taf. 10, Abb. 59 u. 60; *Herba Chamaedryos* Taf. 11, Abb. 63; *H. Leonuri cardiacae* Taf. 12, Abb. 71; *H. Cannabis indicae* Taf. 13, Abb. 77; *H. Polygoni hydropiperis* Taf. 14, Abb. 79; *H. Basilici* Taf. 14, Abb. 83; *H. Polygoni avicularis* Taf. 16, Abb. 95; *H. Rumicis acetosae* Taf. 17, Abb. 101; *H. Violae tricoloris* Taf. 18, Abb. 103; *H. Thymi* Taf. 18, Abb. 107; *H. Linariae* Taf. 20, Abb. 119; *H. Majoranae* Taf. 23, Abb. 135; *H. Violae odoratae* Taf. 23, Abb. 137; *H. Nepetae catariae* Taf. 26, Abb. 151; *H. Galeopsidis* Taf. 26, Abb. 153; *H. Sideritidis* Taf. 26, Abb. 155; *Galeopsis tetrahit* Taf. 26, Abb. 155; *H. Marrubii albi* Taf. 29, Abb. 171; *H. Bursae pastoris* Taf. 30, Abb. 177; *H. Fumariae* Taf. 31, Abb. 181; *H. Cochleariae* Taf. 31, Abb. 183; *H. Polygalae amarae* Taf. 36, Abb. 215; *Flores Humuli Lupuli* Taf. 37, Abb. 217; *Fl. Anthos* Taf. 38, Abb. 257; *Fl. Lavandulae* Taf. 39, Abb. 277 u. 278; *Fructus Juniperi* Taf. 40, Abb. 321; *Fr. Rhamni catharticae* Taf. 41, Abb. 325; *Fr. Cynosbati* Taf. 41, Abb. 329; *Fr. Sorbi aucupariae* Taf. 41, Abb. 331; *Fr. Alkekengi* Taf. 41, Abb. 333; *Fr. Cubebae* Taf. 41, Abb. 337; *Fr. Syzygii Jambolani* Taf. 41, Abb. 339 u. 340; *Fr. Anisi stellati* Taf. 41, Abb. 347; *Fr. Cardamomi* Taf. 41, Abb. 349; *Radix Asari c. herba* Taf. 55, Abb. 483; *Fr. Ceratoniae* Taf. 60, Abb. 537 u. 538; *Folliculi Sennae* Taf. 60, Abb. 539 u. 540.

Semen Cynosbati

Hagebuttenkerne

Rosa canina L. Rosaceae

Gemeine Heckenrose, Hundsrose

Taf. 40, Abb. 289 u. 290

Die Droge besteht aus den ganzen, sehr harten, kantigen, hellgelben Nüßchen (Früchtchen).

Semen Cynosbati enthalten fettes und etwas äther. Öl. Sie werden in der Volksmedizin als Diureticum, gegen Nieren- und Blasensteine und als Haustee verwendet.

Erläuterungen der Abb. 289 u. 290, Taf. 40.

Abb. 289: Kantige, hellgelbe Samen, zweimal vergr.

Abb. 290: Samen in nat. Gr.

Semen Cucurbitae

Kürbiskerne

Cucurbita pepo L., C. maxima DUCH. u. C. moschata DUCH. Cucurbitaceae

Kürbis

Taf. 40, Abb. 291 u. 292

Die Droge besteht aus den grünlichweißen, mit einer grünen Haut bedeckten Samenbruchstückchen der eiförmigen, geschälten Samen.

Kürbissamen schmecken öligsüß.

M. K.: Kotyledonargewebe mit fettem Öl und Aleuronkörnern.

Semen Cucurbitae enthalten fettes Öl und anthelmintisch wirkende Stoffe. Sie werden als Anthelminticum gegen Bandwürmer verwendet.

Erläuterungen der Abb. 291 u. 292, Taf. 40.

Abb. 291: Schnittdroge, zweimal vergr.: Grünlichweiße Samenstückchen.

Abb. 292: Ganzdroge, nat. Gr.: Ein ganzer, geschälter, eiförmiger Samen mit grünem Häutchen.

Semen Foenugraeci

Bockshornsamen

Trigonella foenum-graecum L. Fabaceae

Bockshornklee

Taf. 40, Abb. 293 u. 294

Die Droge besteht aus den viereckigen, etwa 5 mm langen, hell- oder rötlichbraunen, sehr harten Samen, deren auffallende Form dadurch zustande kommt, daß eine dem randständigen, eingedrückten Nabel entspringende und beinahe diagonal verlaufende, tief einschneidende Furche den Samen in eine kleinere, das Würzelchen enthaltende, und in eine größere, die Kotyledonen des hakig gekrümmten Keimlings bergende Hälfte teilt.

M. K.: Palisadenförmige Epidermiszellen mit charakteristischer Lichtlinie. Trägerzellen mit streifigen Verdickungen.

Die Bockshornsamen sind gelegentlich mit sehr verschiedenartigen Samen verfälscht (Abb. 293, untere Bildhälfte).

Semen Foenugraeci enthalten Schleimstoffe, Flavone, Saponine, Bitterstoffe und Proteine. Sie werden als Roborans, Aphrodisiacum und als Expectorans verwendet.

Erläuterungen der Abb. 293 u. 294, Taf. 40.

Abb. 293: Obere Bildhälfte: ganze Samen mit der tief eingeschnittenen, diagonalen Furche. Untere Bildhälfte: Verschiedenartige Samen als Verfälschungen. Zweimal vergr.

Abb. 294: Ganze Samen in nat. Gr.:

Semen Lini

Leinsamen

Linum usitatissimum L. Linaceae

Lein, Flachs

Taf. 40, Abb. 295 u. 296

In Teemischungen finden sich neben zerstoßenen Samen meist die ganzen, 4 bis 6 mm langen, glänzenden, gelbbraunen, flachgedrückten, eiförmigen, an einem Ende breit abgerundeten, am anderen in einen kleinen Schnabel sich verschmälernden Samen, die mitunter mit weißen Flecken bedeckt sein können.

M. K.: Schleimepidermis, Faserschicht mit Querzellen und tafelförmiger Pigmentschicht.

Semen Lini enthalten Schleim, fettes Öl und das Blausäureglykosid Linamarin. Sie finden vor allem als Mucilaginosum bei Katarrhen und resorptionshemmendes Mittel bei Diarrhöen sowie bei entzündlichen Erkrankungen der Harnröhre und äußerlich zu Kataplasmen Verwendung.

Erläuterungen der Abb. 295 u. 296, Taf. 40.

Abb. 295: Ganze und zerstoßene Samen, zweimal vergr.

Abb. 296: Vier eiförmige Samen in nat. Gr.

Semen Cydoniae

Quittenkerne

Cydonia oblonga MILL. Rosaceae

Quitte

Taf. 40, Abb. 297 u. 298

Die Quittenkerne besitzen eine gewisse Ähnlichkeit mit Apfelkernen, sind aber etwas größer, bis 1 cm lang, keilförmig und fast dreiseitig, auf· der einen Seite konvex und auf der anderen flach. Die harten, kantigen, rotbraunen oder braunvioletten Samen erscheinen durch eingetrockneten Schleim bereift.

M. K.: Palisadenartige Schleimepidermis (doppelt so hoch wie bei Apfel- und Birnkernen).

Die als Verfälschungen anzutreffenden Apfel- oder Birnenkerne sind an ihrer glatten, glänzenden und dunkleren Oberfläche zu erkennen. Sie sind regelmäßig gerundet, nicht kantig und ohne weißen, schleimig verklebten Überzug.

Semen Cydoniae enthalten Schleim und etwas Amygdalin. Sie werden gelegentlich in Hustenteemischungen verwendet.

Erläuterungen der Abb. 297 u. 298, Taf. 40.

Abb. 297: Keilförmige, kantige Samen, zweimal vergr.

Abb. 298: Ganze Samen in nat. Gr.

Semen Cardui Mariae

Mariendistelsamen

Silybum marianum (L.) GÄRT. Asteraceae

Mariendistel, Frauendistel

Taf. 40, Abb. 299 u. 300

In Teemischungen finden sich die ganzen, vom Pappus befreiten, eiförmig länglichen, etwas flachgedrückten, 6 bis 7 mm langen Achänen, die oben mit einem vorspringenden, knorpeligen, blaßgelben Rand versehen sind. Das auffälligste Merkmal bildet die glatte, glänzende, braunschwarze oder matte, graubraune, dunkel- oder weißgraugestrichelte Fruchtschale.

Die Fruchtschale besitzt einen bitteren Geschmack.

M. K.: Palisadenförmige Epidermiszellen mit sehr dicker Kutikula und flaschenförmigem Lumen. Parenchymgewebe mit braunem Sekret in der äußersten Zellage, ferner sehr lange getüpfelte Sklereiden.

Verfälschungen mit verschiedenartigen, ähnlich aussehenden Samen (Abb. 299 unten) kommen vor.

Semen Cardui Mariae enthalten äther. Öl, Bitterstoffe und Silymarine, Flavanonole mit antihepatotoxischer Wirkung. Sie werden bei Gelbsucht, Leber- und Gallenleiden verwendet.

Erläuterungen der Abb. 299 u. 300, Taf. 40.

Abb. 299: Drei schwarzweiß gestrichelte und rechts ein rosaroter, einfarbiger Samen, zweimal vergr.

Abb. 300: Drei Samen in nat. Gr.

Semen Sinapis

Senfsamen

Brassica nigra (L.) K. Brassicaceae

Schwarzer Senf

Taf. 40, Abb. 301 u. 302

Die hell- bis dunkelrotbraunen Samen sind fast kugelig, 1 bis 1,5 mm dick und lassen den Nabel als gräuweißen Punkt erkennen.
Beim Kauen entwickeln die Samen den scharfen Senfgeschmack.

M. K.: Samenschale in Flächenansicht mit dem durch die verschiedene Höhe der Palisaden verursachten Schattennetz aus großen sechseckigen Maschen.

Verfälschungen mit ähnlich aussehenden Samen von *Brassica juncea* (Ruten- oder Sarepta-Senf), *Br. rapa* (Rübenkohl), *Sinapis arvensis* (Acker- oder Wilder Senf) und verschiedenen Unkrautsamen (Abb. 301 unten) kommen gelegentlich vor.

Semen Sinapis enthalten das Senfölglykosid Sinigrin, Myrosin und fettes Öl. Sie werden in Teemischungen nur sehr selten, häufiger in der Tiermedizin als Stomachicum und leichtes Diureticum verwendet.

Erläuterungen der Abb. 301 u. 302, Taf. 40.

Abb. 301: Die oberen 3 Reihen ganze, kugelige bis eiförmige Samen, die beiden unteren Reihen ähnlich aussehende Samen anderer *Brassica*-Arten als Verfälschungen. Zweimal vergr.

Abb. 302: Ganze, kugelige bis eiförmige Samen in nat. Gr.

Semen Psyllii

Flohsamen

Plantago psyllium L. Plantaginaceae

Gemeines Flohkraut

Taf. 40, Abb. 303 u. 304

Die länglichovalen, 1 bis 1,5 mm breiten und bis 3 mm langen, rotbraunen, stark glänzenden Samen sind auf der Rückenseite konvex und auf der Bauchseite von den beiden Längsseiten her zusammengebogen. In der Mitte der ventralen, flachen Längsrinne ist der Nabel als kleiner, ovaler, weißgrauer Fleck deutlich sichtbar.

M. K.: Sehr dickwandige, stark getüpfelte, braune Epidermiszellen mit mächtiger Schleimschicht.

Semen Psyllii enthalten Schleim. Sie werden in Teemischungen nur sehr vereinzelt als mildes Abführmittel, zur Reizmilderung bei entzündlichen Zuständen der Verdauungs- und Harnorgane, als Expectorans und äußerlich zu Umschlägen bei Rheumatismus verwendet.

Erläuterungen der Abb. 303 u. 304, Taf. 40.

Abb. 303: Die Samen der ersten 3 Reihen in Bauchseitenansicht mit eingeschlagenem Rand und Nabel. Die Samen der unteren beiden Reihen in Rückenansicht. Zweimal vergr.

Abb. 304: Samen in nat. Gr.

Für die Erkennung von Früchtedrogen in Teemischungen bietet die Feststellung der Art der Frucht, ob Beeren- oder Kapsel-, ob Hülsen- oder Steinfrucht, und die Farbe die wesentlichsten Anhaltspunkte. In Abb. 305 bis 320, Taf. 40 sind die einander ähnlichen Apiaceenfrüchte abgebildet. Auf den Abb. 321 bis 338, Taf. 40 und 41 folgen die blauschwarzen (Abb. 321 bis 328), die roten (Abb. 329 bis 336) und grauen (Abb. 337 und 338) Beeren- und Steinfrüchte (Abb. 339 bis 344). In den Abb. 345 bis 352 sind hellgelbe Hülsen- (Abb. 345 und 346), rotbraune Sammelfrüchte (Abb. 347 und 348) und weißgelbe bis hellgrüne Kapselfrüchte (Abb. 349 bis 352) zusammengefaßt. Auf Grund dieser Hauptmerkmale dürfte die Analyse von Früchtedrogen in einer Teemischung keine allzugroßen Schwierigkeiten bereiten. Lediglich das Auftreten von Früchteteilen bei einer Kraut- oder Blattdroge*) kann bei der irrtümlichen Auffassung derselben als eigene Droge die Erkennung erschweren.

---

*) Siehe: *Folia Salicis* Taf. 2, Abb. 7 u. 8; *F. Malvae* Taf. 4, Abb. 21 u. 22; *F. Althaeae* Taf. 6, Abb. 35 u. 36; *F. Myrtilli* Taf. 7, Abb. 37; *F. Uvae Ursi* Taf. 8, Abb. 47; *F. Boldo* Taf. 10, Abb. 59 u. 60; *Herba Euphrasiae* Taf. 11, Abb. 61; *H. Chamaedryos* Taf. 11, Abb. 63; *H. Leonuri cardiacae* Taf. 12, Abb. 71; *H. Cannabis indicae* Taf. 13, Abb. 77; *H. Polygoni hydropiperis* Taf. 14, Abb. 79; *H. Basilici* Taf. 14, Abb. 83; *H. Gratiolae* Taf. 15, Abb. 89; *H. Polygoni avicularis* Taf. 16, Abb. 95; *H. Matrisilvae* Taf. 17, Abb. 99; *H. Rumicis acetosae* Taf. 17, Abb. 101; *H. Violae tricoloris* Taf. 18, Abb. 103; *H. Thymi* Taf. 18, Abb. 107; *H. Rutae* Taf. 20, Abb. 115; *H. Linariae* Taf. 20, Abb. 119; *H. Ledi palustris* Taf. 21, Abb. 121; *H. Sabinae* Taf. 21, Abb. 123 u. 124; *H. Adonidis* Taf. 22, Abb. 127 u. 128; *H. Eupatorii cannabini* Taf. 22, Abb. 129; *H. Lobeliae* Taf. 22, Abb. 131; *H. Majoranae* Taf. 23, Abb. 135; *H. Violae odoratae* Taf. 23, Abb. 137; *H. Nepetae catariae* Taf. 26, Abb. 151; *H. Galeopsidis* Taf. 26, Abb. 153; *H. Sideritidis* Taf. 26, Abb. 155; *H. Galeopsidis tetrahit* Taf. 26, Abb. 155; *H. Veronicae* Taf. 27, Abb. 157; *H. Fragariae* Taf. 27, Abb. 161; *H. Rubi Idaei* Taf. 28, Abb. 167; *H. Marrubii albi* Taf. 29, Abb. 171; *H. Bursae pastoris* Taf. 30, Abb. 177; *H. Centaurii* Taf. 30, Abb 179; *H. Fumariae* Taf. 31, Abb. 181; *H. Cochleariae* Taf. 31, Abb. 183; *H. Eryngii* Taf. 32, Abb. 187; *H. Verbenae* Taf. 32, Abb. 189; *H. Galii aparinis* Taf. 32, Abb. 191; *H. Polygalae amarae* Taf. 36, Abb. 215; *Flores Humuli Lupuli* Taf. 37, Abb. 217; *Fl. Tiliae* Taf. 37, Abb. 219; *Fl. Spiraeae* Taf. 37, Abb. 227 u. 228; *Fl. Anthos* Taf. 38, Abb. 257; *Fl. Althaeae* Taf. 39, Abb. 265; *Fl. Lavandulae* Taf. 39, Abb. 277; *Semen Cardui Mariae* Taf. 40, Abb. 299 u. 300; *Radix Asari c. herba* Taf. 55, Abb. 483; *Fructus Ceratoniae* Taf. 60, Abb. 537 u. 538; *Folliculi Sennae* Taf. 60, Abb. 539 u. 540; *Caricae* Taf. 60, Abb. 543 u. 544; *Fructus Cannabis* Taf. 60, Abb. 545 u. 546.

Fructus Coriandri

Koriander-Früchte

Coriandrum sativum L. Apiaceae

Koriander, Wanzendill

Taf. 40, Abb. 305 u. 306

In Teemischungen findet man neben den zerquetschten auch die ganzen, bräunlichgelben, 4 bis 5 mm dicken, aus je 2 Spaltfrüchten bestehenden, kugeligen Früchte mit 10 geschlängelten Haupt- und 8 etwas stärker hervortretenden, geraden Nebenrippen. Auf dem Scheitel tragen die Früchte das zugespitzte Griffelpolster und Kelchreste.

M. K.: Wellig gebogene, verdickte, getüpfelte Faserzellen der Sklerenchymplatte des Mesokarps.

Fructus Coriandri enthalten äther. und fettes Öl. Sie werden häufig als Stomachicum, Spasmolyticum und Carminativum verwendet.

Erläuterungen der Abb. 305 u. 306, Taf. 40.

Abb. 305: Ganze Früchte mit den geschlängelten und geraden Rippen. 2. Reihe rechts zwei Spaltfrüchte in Fugenseitenansicht. 3. Reihe einzelne Fruchtschalen. Zweimal vergr.

Abb. 306: 6 ganze, kugelige Früchte in nat. Gr.

Fructus Anisi

Anis-Früchte

Pimpinella anisum L. Apiaceae

Gemeiner Anis

Taf. 40, Abb. 307 u. 308

In Teemischungen wird die Droge meist in zerquetschtem Zustande angewendet, wobei die ursprüngliche, birnförmige Form der Früchte, die gelben Rippen und die Reste des Griffels und Griffelpolsters noch gut zu erkennen sind. Vielfach finden sich aber auch ganze, graubraune, 3 bis 6 mm lange und bis 2,5 mm dicke, an der Seite etwas zusammengedrückte und fein behaarte Früchte, die nicht in ihre Spalthälften zerfallen und meist langgestielt sind.

Anisfrüchte riechen würzig und schmecken kräftig gewürzhaft und süß.

M. K.: Fruchtwandepidermis mit meist einzelligen, dickwandigen, gebogenen Haaren mit warziger Kutikula.

Verfälschungen und Verunreinigungen mit den ovalen, nahezu rundlichen und wellig gekerbten (giftigen) Früchten von *Conium maculatum* (Abb. 307 links unten), dem Flecken-Schierling (beim Befeuchten der Früchte mit Kalilauge tritt ein mäuseharnartiger Geruch auf) und den hellgrünen Früchten von *Setaria glauca* (Abb. 307 rechts unten), dem Gilb-Fennich, und Beimengungen von *Fructus Coriandri* (Abb. 307 Mitte unten, Abb. 305 u. 306, Taf. 40), ferner von Steinchen, Sand und grauen Erdklumpen wurden beobachtet.

Fructus Anisi enthalten äther. Öl mit Anethol und sind nach *Fructus Foeniculi* eine der am häufigsten verwendeten Früchtedrogen. Sie werden als Carminativum, Expectorans, Spasmolytikum, Diureticum und Galaktagogum gebraucht.

Erläuterungen der Abb. 307 u. 308, Taf. 40.

Abb. 307: 1. Reihe ganze, gestielte Früchte, rechts in die beiden Spaltfrüchte zerfallen. 2. Reihe zerquetschte Früchte (Contusform). Untere Reihe: links 2 Früchte von *Conium maculatum*, Mitte 2 Früchte von Koriander, rechts 2 Früchte von *Setaria glauca* als Verfälschungen. Zweimal vergr.

Abb. 308: Ganze Früchte in nat. Gr.

Fructus Petroselini

Petersilien-Früchte

Petroselinum crispum (MILL.) NYM. ex HORT. KEW. Apiaceae

Petersilie

Taf. 40, Abb. 309 u. 310

Die meist in ihre Teilfrüchtchen zerfallenen, 2 mm langen Spaltfrüchte sind von breitovaler Form und zeigen 2 zurückgebogene Griffel. Die grünlichbraunen, gekrümmten Teilfrüchtchen lassen zwischen den 5 hellen, geraden Rippen die Ölstriemen deutlich hervortreten.

M. K.: Im Exo- und Mesokarp Oxalatdrusen.

Verfälschungen mit den Früchten von *Aethusa Cynapium*, der Hundspetersilie (Abb. 309 links unten) und *Apium graveolens*, dem Sellerie (Abb. 309 rechts unten) wurden beobachtet.

Fructus Petroselini enthalten äther. Öl mit Apiol und Myristicin. Die Früchte werden als Diureticum und Galaktagogum verwendet.

Erläuterungen der Abb. 309 u. 310, Taf. 40.

Abb. 309: 1. u. 2. Reihe Teilfrüchtchen, 3. Reihe ganze Spaltfrüchte mit den 2 zurückgeschlagenen Griffeln. Unterste Reihe: links 5 Früchte von *Aethusa Cynapium*, rechts Früchte von *Apium graveolens* als Verfälschung. Zweimal vergr.

Abb. 310: Teilfrüchtchen und Spaltfrüchte in nat. Gr.

Fructus Phellandri

Wasserfenchel-Früchte

Oenanthe aquatica (L.) POIR. Apiaceae

Wasserfenchel, Rohrkümmel

Taf. 40, Abb. 311 u. 312

Die braunen, 4 bis 5 mm langen und 2 mm breiten, länglich eiförmigen Früchte besitzen 5 kleine Kelchzähne und sind gewöhnlich nicht in ihre Hälften zerfallen. Die einzelnen Teilfrüchtchen haben 5 breite, wenig erhabene Rippen und lassen von den Ölgängen nur die beiden dunklen auf der hellgelben Fugenseite deutlich hervortreten.

Die Droge schmeckt etwas scharf gewürzhaft.

M. K.: Im Mesokarp große, stark verdickte Sklerenchymfasern.

Verfälschungen mit den Früchten von *Cicuta virosa*, dem giftigen Wasserschierling (Abb. 311 links unten) und den Früchten von *Sium latifolium*, dem großen Merk (Abb. 311 rechts unten) wurden festgestellt.

Fructus Phellandri enthalten äther. Öl mit Phellandren, Phellandral und Androl. Sie werden gelegentlich als leichtes Diureticum und Expectorans (in der Veterinärmedizin bei Kropf der Pferde) angewendet.

Erläuterungen der Abb. 311 u. 312, Taf. 40.

Abb. 311: 1. u. 2. Reihe ganze Spaltfrüchte, 3. Reihe Teilfrüchtchen in Fugen- und Rückenansicht. Unterste Reihe: links 3 Früchte von *Cicuta virosa* und rechts 2 Früchte von *Sium latifolium* als Verfälschungen. Zweimal vergr.

Abb. 312: 4 Spalt- und 2 Teilfrüchtchen in nat. Gr.

Fructus Carvi

Kümmel-Früchte

Carum carvi L. Apiaceae

Taf. 40, Abb. 313 u. 314

In Teemischungen finden sich in der mitunter kleinzerschnittenen Droge immer ganze, 3 bis 6 mm lange, sichelförmig gekrümmte, dunkelbraune Teilfrüchtchen, die die 5 geraden, hellbraunen Rippen und die breiten, braunen Tälchen deutlich hervortreten lassen. Nur sehr selten kommen ganze, noch nicht in ihre Spalthälften zerfallene, gestielte Früchte vor. Kümmel riecht und schmeckt stark gewürzhaft.

M. K.: In jedem Tälchen ein großer, mit braunem Epithelbelag versehener Sekretgang.

Verfälschungen mit den ähnlich aussehenden, aber dunkler gefärbten und striemenlosen Früchten von *Aegopodium Podagraria*, dem Geißfuß, und mit entölten Kümmelfrüchten kommen vor.

Fructus Carvi enthalten äther. Öl mit Carvon. Sie werden sehr häufig als Carminativum und Stomachicum, als Hustenmittel und Diureticum verwendet.

Erläuterungen der Abb. 313 u. 314, Taf. 40.

Abb. 313: Schnittdroge, zweimal vergr.: Oberer Bildrand ganze, sichelförmige Teilfrüchtchen. Bildmitte fein zerschnittene Stückchen der Teilfrüchte. Unterer Bildrand ganze, noch nicht in ihre Teilfrüchtchen zerfallene Spaltfrüchte.

Abb. 314: Ganzdroge, nat. Gr.: Einzelne Teilfrüchtchen.

Fructus Foeniculi

Fenchel-Früchte

Foeniculum vulgare MILL. var. vulgare. Apiaceae

Gemeiner Fenchel

Taf. 40, Abb. 315 u. 316

An den kleinen Stücken der Schnittdroge und den vielfach als Ganzdroge in Teemischungen verwendeten Teilfrüchtchen ist die Droge leicht durch ihre charakteristischen Merkmale zu erkennen. Die Teilfrüchte sind unter den allgemein bekannten Apiaceenfrüchten mit 7 bis 10 mm Länge und 2 bis 4 mm Breite die größten. Sie sind annähernd zylindrisch, tragen an der Spitze das Griffelpolster und 2 kurze Narben. Die 5 strohgelben, deutlich hervortretenden

Rippen umschließen breite, dunkelgrüne Tälchen. Fenchel riecht aromatisch und schmeckt gewürzhaft süßlich.

M. K.: Netzförmig verdickte, derbwandige Parenchymzellen der Fruchtwand und parkettartig angeordnete Zellen der inneren Epidermis.

Als Verfälschungen wurden u. a. die braungrünen Früchte von *Meum athamanticum* (Berg-Bärwurz, Winterfenchel) Abb. 315 links unten, die nur etwa 6 mm langen Früchte von *Sium latifolium* (Großer Merk) Abb. 315 Mitte unten, die Früchte von *Foeniculum piperitum* (Pfeffer- oder Esels-Fenchel) Abb. 315 Mitte unten rechts und die Früchte von *Setaria viridis* (Grüne Borstenhirse) Abb. 315 unten rechts am Rand, beobachtet. Unansehnlich gewordener Fenchel wurde so stark mit gelbgrünem Puder bestäubt, daß eine recht gut gefärbte ansehnliche Droge vorgetäuscht wurde.

Fructus Foeniculi enthalten äther. Öl mit Fenchon und Anethol. Fenchel ist die in Teemischungen als Spasmolyticum, Carminativum, Expectorans, Diureticum und als Geschmackskorrigens weitaus am häufigsten verwendete Früchtedroge.

Erläuterungen der Abb. 315 u. 316, Taf. 40.

Abb. 315: Schnittdroge, zweimal vergr.: Links ein Teilfrüchtchen in Rücken- und daneben ein Teilfrüchtchen in Fugenseitenansicht. Rechts Teilstückchen der Früchte. Links unten als Verfälschungen: liegend zwei Früchtchen von *Meum athamanticum*, daneben 2 Früchtchen von *Sium latifolium*, ferner 2 Achänen von *Foeniculum piperitum* und anschließend 2 Früchtchen von *Setaria viridis*.

Abb. 316: Ganzdroge, nat. Gr.: 2 Teilfrüchte, oben in Rücken- und unten in Fugenseitenansicht.

Fructus Anethi

Dill-Früchte

Anethum graveolens L. Apiaceae

Gemeiner Dill, Dillfenchel, Bergkümmel

Taf. 40, Abb. 317 u. 318

Die Teilfrüchte sind in Teemischungen an ihrer plattgedrückten, ovalen Form und den auffallend breiten, flügelartigen Randrippen leicht zu erkennen. Die drei Rückenrippen treten wenig deutlich hervor. Die Früchtchen sind gelbbraun, 3 bis 5 mm lang, 2 bis 4 mm breit und am oberen Ende von einem gewölbten Griffelpolster bedeckt.

Dill riecht schwach fenchelähnlich und besitzt einen eigenartig würzigen, brennenden Geschmack.

M. K.: Im Mesokarp breiter, dunkler, das Tälchen fast ganz ausfüllender Ölgang. In den Randrippen mächtige Faserbündel.

Fructus Anethi enthalten äther. Öl mit Carvon, Limonen und Phellandren. Die Droge wird in Teemischungen gelegentlich als Stomachicum, Diureticum und Galaktagogum verwendet.

Erläuterungen der Abb. 317 u. 318, Taf. 40.

Abb. 317: Teilfrüchte in Rücken- (1. Reihe) und Fugenseitenansicht (2. Reihe) mit den breiten, flügelartigen Randrippen. Zweimal vergr.

Abb. 318: Teilfrüchte in nat. Gr.

Fructus Dauci carotae

Gelbe Rüben-Samen

Daucus carota L. Apiaceae

Gelbe Rübe, Möhre, Karotte

Taf. 40, Abb. 319 u. 320

Die 3 bis 4 mm langen, hell- bis dunkelbraunen, eiförmigen Teilfrüchtchen besitzen als Hauptmerkmal Nebenrippen, die in Form von Stachelleisten ausgebildet sind. Die elfenbeinfarbenen Stacheln sind verschieden lang, pfriemlich, seitlich etwas zusammengedrückt und meist „kammartig" nach einer Seite ausgerichtet. Das stumpf-kegelförmige Griffelpolster ist fast immer vorhanden.

M. K.: Einzellige, dickwandige, gekrümmte Haare mit körneliger Kutikula.

Fructus Dauci carotae enthalten äther. Öl und werden nur sehr selten als Wurmmittel verwendet.

Erläuterungen der Abb. 319 u. 320, Taf. 40.

Abb. 319: Teilfrüchte mit den charakteristischen Stachelleisten in Rücken- (1. u. 2. Reihe) und Fugenseitenansicht (3. Reihe). Zweimal vergr.

Abb. 320: Teilfrüchte in nat. Gr.

Fructus Juniperi

Wacholderbeeren

Juniperus communis L. Cupressaceae
Wacholder
Taf. 40, Abb. 321 u. 322

Die in Teemischungen meist in zerquetschtem Zustand verwendete Droge besteht aus unregelmäßigen Stückchen des bräunlichen, körneligen Fruchtfleisches, denen an der Außenseite fast immer Reste der blauschwarzen Epidermis ansitzen. Mitunter sind auch die sehr harten, länglichen, dreikantigen, im Fruchtfleisch eingebetteten, braunen Samen wahrzunehmen. Vielfach findet man aber auch ganze, kugelige, etwas eingeschrumpfte, blaubereifte oder blauglänzende Wacholderbeeren mit 3 bis 5 kleinen Blättern an der Basis und dem dreiteiligen, verwachsenen Spalt am Scheitel der Frucht.

Wacholderbeeren riechen und schmecken kräftig aromatisch.

M. K.: Im Mesokarp schizogene Sekretbehälter, große verholzte Idioblasten und in der Samenschale dickwandige Steinzellen mit einem Oxalatkristall.

Fructus Juniperi enthalten äther. Öl mit Junen und ein Flavonglykosid. Sie werden sehr häufig als (nicht unbedenkliches) Diureticum und Carminativum verwendet.

Erläuterungen der Abb. 321 u. 322, Taf. 40.

Abb. 321: Contusform, zweimal vergr.: Fruchtstückchen in Außenansicht mit der blauschwarzen Epidermis und in Innenansicht mit dem bräunlichen Fruchtfleisch. Unten ein einzelner, länglich dreikantiger Samen.

Abb. 322: Ganzdroge, nat. Gr.: 2 ganze Beerenfrüchte.

Fructus Myrtilli

Heidelbeeren

Vaccinium myrtillus L. Ericaceae
Heidelbeere, Schwarzbeere, Taubeere
Taf. 41, Abb. 323 u. 324

In Teemischungen werden die ganzen, stark zusammengeschrumpften, schwarzblauen, manchmal noch blau bereiften, mit einer kleinen, runden Scheibe (Kelchsaum) versehenen Beeren verwendet.

Der Geschmack der Früchte ist säuerlich und etwas zusammenziehend.

Die Beeren sollen weich und nicht schimmelig sein.

M. K.: Exokarp aus großen, undeutlich gefensterten Zellen. Im Endokarp kleine Gruppen von unregelmäßig gestalteten Steinzellen.

Als Verfälschungen kommen die bedeutend größeren, etwas heller schwarzblauen und fade schmeckenden Beeren von *Vaccinium uliginosum*, der Rausch- oder Sumpfheidelbeere (Abb. 324 unten) und die scharlachroten, herb und bitterlich schmeckenden Preiselbeeren, *Vaccinium Vitis idea L.* in Betracht

Fructus Myrtilli enthalten Gerbstoff und Anthocyanglykoside. Sie werden häufig als Antidiarrhoicum verwendet.

Erläuterungen der Abb. 323 u. 324, Taf. 41.

Abb. 323: Ganze, schwarzblaue, stark geschrumpfte Früchte. Zweimal vergr.

Abb. 324: Ganze Beeren und als Verfälschung, unten, eine Beere von *Vaccinium uliginosum* in nat. Gr.

Fructus Rhamni catharticae

Kreuzdornbeeren

Rhamnus catharticus L. Rhamnaceae
Kreuzdorn
Taf. 41, Abb. 325 u. 326

In Teemischungen kommen fast immer die ganzen, glänzend schwarzen, stark geschrumpften, runzeligen Früchte mit den 4 an der Spitze sich kreuzenden Furchen der Fruchtfächer vor. Mitunter trifft man auf Fruchtfleischstückchen mit schwarzbraunen, kantigen Samen.

Die Beeren besitzen einen anfangs süßlichen, dann ekelhaft bitteren Geschmack; beim Kauen färbt sich der Speichel grünlichgelb.

M. K.: Im Mesokarp vereinzelt oder in Gruppen große Sekretzellen. Innere Epidermis aus großen, dünnwandigen Zellen mit gelbem Inhalt. Verfälschungen mit den Früchten von *Rhamnus Frangula* mit flachen, erbsengroßen Steinkernen und den Früchten von *Ligustrum vulgare* mit länglichen, zweifächerigen Beeren und rotviolettem Fruchtfleisch kommen vor.

Fructus Rhamni catharticae enthalten Anthrachinon- und Flavonglykoside. Sie werden nur gelegentlich als Abführmittel und zur Blutreinigung verwendet.

Erläuterungen der Abb. 325 u. 326, Taf. 41.

Abb. 325: Zwei ganze Beeren (oben) und Fruchtfleischstückchen mit Samen. Zweimal vergr.

Abb. 326: Drei ganze, stark geschrumpfte Samen in nat. Gr.

Fructus Ribis nigri

Schwarze Johannisbeer-Früchte

Ribes nigrum L. Saxifragaceae
Schwarze Johannisbeere
Taf. 41, Abb. 327 u. 328

Die Beeren treten in Teemischungen in Form graubrauner bis schwarzer, stark geschrumpfter, harter Früchte auf, an denen fast immer noch die verdorrten, weißgrauen Blütenreste vorhanden sind.

M. K.: Auf der Oberhaut große, flache, schildförmige Drüsenschuppen.

Fructus Ribis nigri enthalten Fruchtsäuren. Sie werden in Teemischungen nur sehr selten als Diureticum verwendet.

Erläuterungen der Abb. 327 u. 328, Taf. 41.

Abb. 327: Vier ganze, geschrumpfte Beeren mit verdorrten Blütenresten. Zweimal vergr.

Abb. 328: Fünf ganze Früchte in nat. Gr.

Fructus Cynosbati

Hagebutten-Früchte

Rosa canina L. Rosaceae
Hagebutte
Taf. 41, Abb. 329 u. 330

Die Schnittdroge besteht aus den hell- bis dunkelroten, auf der Außenseite glatten und auf der Innenseite mit langen, seidig glänzenden Haaren besetzten, stark gerunzelten und leicht eingerollten Stückchen der fleischigen Fruchtbecher. Mitunter haften diesen Teilstückchen der Scheinfrucht die eigentlichen Früchte, die hellgelben, kantigen Nüßchen *(Semen Cynosbati,* Taf. 40, Abb. 289 u. 290) an oder sie sind herausgefallen und finden sich dann vereinzelt in Teemischungen.

M. K.: Oberhaut mit gefensterten Epidermiszellen; innere Oberhaut mit vielen langen, beiderseits zugespitzten, dickwandigen Haaren.

Fructus Cynosbati enthalten Vitamin C, Karotine, Flavone und organische Säuren. Sie werden in Teemischungen als Diureticum bei Nieren- und Gallensteinen verwendet.

Erläuterungen der Abb. 329 u. 330, Taf. 41.

Abb. 329: Schnittdroge, zweimal vergr.: Teilstückchen des Fruchtbechers auf der Außenseite glatt und stark gerunzelt, auf der Innenseite mit langen, seidig glänzenden Haaren. Unten drei hellgelbe, kantige Früchte *(Semen Cynosbati).*

Abb. 330: Ganzdroge, nat. Gr.: Zwei Hälften eines Fruchtbechers, oben in Innenseitenansicht mit langen Haaren und einigen Früchten, unten in Außenseitenansicht, stark eingerollt und gerunzelt.

Fructus Sorbi aucupariae

Vogelbeeren

Sorbus aucuparia L. Rosaceae
Vogelbeerbaum, Eberesche
Taf. 41, Abb. 331 u. 332

In Teemischungen findet man neben Fruchtresten, die das rote Fruchtfleisch und rotbraune, länglich

eiförmige Samen erkennen lassen, immer auch die ganzen, stark geschrumpften, rosinenähnlichen und glänzend scharlachroten, gestielten Früchte.
Die Beeren besitzen einen herben, sauren Geschmack.

Fructus Sorbi aucupariae enthalten Parasorbinsäure, Sorbose, Fruchtsäuren, Gerbstoff und Vitamin C. Sie werden in Teemischungen nur selten als mildes Purgans, Diureticum und gegen Skorbut verwendet.
Erläuterungen der Abb. 331 u. 332, Taf. 41.

Abb. 331: Schnittdroge, zweimal vergr.: Zwei ganze, stark geschrumpfte, gestielte Beeren, unterhalb zwei Fruchtfleischstückchen und drei länglich eiförmige Samen.

Abb. 332: Ganzdroge, nat. Gr.: Drei ganze Beeren.

Fructus Alkekengi

Judenkirschen

Physalis alkekengi L. Solanaceae

Judenkirsche, Mönchskirsche, Teufelskirsche

Taf. 41, Abb. 333 u. 334

In Teemischungen sind die rotbraunen, glänzenden Fruchtteile an ihrer stark geschrumpften, dünnen Fruchthaut und den zahlreichen kleinen, ei- bis nierenförmigen, gelbbraunen Samen zu erkennen. Mitunter finden sich auch ganze, kugelige bis kirschgroße, mit den kleinen Samen prallgefüllte Früchte.

Fructus Alkekengi enthalten einen Bitterstoff Physalin, ein Carotinoid Physalien und Vitamin C. Sie werden in Teemischungen nur mehr selten als Diureticum und bei Gichtleiden gebraucht.
Erläuterungen der Abb. 333 u. 334, Taf. 41.

Abb. 333: Schnittdroge, zweimal vergr.: Stark geschrumpfte Fruchthautstückchen teils ohne, teils mit zahlreichen, nierenförmigen Samen. Links unten vier einzelne Samen.

Abb. 334: Ganzdroge, nat. Gr.: Zwei ganze Früchte mit dünner Fruchtschale und den durchscheinenden, zahlreichen Samen.

Fructus Crataegi oxyacanthae

Weißdorn-Früchte

Crataegus oxyacantha L. Rosaceae

Weißdorn, Hagedorn

Taf. 41, Abb. 335 u. 336

In Teemischungen kommen fast immer die ganzen weinroten bis rotbraunen, stark geschrumpften Früchte, die oben den Kelchrand zeigen und mitunter auch Fruchtteile vor, die ein hellgelbes Fruchtfleisch erkennen lassen.

Fructus Crataegi oxyacanthae enthalten Flavonglykoside und Triterpensäuren. Sie werden ähnlich wie die Weißdornblüten, *Flores Crataegi*, Taf. 37, Abb. 231 u. 232, zu monatelangem Gebrauch bei gesteigertem Blutdruck und bei Arteriosklerose als Kreislaufmittel verwendet.
Erläuterungen der Abb. 335 u. 336, Taf. 41.

Abb. 335: Schnittdroge, zweimal vergr.: Zwei ganze, stark geschrumpfte Früchte mit Kelchrand und Fruchtfleischstückchen.

Abb. 336: Ganzdroge nat. Gr.: Zwei ganze, stark geschrumpfte Früchte.

Fructus Cubebae

Kubeben-Früchte

Piper cubeba L. Piperaceae

Kubebenpfeffer

Taf. 41, Abb. 337 u. 338

In Teemischungen finden sich neben den ganzen, nahezu kugeligen, am Scheitel etwas zugespitzten, dunkelgrauen bis schwarzbraunen, langgestielten Früchten auch Teile der durch Eintrocknen der Fleischschicht grobnetzig runzeligen Früchte. Bei den noch nicht ganz reifen (DAB 6) Früchten ist der Samen eingeschrumpft. Vielfach trifft man auch reife Früchte an, in denen der rotbraune Samen ganz ausgebildet ist.

Cubeben besitzen einen aromatischen, etwas scharfen, bitteren Geschmack und riechen kräftig balsamisch.
Die Früchte geben mit Schwefelsäure eine Rotfärbung.

M. K.: Lückenhaftes Exokarpsteinzellgewebe. Im Mesokarp zahlreiche Ölzellen. Endokarp aus gelben, länglichen Steinzellen.
Die Droge wird sehr häufig und sehr mannigfaltig vor allem mit den sehr ähnlich aussehenden (und auch die Schwefelsäurereaktion gebenden) Früchten von *Piper nigrum* (Taf. 41, Abb. 338 untere Reihe), die aber den stielartigen Fortsatz nicht besitzen, gefälscht. Reife Cubeben sind größer, weniger runzelig als die offizinellen Früchte und ihr Geruch ist etwas schwächer.
Fructus Cubebae enthalten Cubebin, äther. Öl und Harze. Die Früchte werden in Teemischungen nur gelegentlich als Stomachicum, Stimulans, Expectorans, bei Blasen- und Harnröhrenkatarrh und gegen Kopfweh (Schwindelkörner) verwendet.
Erläuterungen der Abb. 337 u. 338, Taf. 41.

Abb. 337: Schnittdroge, zweimal vergr.: Fruchtschalenteile, Samen und ganze, gerunzelte Früchte.

Abb. 338: Ganzdroge, nat. Gr.: Drei ganze, grobnetzig gerunzelte Früchte mit stielartigem Fortsatz. Unten drei ungestielte Früchte von *Piper nigrum*.

Fructus Syzygii Jambolani

Jambul-Früchte

Syzygium cumini (L.) SKEELS. Myrtaceae

Jambulbaum, Jambul

Taf. 41, Abb. 339 u. 340

In Teemischungen finden sich neben den leicht geschrumpften Fruchtschalenteilen der olivengroßen, eiförmigen, dunkelrotbraunen Früchte vor allem die steinharten, zimtbraunen bis schwärzlichgrauen, unregelmäßigen Stücke der zerstoßenen Samen.

Fructus Syzygii Jambolani enthalten Gerbstoff und etwas äther. Öl. Die Früchte finden in Teemischungen nur sehr selten bei Diabetes mellitus und als Adstringens Verwendung.
Erläuterungen der Abb. 339 u. 340, Taf. 41.

Abb. 339: Contusdroge, zweimal vergr.: 1. Reihe: Zwei Früchtestückchen mit Samen und gerunzelter Fruchtschale. 2. Reihe: Zwei Samenstückchen von der Innen- und Außenseite. Untere Reihe: Fruchtschalenstückchen.

Abb. 340: Ganzdroge, nat. Gr.: Zwei Samen.

Fructus Aurantii immaturi

Unreife Pomeranzen-Früchte

Citrus aurantium L. subsp. aurantium ENGLER.

Rutaceae

Pomeranze, bittere Orange

Taf. 41, Abb. 341 u. 342

Die in Teemischungen verwendeten gestoßenen Früchteteile besitzen eine unregelmäßige Form, hellbraune Farbe und lassen fast immer ihre schwarzgraue oder grünlichschwarze, feingrubig gerunzelte Außenseite erkennen. Die Teilchen sind sehr hart, und die Außenseite ist mit zahlreichen, punktförmigen Vertiefungen (eingetrocknete Ölbehälter) versehen. Gelegentlich findet man ganze, erbsengroße Früchtchen mit der etwas vertieften Stielansatzstelle mit kranzförmig angeordneten Gefäßbündeln und der meist kegelförmig zulaufenden Spitze mit kleiner hellgelber Griffelnarbe.
Die Fruchtteilchen besitzen einen aromatischen Geruch und einen bitteren, kräftig aromatischen Geschmack.
Verwechslungen mit unreifen Zitronen, die an der länglichen Form und dem zitzenförmigen Fortsatz der Früchte zu erkennen sind, kommen vor.

M. K.: Auf dem Querschnitt unter der Oberfläche zahlreiche kugelige Sekretbehälter.

Fructus Aurantii immaturi enthalten äther. Öl, Bitterstoffe und Hesperidin. Die Früchte werden nur sehr selten als appetitanregendes Magenmittel und Geschmackskorrigens in Teemischungen verwendet.

Erläuterungen der Abb. 341 u. 342, Taf. 41.

Abb. 341: Contusdroge, zweimal vergr.: Unregelmäßige Früchtestückchen, die zwei dunklen (oben) in Außenseiten-, die übrigen in Innenseitenansicht.

Abb. 342: Ganzdroge, nat. Gr.: Eine ganze Frucht mit feingrubiger Außenfläche.

Fructus Lauri

Lorbeer-Früchte

Laurus nobilis L. Lauraceae

Lorbeer

Taf. 41, Abb. 343 u. 344

In Teemischungen finden sich braungelbe, dicke, fettige Keimblattstückchen des Samens und Teile der dünnen, leicht zerbrechenden, runzeligen und schwarzbraunen Fruchtschale, die mit der dünnen, braunen und glänzenden Samenhaut verwachsen ist. Die Fruchtteile riechen aromatisch und schmecken aromatisch, bitter und ein wenig zusammenziehend.

M. K.: Im Mesokarp verkorkte Ölzellen. Endokarp aus einer Lage palisadenartiger Steinzellen.

Fructus Lauri enthalten äther. Öl und Fett. Sie werden in Teemischungen nur sehr selten als Stomachicum, gelegentlich auch als Diureticum verwendet.

Erläuterungen der Abb. 343 u. 344, Taf. 41.

Abb. 343: Contusdroge, zweimal vergr.: Oben Fruchtschalenstücke von der Außen- und Innenseite. Unten Keimblattstückchen.

Abb. 344: Ganzdroge, nat. Gr.: Oben eine ganze Frucht mit feingerunzeltem Pericarp. Unten die Fruchtschale größtenteils entfernt und der Samen sichtbar.

Fructus Phaseoli sine Semine

Bohnenschalen

Phaseolus vulgaris L. Fabaceae

Gartenbohne oder Schminkbohne

Taf. 41, Abb. 345 u. 346

Die Schnittdroge besteht aus Hülsenstückchen von viereckiger Form. Die Stückchen sind meist etwas eingedreht, auf der Außenseite ocker- bis hellgelb gefärbt, auf der Innenseite von einem feinen, weißen, seidenglänzenden Häutchen bedeckt. Vereinzelt finden sich auch strohgelbe Stückchen des Fruchtstieles.

Die Schalenteilchen schmecken etwas schleimig.

M. K.: Mesokarp mit kurzen, spindelförmigen, verdickten Faserzellen.

Fructus Phaseoli sine semine enthalten Arginin, Tyrosin, Tryptophan und andere Aminosäuren, ferner Asparagin und Cholin. Bohnenschalentee findet sehr häufig als Diureticum und Adjuvans bei leichtem Diabetes Verwendung.

Erläuterungen der Abb. 345 u. 346, Taf. 41.

Abb. 345: Schnittdroge, zweimal vergr.: Schalenstückchen in Außenseiten- (oben) und Innenseitenansicht mit dem glänzenden, weißen Häutchen (Mitte). Unten ein Stückchen des Fruchtstieles.

Abb. 346: Ganzdroge, nat. Gr.: Teilstücke ganzer Bohnenschalen in Innen- (links) und Außenseitenansicht.

Fructus Anisi stellati

Sternanis-Früchte

Illicium verum HOOK. Illiciaceae

Sternanis

Taf. 41, Abb. 347 u. 348

Die sehr harten, auf der Außenseite rotbraunen, grob gerunzelten oder rauhhöckerigen, auf der Innenseite braunroten, glatten und glänzenden Fruchtwandteile sind vor allem an ihrem anisartigen, angenehm aromatischen Geruch zu erkennen. Häufig kommen auch kleine, stark glänzende, kastanienbraune Samenstückchen vor.

Sternanis schmeckt süßwürzig, beim Kauen brennend.

M. K.: In der Columella sternförmige Steinzellen.

Als gefährliche Verwechslung wurden des öfteren die giftigen „Shikimmifrüchte" von *Illicium anisatum L.* (= *I. religiosum*) beobachtet. Sie rufen Speichelfluß, Brechdurchfälle und Krämpfe hervor.

Fructus Anisi stellati enthalten äther. Öl. Sie werden mitunter als Carminativum und Expectorans verwendet.

Erläuterungen der Abb. 347 u. 348, Taf. 41.

Abb. 347: Schnittdroge, zweimal vergr.: Fruchtwandteile mit der runzeligen Außenseite, der glatten Innenseite und Samenstückchen (unten).

Abb. 348: Ganzdroge, nat. Gr.: Eine Sammelfrucht mit Balgfrüchten.

Fructus Cardamomi

Kardamomen-Früchte

Elettaria cardamomum (L.) WHITE et MATON

Zingiberaceae

Kardamome

Taf. 41, Abb. 349 u. 350

Die Schnittdroge besteht aus den auf der Außenseite strohgelben, mit feinen, erhabenen, parallelen Längsstreifen versehenen Fruchtwandstückchen der dreikantigen Kapselfrüchte. Die pergamentartigen Fruchtschalenstückchen sind auf der Innenseite glatt und gelblichweiß. Vielfach kommen die 3 bis 4 mm langen und 2 bis 3 mm breiten, rotbraunen oder grauweißen, unregelmäßig mehrkantigen, querrunzeligen Samen vor.

Die Samen schmecken gewürzhaft.

M. K.: Im Mesokarp Ölzellen mit gelbem Inhalt.

Als Verfälschungen werden u. a. die graugefärbten, stark gerippten Ceylon- oder wilden Kardamomen von *Elettaria major* (Taf. 41, Abb. 350 unten) angeführt.

Fructus Cardamomi enthalten äther. Öl mit Cineol. Sie werden in Teemischungen nur selten als Stomachicum verwendet.

Erläuterungen der Abb. 349 u. 350, Taf. 41.

Abb. 349: Schnittdroge, zweimal vergr.: Eine dreikantige Frucht, Fruchtwandstückchen in Außen- und Innenseitenansicht und zwei Samen.

Abb. 350: Ganzdroge, nat. Gr.: Oben eine dreikantige, strohgelbe Kapselfrucht und unten als Verfälschung eine graue, stark gerippte Frucht von *Elletaria major*.

Fructus Papaveris immaturi

Unreife Mohnkapsel

Papaver somniferum L. var. album. Papaveraceae

Schlafmohn, Schließmohn

Taf. 41, Abb. 351 u. 352

In Teemischungen finden sich die dicken, gelblichbraunen bis gelblichgrünen, trockenhäutigen, außen glatten, innen feingerunzelten Fruchtwandstückchen der unreifen Mohnkapseln. Bruchstücke der in das Kapselinnere leistenartig vorspringenden Placenten sind an den zahlreichen, punktförmigen Ansatzstellen der Samen zu erkennen. Gelegentlich kommen auch längliche Stückchen des runden, im obersten Teil knopfartig aufgetriebenen Kapselstieles vor.

M. K.: Im Fruchtwandparenchym miteinander anastomosierende Gefäßbündel.

Fructus Papaveris immaturi enthalten Opiumalkaloide in sehr geringer Konzentration. Die Droge wird in Teemischungen gelegentlich als Beruhigungsmittel verwendet.

Erläuterungen der Abb. 351 u. 352, Taf. 41.

Abb. 351: Schnittdroge zweimal vergr.: Teilstückchen der Placenten mit den punktförmigen Ansatzstellen der Samen (oben). Kapselwand- (links unten) und Kapselstielstückchen (rechts).

Abb. 352: Ganzdroge, nat. Gr.: Teilstück einer Mohnkapsel.

Die Erkennung der Hölzerdrogen in Teemischungen bereitet keine wesentlichen Schwierigkeiten, da sie auf Grund ihrer Farbe jeweils eindeutig zu unterscheiden sind und mit Ausnahme von *Lignum Guajaci*, *Lignum Sassafras* und *Lignum Santali* nur selten in Species verwendet werden. Auf Taf. 42 in Abb. 353 sind gelblich-weiße, in Abb. 355 braungelbe, in Abb. 357 grün- bis graubraune Holzstückchen abgebildet.

Die Abb. 359 bringt braunrote und die Abb. 361 hellgelbe und schwarzbraune Holzdrogenteile. Braunrote und blutrote Holzdrogenstückchen sind in den Abb. 363 bis 366 wiedergegeben.

Irrtümlicherweise könnten die Schnittdrogenteile mancher Rinden (Taf. 43 bis 47) und Wurzeldrogen (Taf. 48 bis 55) für Holzdrogenstückchen gehalten werden.

Lignum Quassiae

Quassiaholz

Bitterholz, Fliegenholz

Picrasma excelsa PLANCH. u. Quassia amara L.

Simaroubaceae

Jamaika- und Surinam-Quassia

Taf. 42, Abb. 353 u. 354

Die in Teemischungen verwendete Droge besteht aus geschnittenen oder meist geraspelten, leicht spaltbaren, gelblichweißen, sehr leichten Holzstückchen mit falschen Jahresringen. Neben den hellgelben Bestandteilen finden sich in etwas geringerer Häufigkeit auch Holzstückchen, an denen meist noch die weißgraue Borke erhalten ist.

Ein gutes Kennzeichen ist der stark und anhaltend bittere Geschmack des Holzes.

M. K.: Markstrahlen von *P. excelsa* 2 bis 5 Zellen breit und 10 bis 25 Zellen hoch; bei *Quassia amara* 1 bis 2 Zellen breit und 5 bis 20 Zellen hoch.

Lignum Quassiae enthält die Bitterstoffe Quassiin und Neoquassiin. Die Droge wird gelegentlich als Stomachicum und gegen Maden- und Spulwürmer verwendet.

Erläuterungen der Abb. 353 u. 354, Taf. 42.

Abb. 353: Schnittdroge, zweimal vergr.: Obere Bildhälfte gelblichweiße, untere Bildhälfte hellgraue mit Borke besetzte Holzstückchen.

Abb. 354: Ganzdroge, nat. Gr.: Größere Teilstückchen der Ganzdroge mit hellgrauem Kork.

Lignum Juniperi

Wacholderholz

Juniperus communis L. Cupressaceae

Wacholder

Taf. 42, Abb. 355 u. 356

Die vielfach mit einer dünnen Borke bedeckten Holzstückchen sind von gelbbrauner oder weißgelblicher Farbe und zeigen am Querschnitt deutliche Jahresringe. Die feinfaserigen Stückchen sind leicht spaltbar und zerbrechlich.

Beim Anzünden entwickelt das Holz einen angenehmen, aromatischen Geruch.

M. K.: Das Holz besteht nur aus Tracheiden.

Lignum Juniperi enthält Harz und etwas äther. Öl. Die Droge wird gelegentlich in der Volksheilkunde als Diureticum und als Zusatz zu blutreinigenden Teemischungen verwendet.

Erläuterungen der Abb. 355 u. 356, Taf. 42.

Abb. 355: Schnittdroge, zweimal vergr.: Gelblichweiße, feinfaserige Holzstückchen.

Abb. 356: Ganzdroge, nat. Gr.: Teilstück eines dünnen, außen gelbbraunen, innen weißlichgelben Zweigstückchens.

Lignum Muira-puama

Potenzholz

Ptychopetalum olacoides BENTH u. P. uncinatum ANSELMINO. Olacaceae

Muira-puama

Taf. 42, Abb. 357 u. 358

Die gelblich- bis schokoladebraunen Holzstückchen zeigen einen strahligen, radialen Bau. Sie besitzen vielfach eine dünne, außen graubraune, innen gelb-lichweiße bis hellbräunliche Rinde. Die Holzstückchen sind fest, zähe und zeigen einen stark unebenen, grobfaserigen Bruch. Bei auffallendem Licht sind glitzernde Oxalatkristalle zu erkennen.

M. K.: Sklerenchymzellnester in der Rinde. Bastfasern mit Kristallzellreihen.

Lignum Muira-puama enthält Harz, Bitterstoffe und eine alkaloidartige Verbindung. Die Droge wird nur sehr selten als Tonicum und Aphrodisiacum verwendet.

Erläuterungen der Abb. 357 u. 358, Taf. 42.

Abb. 357: Schnittdroge, zweimal vergr.: Gelblichbraune und dunkelbraune Holzstückchen.

Abb. 358: Ganzdroge, nat. Gr.: Wurzelholzstück mit graubraunem Kork und grobfaserigem Holzkörper.

Lignum Sassafras

Sassafrasholz, Fenchelholz

Sassafras albidum (NUTT.) NESS var. molle FERN.

Lauraceae

Sassafras

Taf. 42, Abb. 359 u. 360

Die Schnittdroge besteht aus unregelmäßig geformten, zimtbraunen oder weißgrauen, leichten, etwas schwammigen, grobfaserigen und stark glänzenden Wurzelholzstückchen, die gut spaltbar sind. Das Holz riecht fenchelartig.

M. K.: Große Gefäße mit spaltförmigen Hoftüpfeln. Verkorkte Sekretzellen mit gelblichem Inhalt.

Lignum Sassafras enthält äther. Öl mit Safrol. Die Droge wird häufig in Teemischungen als Diureticum und zur Blutreinigung verwendet.

Erläuterungen der Abb. 359 u. 360, Taf. 42.

Abb. 359: Schnittdroge, zweimal vergr.: Unregelmäßig geformte Holzstückchen.

Abb. 360: Ganzdroge, nat. Gr.: Grobfaseriges, poröses Wurzelholzstück.

Lignum Guajaci

Guajakholz

Franzosenholz, Schlangenholz

Guajacum officinale L. u. Guajacum sanctum L.

Zygophyllaceae

Guajakbaum

Taf. 42, Abb. 361 u. 362

In Teemischungen erkennt man die Droge sehr leicht an den äußerst harten, fast hornartigen, unregelmäßig geformten, braungrünen Kernholz- und den auffallend gelben Splintholzstückchen. Ein gutes Merkmal bilden auch der schiefe Verlauf der Fasern und Gefäße an Längsschnitts- und die jahresringähnlichen Bildungen an Querschnittsstückchen.

M. K.: Sehr viele lange, stark verdickte Holzfasern, große Gefäße und 1 Zelle breite und meist 4 Zellen hohe Markstrahlen.

Lignum Guajaci enthält Saponine (im Splintholz), und Harz. Die früher als Antisyphiliticum sehr geschätzte Droge wird heute in Teemischungen als Blutreinigungsmittel und gegen Rheumatismus verwendet.

Erläuterungen der Abb. 361 u. 362, Taf. 42.

Abb. 361: Schnittdroge, zweimal vergr.: Dunkle Kernholz- und helle Splintholzstückchen mit schief verlaufenden Fasern.

Abb. 362: Ganzdroge, nat. Gr.: Teilstück mit jahresringähnlichen Bildungen und scharf abgegrenztem, hellem Splintholz (links) und dunklem Kernholz.

Lignum Campechianum

(Lignum Haematoxyli)

Campecheholz, Blauholz

Haematoxylon campechianum L. Fabaceae

Westindischer Blutholzbaum

Taf. 42, Abb. 363 u. 364

Das Hauptkennzeichen der leicht spaltbaren, mit tangential verlaufenden, heller gefärbten, jahresringähnlichen Holzparenchymzellen versehenen Kernholzstückchen ist ihre braunrote Farbe und der blauschwarze oder grünliche Glanz.

Beim Kauen färbt sich der Speichel violett.

M. K.: Große, vereinzelt liegende Tüpfelgefäße und zahlreiche Kristallzellreihen.

Lignum Campechianum enthält Gerbstoff und Hämatoxylin. Die Droge wird nur selten in Teemischungen als Darmadstringens in der Kinderpraxis gebraucht. Bei Anwendung von Campecheholz färbt sich der Harn rot.

Erläuterungen der Abb. 363 u. 364, Taf. 42.

Abb. 363: Schnittdroge, zweimal vergr.: Braunrote, grobfaserige Holzstückchen.

Abb. 364: Ganzdroge, nat. Gr.: Zwei Teilstücke, links in Längsseitenansicht und rechts in Querschnittsansicht mit den helleren, jahresringähnlichen Holzparenchymzellen.

Lignum Santali rubrum

Rotes Sandelholz, Kaliaturholz

Pterocarpus santalinus L. f. Fabaceae

Sandelholzbaum

Taf. 42, Abb. 365 u. 366

Die geschnittenen oder geraspelten, grob- und schieffaserigen Kernholzstückchen sind sehr leicht an ihrer auffallend blutroten Färbung und ihrem seidig schimmernden Glanz zu erkennen. In dem dichten Holz treten in Querschnittsbruchstückchen zahlreiche tangentiale, wellenförmige oder fast gerade, heller gefärbte Linien von Holzparenchym und in diesem, deutlich auffallend, weite einzelne Gefäße hervor.

M. K.: Sehr lange Holzfasern, große Gefäße mit roten Thyllen, einreihige Markstrahlen und Kristallzellreihen.

Lignum Santali rubrum enthält Santalin, Desoxysantalin, Pterocarpin und Homopterocarpin. Das rote Sandelholz findet sich in blutreinigenden Teemischungen.

Erläuterungen der Abb. 365 u. 366, Taf. 42.

Abb. 365: Schnittdroge, zweimal vergr.: Blutrote, grobfaserige Holzstückchen.

Abb. 366: Ganzdroge, nat. Gr.: Zwei Teilstücke, links in Längsseitenansicht mit schief verlaufenden Fasern und rechts in Querschnittsansicht mit feinen Markstrahlen und punktförmigen, größeren Gefäßen.

RINDENDROGEN

Für die Erkennung der Rindendrogen in Teemischungen kommt neben den speziellen Merkmalen, wie Struktur der Oberfläche, des Bruches und unterschiedliche Korkausbildung, als Hauptkennzeichen die Farbe der einzelnen Drogenstückchen in Betracht.

Dementsprechend sind auf den Taf. 43 u. 44 die Rindenstückchen von weißer, gelber bis hellrotbrauner Farbe und auf den Taf. 45 bis 47 die von rotbrauner bis schwarzbrauner Färbung abgebildet.

Cortex Quillaiae*)

Seifenrinde

Quillaia saponaria MOL. Rosaceae

Seifenrindenbaum

Taf. 43, Abb. 367 u. 368

Die Schnittdroge besteht aus kleinen, meist viereckigen Stückchen, die auf der Außenseite grob längsgestreift und rissig, weißlich oder meist hellbraun und auf der Innenseite fast glatt sind.

Der Bruch der Rindenstückchen ist zäh, splitterfaserig, stäubend und Niesen erregend.

Der Geschmack ist kratzend, bitter und schleimig.

M. K.: Knorrige, stark verdickte und verholzte Fasern. Parenchymzellen mit langen, prismatischen Calciumoxalatkristallen.

Cortex Quillaiae enthält ein Saponin. Die Droge wird in Teemischungen nur selten als Expectorans verwendet.

Erläuterungen der Abb. 367 u. 368, Taf. 43.

Abb. 367: Schnittdroge, zweimal vergr.: Obere Bildhälfte hellbraune Rindenstückchen in Außenseitenansicht, untere Bildhälfte weiße Rindenstückchen in Innenseitenansicht.

Abb. 368: Ganzdroge, nat. Gr.: Zwei größere, hellbräunliche Teilstücke in Außenseitenansicht. Mitte unten, ein Rindenstück in Innenseitenansicht.

---

*) Vielfach auch die Schreibweise C. Quillajae üblich.

Cortex Ulmi

Ulmenrinde

Ulmus carpinifolia GLED. Ulmaceae

Ulme, Feldrüster

Taf. 43, Abb. 369 u. 370

Die meist von Kork und Borke befreiten, viereckigen Stückchen der Schnittdroge sind außen von zimtbrauner Farbe und tragen häufig noch Reste des braunen Rindenparenchyms und des glänzenden, hellgrauen Korkes. Die weißliche Innenfläche ist durch zahlreiche feine Längsstreifen dicht gestreift und auf dem Querschnitt durch zahlreiche Markstrahlen fein radial gestrichelt.

Der Bruch ist kurzfaserig und der Geschmack schleimig, bitter und adstringierend.

Cortex Ulmi enthält Schleim, Gerbstoff und Bitterstoff. Die Droge wird nur selten in Teemischungen als Mucilaginosum und Adstringens verwendet.

Erläuterungen der Abb. 369 u. 370, Taf. 43.

Abb. 369: Schnittdroge, zweimal vergr.: Die helleren Rindenstückchen in Innenseitenansicht, die dunkleren in Außenseitenansicht, einzelne mit Korkresten.

Abb. 370: Ganzdroge, nat. Gr.: Oberes Teilstück mit braunen Rindenparenchymresten in Außenseitenansicht. Unteres Rindenstück fein längsgestreift in Innenseitenansicht.

Cortex Citri Fructus

(Pericarpium Citri)

Zitronenschale

Citrus limon (L.) BURM. f. Rutaceae

Zitrone, Limone

Taf. 43, Abb. 371 u. 372

In Teemischungen finden sich entweder viereckige oder unregelmäßig gebrochene, ungefähr 2 mm dicke Schalenstücke, die auf der Außenseite (Exokarp) bräunlichgelb, durch zahlreiche, eingesunkene Sekretbehälter grubig punktiert und auf der Innenseite (Endokarp) gelblichweiß sind.

Die Zitronenschalenstückchen schmecken aromatisch und schwach bitter.

M. K.: Unter der kleinzelligen Epidermis ovale, lysigene Ölbehälter. Im Parenchym Oxalateinzelkristalle und Hesperidinklumpen.

Cortex Citri Fructus enthält äther. Öl, Hesperidin und Bitterstoffe. Die Droge wird gelegentlich in Teemischungen als bitteres Aromaticum und Geschmackskorrigens verwendet.

Erläuterungen der Abb. 371 u. 372, Taf. 43.

Abb. 371: Schnittdroge, zweimal vergr.: Viereckige und regelmäßig geformte Zitronenschalenstückchen mit den zahlreichen eingesunkenen Sekretbehältern in Außenseitenansicht. Unten zwei Stückchen mit der weißen, schwammigen Innenseite.

Abb. 372: Ganzdroge, nat. Gr.: Teilstück einer in etwa 2 mm breiten Spiralbändern geschälten Zitronenschale.

Cortex Aurantii Fructus

(Pericarpium Aurantii)

Pomeranzenschale

Citrus aurantium L. subspec. aurantium ENGLER

amara L. Rutaceae

Pomeranze, bittere Orange

Taf. 43, Abb. 373 u. 374

Die Schnittdroge besteht aus viereckigen Schalenstückchen, deren Außenseite (Exokarp) entweder gelbbraun, gelbrot oder orangegelb gefärbt (Flavedo) und durch zahlreiche bis 2 mm große, eingesenkte Sekretbehälter warzig punktiert ist. Die Innenseite (Endokarp) ist schmutzigweiß (Albedo) und schwammig.

Gute Droge besteht ausschließlich aus der äußersten orangebraunen Schicht, der Flavedo, da das weiße, schwammige, nicht aromatische Gewebe der Innenschale, die Albedo, entfernt sein soll.

Orangenschalenstückchen riechen stark aromatisch und schmecken bitter und gewürzhaft.

M. K.: Kleinzellige Epidermis mit Spaltöffnungen ohne Nebenzellen. Große ovale, lysigene Ölbehälter. Oxalateinzelkristalle und Hesperidinklumpen.

Als Verfälschungen werden Apfelsinenschalen von der viel kultivierten *Citrus Aurantium L. subspec. dulce L.* benützt. Eine Unterscheidung ist auf Grund des sehr geringen Bitterstoffgehaltes möglich.

Cortex Aurantii Fructus enthält äther. Öl, Hesperidin und Bitterstoffe. Die Droge wird als Stomachicum, Geschmackskorrigens und Nervinum häufig in Teemischungen verwendet.

Erläuterungen der Abb. 373 u. 374, Taf. 43.

Abb. 373: Schnittdroge, zweimal vergr.: Viereckige Pomeranzenschalenstückchen mit zahlreichen eingesenkten Sekretbehältern in Außenseitenansicht. Die Stückchen in der vierten Reihe ohne Albedo, die Stückchen der unteren Reihe mit Albedo in Innenseitenansicht.

Abb. 374: Ganzdroge, nat. Gr.: Spitzelliptisches, grobwarziges Pomeranzenschalenstück.

Cortex Granati Fructus

Granatäpfelrinde

Punica granatum L. Punicaceae

Granatapfel

Taf. 43, Abb. 375 u. 376

Die Schnittdroge besteht aus kleinen, unregelmäßig geformten Schalenstückchen, die auf der Außenseite rötlich — bisweilen schmutzig gelbbraun, teils glatt, teils warzig und auf der Innenfläche schmutzig gelblich und scharfrippig — netzig gezeichnet sind. Die Rinde schmeckt adstringierend.

Cortex Granati Fructus enthält Gerbstoffe. Sie wird in Teemischungen nur sehr selten als Adstringens und Anthelminticum verwendet.

Erläuterungen der Abb. 375 u. 376, Taf. 43.

Abb. 375: Schnittdroge, zweimal vergr.: Obere Bildhälfte, Schalenstückchen in Außenseitenansicht. Untere Bildhälfte, Schalenstückchen in Innenseitenansicht.

Abb. 376: Ganzdroge, nat. Gr.: Größere Schalenstücke links von der Außenseite und rechts von der Innenseite.

Cortex Betulae

Birkenrinde

Betula pendula ROTH u. B. pubescens EHRH.

Betulaceae

Rauh- und Moor-Birke (= Weißbirke)

Taf. 43, Abb. 377 u. 378

Die Schnittdroge besteht aus hellbraunen, mitunter weißlich marmorierten, auf der Außenseite glatten und auf der Innenseite unebenen Rindenstückchen, die vom Kork befreit sein sollen. Gewöhnlich sitzen an der Außenseite stellenweise noch Reste des weißen, dünnen, lederartig zähen, meist aus mehreren Lamellen gebildeten, leicht ablösbaren und fein abblätternden Korkes.

Cortex Betulae enthält das Triterpenderivat Betulin und das Glykosid Betulosid, Gerbstoff und Bitterstoff. Die Droge wird nur noch sehr selten angewendet.

Erläuterungen der Abb. 377 u. 378, Taf. 43.

Abb. 377: Schnittdroge, zweimal vergr.: Obere Bildhälfte, hellbraune, weißgesprenkelte Rindenstückchen ohne Kork. Untere Bildhälfte, Rindenstückchen mit weißem, lederartigem Kork.

Abb. 378: Ganzdroge, nat. Gr.: Zwei größere hellbraune Rindenstücke mit Korkresten.

Cortex Condurango

Kondurangorinde

Marsdenia condurango REICH. Asclepiadaceae

Kondurango

Taf. 44, Abb. 379 u. 380

Die Schnittdrogenteile bestehen aus unregelmäßig geformten Rindenstückchen, die außen eine dünne, graubraune Korkschicht und bei Stückchen von älteren Rinden eine längsrunzelige, warzig rissige Borke zeigen. Die Innenfläche ist hellgrau und derb längsstreifig.

M. K.: Große Steinzellgruppen, unverholzte, sehr dickwandige Bastfasern und Milchröhren mit körnigem Inhalt.

Cortex Condurango enthält das Glykosid Condurangin und den zyklischen Alkohol Condurit. Die Droge wird in Teemischungen nur sehr selten als Stomachicum verwendet.

Erläuterungen der Abb. 379 u. 380, Taf. 44.

Abb. 379: Schnittdroge, zweimal vergr.: Rindenstückchen mit Korkschicht und mit grobstreifiger Innenfläche (unterste Reihe).

Abb. 380: Ganzdroge, nat. Gr.: Rindenstücke mit der graubraunen Außenfläche und (rechts) mit der derb längsstreifigen Innenfläche.

Cortex Cinnamomi zeylanici

Zeylon-Zimtrinde

Cinnamomum zeylanicum BL. Lauraceae

Zeylon-Zimt, echter Zimt

Taf. 44, Abb. 381 u. 382

Die geschälten, etwa $1/3$ mm dicken, hellbraunen Rindenstückchen sind auf der Oberfläche fein längsgestreift.

Die Rinde bricht leicht und splitterig; der Bruch ist an der inneren Fläche kurzfaserig.

Ceylon-Zimt riecht angenehm gewürzhaft und schmeckt brennend-würzig-süß.

M. K.: Steinzell- und Bastfaserring als äußeres Abschlußgewebe.

Verfälschungen mit anderen Zimtsorten wie *C. aromaticum NEES* (Taf. 44, Abb. 383 u. 384) sind meist leicht zu erkennen.

Cortex Cinnamomi Ceylanici enthält äther. Öl mit Zimtaldehyd und Eugenol. Die Droge wird häufig in Teemischungen als appetitanregendes Mittel, Geschmacks- und Geruchskorrigens verwendet.

Erläuterungen der Abb. 381 u. 382, Taf. 44.

Abb. 381: Schnittdroge, zweimal vergr.: Obere Bildhälfte kleine Rindenstückchen in Außenseitenansicht, untere Bildhälfte in Innenseitenansicht.

Abb. 382: Ganzdroge, nat. Gr.: Zwei größere Rindenstücke aus mehreren ineinander steckenden Einzelröhren bestehend.

Cortex Cinnamomi cassiae

Chinesische Zimtrinde

Cinnamomum aromaticum NEES. Lauraceae

Chinesischer Zimt, Gemeiner Zimt
Taf. 44, Abb. 383 u. 384

Die Farbe der 1 bis 3 mm dicken Rindenstückchen ist viel dunkler rotbraun als beim Ceylon-Zimt. Auch ist stellenweise das graubraune, unebene Korkgewebe vorhanden. Auf der Innenfläche sind die Stückchen deutlich längsgestreift.

Der Geruch ist weniger fein als beim Ceylon-Zimt, der Geschmack etwas schleimig.

M. K.: Stellenweise Korkgewebe und immer fast das ganze primäre Rindengewebe außerhalb des Steinzell- und Bastfaserringes erhalten.

Cortex Cinnamomi Cassiae enthält äther. Öl mit Zimtaldehyd und Eugenol. Die Droge wird nur sehr selten als Stomachicum in Teemischungen verwendet.

Erläuterungen der Abb. 383 u. 384, Taf. 44.

Abb. 383: Schnittdroge, zweimal vergr.: Obere Bildhälfte, Rindenstückchen mit Periderm in Außenseitenansicht, untere Bildhälfte, Rindenstückchen längsgestreift in Innenseitenansicht.

Abb. 384: Ganzdroge, nat. Gr.: Zwei größere Rindenstücke, links mit stellenweise vorhandenem Periderm und rechts in Innenseitenansicht mit Längsstreifung.

Cortex Sassafras Radicis

Sassafraswurzelrinde

Sassafras albidum (NUTT.) NEES var. molle FERN.

Lauraceae

Sassafras
Taf. 44, Abb. 385 u. 386

Die Schnittdroge besteht aus flachen oder leicht gebogenen, 2 bis 5 mm dicken, hellrot- bis rotbraunen Wurzelrindenstückchen von weicher, stark poröser, schwammiger Struktur. Die Stückchen, an denen außen stellenweise die graue Korkschicht erhalten ist, besitzen eine fein gekörnelte, höckerige, runzelige Oberfläche mit dunkleren Flecken und eine dunkelrostbraune, fast glatte Innenseite.

Der Bruch ist kurz, feinfaserig, meist etwas uneben. Der Geruch ist stark aromatisch, fenchelartig und der Geschmack süßlich.

M. K.: Spindelförmige bis 0,5 mm lange, verholzte Bastfasern und zahlreiche, große verkorkte Ölzellen.

Cortex Sassafras Radicis enthält äther. Öl mit Safrol und Gerbstoff. Die Droge wird selten in Teemischungen als Diureticum und als Blutreinigungsmittel verwendet.

Erläuterungen der Abb. 385 u. 386, Taf. 44.

Abb. 385: Schnittdroge, zweimal vergr.: Rindenstückchen mit der fein gekörnelten Oberfläche und dunkelrostbraunen Innenseite.

Abb. 386: Ganzdroge, nat. Gr.: Drei Rindenstücke in Oberflächen- und Innenseitenansicht (links unten).

Cortex Quebracho

Quebrachorinde

Aspidosperma quebracho-blanco SCHLECHT.

Apocynaceae

Quebracho
Taf. 44, Abb. 387 u. 388

Die Schnittdroge besteht aus rotbraunen Rindenstückchen, die auf dem Querbruch unregelmäßig eingesprengte, hellere Punkte von Sklerenchymzellnestern besitzen. Diese Gruppen sklerenchymatischer Zellen treten an den Längsbruchstücken als auffallende, helle, grobfaserige Längsstreifen in Erscheinung. Mitunter findet man auch rotbräunliche, durch tiefe Spalten zerklüftete Borkenstückchen.

Der Bruch der Rindenstückchen ist im äußeren Teile bröckelig, im inneren hart, splitterig und faserig. Die Rinde schmeckt bitter.

M. K.: Stets einzeln auftretende, mächtige, spindelförmige, von Kristallzellreihen ringsum bedeckte Bastfasern.

Cortex Quebracho enthält Aspidospermin, Quebrachin u. a. Alkaloide. Die Droge wird nur selten in Teemischungen als Asthmamittel verwendet.

Erläuterungen der Abb. 387 u. 388, Taf. 44.

Abb. 387: Schnittdroge, zweimal vergr.: Rindenstückchen im Querbruch mit den weißen, punktartigen Sklerenchymzellnestern, im Längsbruch mit den hellen grobfaserigen Längsstreifen.

Abb. 388: Ganzdroge, nat. Gr.: Dickes Rindenstück mit mächtiger, durch tiefe Spalten zerklüfteter Borke.

Cortex Chinae

Chinarinde

Cinchona succirubra PAVON. Rubiaceae

Chinarindenbaum
Taf. 45, Abb. 389 u. 390

Die rotbraunen, 2 bis 4 mm dicken Schnittdrogenstückchen besitzen auf der Außenseite einen weißgrauen oder schwarzbraunen Kork mit Längsrunzeln und deutlichen Querrissen; auf der Innenseite sind sie rotbraun und fein längsgestreift. Stellenweise haften der Korkschicht noch graue Flechten an. Auf der Innenseite der Rindenstückchen kann man als weiße Punkte die Oxalatsandzellen aufglitzern sehen.

Der Bruch ist außen glatt, innen kurzfaserig.

Die Rinde schmeckt stark bitter und zusammenziehend.

M. K.: Einzelne, sehr lange, dickwandige, spindelförmige, gelbe Bastfasern mit trichterförmigen Tüpfeln; weite Milchsaftschläuche und Oxalatsandzellen.

Cortex Chinae enthält etwa 30, chemisch sehr nahe miteinander verwandte Alkaloide wie Chinin, Cinchonin, Chinidin, Cinchonidin u. a. m. Die Droge wird gelegentlich in Teemischungen als Antipyreticum, gegen Keuchhusten, Herzrhythmusstörungen und als Stomachicum verwendet.

Erläuterungen der Abb. 389 u. 390, Taf. 45.

Abb. 389: Schnittdroge, zweimal vergr.: Rotbraune Rindenstückchen mit weißgrauem Kork und Querrissen in Außenseitenansicht, mit feiner Längsstreifung in Innenseitenansicht.

Abb. 390: Ganzdroge, nat. Gr.: Rindenstücke in Außenseitenansicht (rechts) mit feiner Längsstreifung.

Cortex Yohimbe

Yohimberinde

Pausinystalia yohimbe PIER. Rubiaceae

Yohimbe, Yohimbehe
Taf. 45, Abb. 391 u. 392

Die 3 bis 4 mm dicken Rindenstückchen besitzen eine rötlichbraune Farbe und auf der Innenseite einen auffallend starken Seidenglanz. Die Außenseite ist meist von gelblichgrünen oder grünlichbraunen Flechten bedeckt, die Innenseite ist glatt und fein längsgestreift.

Die Bruchfläche ist uneben, samtartig weich und kurzfaserig. Der Geschmack der Rinde ist etwas bitter.

M. K.: Bis 1,5 mm lange, gelbliche Bastfasern, zahlreiche große Kristallsandschläuche.

Cortex Yohimbe enthält Alkaloide wie Yohimbin u. a. m. Die Droge wird gelegentlich in Teemischungen zur Erweiterung der Blutgefäße und als Aphrodisiacum verwendet.

Erläuterungen der Abb. 391 u. 392, Taf. 45.

Abb. 391: Schnittdroge, zweimal vergr.: Rindenstückchen im Längsbruch feinfaserig und seidenglänzend, in Außenseitenansicht (unten) mit Periderm.

Abb. 392: Ganzdroge, nat. Gr.: Ein zimtbraunes Rindenstück mit Kork (obere Hälfte) und fein längsgestreiften, seidig glänzenden Innenschichten (untere Hälfte).

Cortex Syzygii jambolani

Syzygiumrinde, Jambulrinde

Syzygium cumini (L.) SKEELS. Myrtaceae

Jambulbaum

Taf. 45, Abb. 393 u. 394

Die leichten, stark porösen, fast schwammigen, rötlich- bis schwarzbraunen Rindenstückchen besitzen als Hauptmerkmal zahlreiche, auf Querschnittsbruchstückchen in Erscheinung tretende, weiße große Steinzellen. An den faserigen Längsschnittsbruchstückchen ist die Rinde grob längsgestreift. Der Bruch ist weichfaserig bis körnig.

M. K.: Bis über 0,8 mm große, glashelle, stark verdickte Steinzellen mit verzweigten Tüpfeln und bis 1 mm lange, meist gekrümmte Bastfasern.

Cortex Syzygii enthält Gerbstoff, Gallussäure und Harz. Die Droge wird in Teemischungen nur mehr sehr selten bei Diabetes und als Adstringens angewendet.

Erläuterungen der Abb. 393 u. 394, Taf. 45.

Abb. 393: Schnittdroge, zweimal vergr.: Rindenstückchen im Querbruch mit den als helle Punkte in Erscheinung tretenden großen Steinzellen und grobfaserige Längsbruchstückchen.

Abb. 394: Ganzdroge, nat. Gr.: Zwei Rindenstücke mit der dicken Borke, oben in Oberflächenansicht, unten in Querschnittsansicht.

Cortex Piscidiae Radicis

Piscidiawurzelrinde

Piscidia erythrina L. Fabaceae

Piscidie

Taf. 45, Abb. 395 u. 396

Die hell- bis schwarzgrauen Rindenstückchen zeigen an der Oberfläche dünne, weißliche bis graue Schuppen eines sehr unebenen, rissigen, rotbraunen Korkes. Die Innenseite der Rindenstückchen ist dunkelbraun und deutlich längsgestreift. Die innere Hälfte der Rindenstückchen besteht hauptsächlich aus Faserschichten, die oft in krause Stränge aufgelöst sind. Der Bruch ist hart, im äußeren Teil blätterig, im inneren Teil grobsplitterig.

M. K.: Zahlreiche Bündel schmaler, stark verdickter Fasern, umgeben von Kristallzellreihen.

Cortex Piscidiae Radicis enthält Piscidin und Piscidinsäure. Die Rinde wird nur selten in Teemischungen als Sedativum und Narcoticum, als Substitut des Opiums ohne die unangenehmen Nachwirkungen desselben angewendet.

Erläuterungen der Abb. 395 u. 396, Taf. 45.

Abb. 395: Schnittdroge, zweimal vergr.: Rindenstückchen mit grober Längsstreifung in Innenseiten- und mit hellen Korkschuppen in Außenseitenansicht.

Abb. 396: Ganzdroge, nat. Gr.: Ein Rindenstück in Außenseitenansicht mit den dünnen Korkschuppen und der grobfaserigen Innenschicht (links am Rand).

Cortex Berberidis Radicis

Berberitzenwurzelrinde

Berberis vulgaris L. Berberidaceae

Berberitze

Taf. 45, Abb. 397 u. 398

Die Rindenstückchen sind außen hellbraun bis hellgrau und je nach dem Alter glatt, längsrunzelig oder rissig borkig. Die Innenfläche der Rinde ist lebhaft grüngelb und durch deutlich hervortretende Längsfasern gestreift.

Der Querbruch ist locker und blätterig.

Der Geschmack ist stark bitter. Der Speichel wird gelb gefärbt.

Cortex Berberidis Radicis enthält Alkaloide, wie Berberin, Berbamin, ferner Harz- und Gerbstoffe. Die Droge wird nur selten in Teemischungen als Tonicum und Stomachicum angewendet.

Erläuterungen der Abb. 397 u. 398, Taf. 45.

Abb. 397: Schnittdroge, zweimal vergr.: Rindenstückchen mit je nach dem Alter verschieden aussehender Außenfläche und längsgestreifter Innenseite.

Abb. 398: Ganzdroge, nat. Gr.: Rindenstücke in Außenseitenansicht mit rissig borkiger (links oben und Mitte), längsrunzeliger Außenfläche (rechts oben) und längsgestreifter Innenseite (unten).

Cortex Quercus

Eichenrinde

Quercus robur L. u. Quercus petraea (MATTUSCHKA) LIEBL. Fagaceae

Sommer- und Wintereiche

Taf. 46, Abb. 399 u. 400

Die Schnittdroge besteht aus rotbraunen, meist viereckigen, 1 bis 2 mm dicken Bruchstückchen, deren Außenfläche einen silbriggrau- bis schwarzbraunglänzenden, glatten Kork (Spiegelrinde) mit einzelnen quergestellten, kurz-ovalen Lentizellen trägt. Die Innenseite ist hellrotbraun und durch stark hervorspringende Längsleisten deutlich gestreift. An Querbruchstückchen heben sich einzelne Steinzellgruppen als hellbraune Punkte deutlich ab.

Der Bruch ist außen körnig, in den inneren Partien bandartig zähe, splitterfaserig.

Der Geruch der Rindenstückchen ist nach dem Anfeuchten loheartig, der Geschmack bitter und zusammenziehend. Mit Eisenchloridlösung tritt Blauschwarzfärbung ein (Gerbstoffreaktion).

M. K.: Zwischen primärer und sekundärer Rinde geschlossener Ring von Steinzellen und Bastfasern.

Die wertvollste Droge stellt die „Spiegelrinde" mit silbrigglänzender, glatter Oberfläche dar, die von jungen Bäumen oder Stockausschlägen gewonnen wird und bis zu 15% Gerbstoff enthält. Die „Lohe", Rauch- oder Reitelrinde, Altholz- oder Gerbrinde mit starker Borkebildung und nur 2—4% Gerbstoff soll pharmazeutisch nicht verwendet werden.

Cortex Quercus enthält Gerbstoff. Sie wird sehr häufig als Adstringens, mitunter auch als Stypticum verwendet.

Erläuterungen der Abb. 399 u. 400, Taf. 46.

Abb. 399: Schnittdroge, zweimal vergr.: Obere Bildhälfte, Rindenstückchen in Außenseitenansicht mit glattem, silbrigglänzendem Kork, ovalen Lentizellen (1. u. 2. Reihe) und mit Borke (3. Reihe). Untere Bildhälfte, Rindenstückchen in Innenseiten- und Querbruchansicht mit deutlichen Längsleisten und helleren, punktförmigen Steinzellgruppen.

Abb. 400: Ganzdroge, nat. Gr.: Rindenstücke mit schwarzbrauner (links), silbriggrauglänzender (Mitte) Spiegelrinde in Außen- und mit hervorragenden Längsleisten in Innenseitenansicht.

Cortex Salicis

Weidenrinde

Salix alba L., S. fragilis L., S. purpurea L., S. pentandra L. u. a. Salix-Arten. Salicaceae

Silber-, Bruch-, Purpur-, Lorbeer-Weide u. a. W.-Arten

Taf. 46, Abb. 401 u. 402

Die hell- bis dunkelbraunen, 1 bis 2 mm dicken, mitunter röhrenförmigen Rindenstückchen besitzen eine glatte oder meist schwach längsgerunzelte, glänzende Oberfläche und eine hell- bis zimtbraune, glatte oder fein längsgestreifte Innenseite.

Der Bruch ist zähe und grobfaserig, der Geschmack bitter und zusammenziehend.

Cortex Salicis enthält Gerbstoff, Salicin und Populin. Die Droge wird nur selten in Teemischungen bei Rheumatismus, Gicht und Grippe, ferner als Husten- und Gallenmittel verwendet.

Erläuterungen der Abb. 401 u. 402, Taf. 46.

Abb. 401: Schnittdroge, zweimal vergr.: Rindenstückchen in Oberflächenansicht mit schwacher Längsrunzelung, zum Teil röhrenförmig eingebogen; links unten in Innenseitenansicht, fein längsgestreift.

Abb. 402: Ganzdroge, nat. Gr.: Links drei röhrenförmig eingerollte Rindenstücke, schwach längsgerunzelt, von jüngeren Zweigen; Mitte, ein flaches, fast glattes, älteres Rindenstück; rechts, eine Rinde in Innenseitenansicht, fein längsgestreift.

Cortex Sambuci

Holunderrinde

Sambucus nigra L. Caprifoliaceae

Holunder, Holler, Flieder

Taf. 46, Abb. 403 u. 404

Die Schnittdroge besteht aus hellbräunlichen, bandartigen, zähfaserigen, von der Oberhaut befreiten und stellenweise noch grünen Rindenstückchen.

Cortex Sambuci enthält Gerbstoff und Harz. Die Droge wird heute nur mehr selten in Teemischungen als Diureticum gebraucht.

Erläuterungen der Abb. 403 u. 404, Taf. 46.

Abb. 403: Schnittdroge, zweimal vergr.: Bandartige, faserige Rindenstückchen in Oberflächen- und Innenseitenansicht.

Abb. 404: Ganzdroge, nat. Gr.: Von der Oberhaut befreite, größere Rindenstücke.

Cortex Fraxini

Eschenrinde

Fraxinus excelsior L. Oleaceae

Esche

Taf. 46, Abb. 405 u. 406

Die von jüngeren Zweigen stammenden 2 bis 3 mm dicken, leicht zerbrechlichen Rindenstückchen sind an der Oberfläche grau, fein gerunzelt und meist mit Warzen besetzt, auf der glatten Innenseite schmutziggelb bis ockerfarben.

Der Bruch ist kleinfaserig, der Geschmack stark bitter, zusammenziehend.

Cortex Fraxini enthält Gerbstoff und das Glykosid Fraxin. Die Droge wird nur selten in Teemischungen als Tonicum angewendet.

Erläuterungen der Abb. 405 u. 406, Taf. 46.

Abb. 405: Schnittdroge, zweimal vergr.: Rindenstückchen in Oberseiten- und Innenseitenansicht (unten).

Abb. 406: Ganzdroge, nat. Gr.: Rindenstück in Oberflächenansicht mit Kork und in Innenseitenansicht (rechts unten).

Cortex Frangulae

Faulbaumrinde

Rhamnus frangula L. Rhamnaceae

Faulbaum

Taf. 47, Abb. 407 u. 408

Die Schnittdroge besteht aus leicht zur Innenseite eingebogenen oder eingerollten Stückchen, deren Außenseite einen rot- bis schwarzbraunen Kork mit zarter Längsrunzelung und als Hauptmerkmal quergestellte, weißliche Lentizellen besitzt. Die gelbrote bis rötlichbraune, glänzende Innenseite zeigt eine feine Längsstreifung und gibt nach Betupfen mit Alkalilaugen und Ammoniaklösung dunkelrote Flecken (Anthrachinonreaktion). Stückchen von älteren, über 1,2 mm dicken Rinden sollen nicht verwendet werden. Der Bruch der Rinde ist gelbbraun und kurzfasrig, der Geschmack süßlichbitter und schleimig. Beim Kauen wird der Speichel gelb gefärbt. Beim Abkratzen der äußersten Korkschicht wird ein rotes Gewebe sichtbar.

M. K.: Zahlreiche Bastfasergruppen mit Kristallzellreihen. Knorrige Fasern oder Steinzellen dürfen nicht vorkommen.

Verfälschungen mit Oreoherzogia (= Rhamnus fallax sind in letzter Zeit häufiger aufgetreten. Sie können durch den Tauböck-Text (Xanthorhamnin-Nachweis) festgestellt werden.

Verfälschungen mit Rinden von *Alnus*-Arten und *Prunus Padus* sind an dem Ausbleiben der Anthrachinonreaktion zu erkennen.

Cortex Frangulae enthält die laxierend wirkenden Anthraglykoside Frangulin A und B und die Glucofranguline A und B als Hauptwirkstoffe. In geringen Mengen sind auch Alkaloide, unter ihnen die Peptid-Alkaloide Frangulanin und Franganin, isoliert worden (*TSCHESCHE*) u. a. m. Die Droge wird sehr häufig in Teemischungen als geschätztes, dickdarmerregendes Abführmittel angewendet.

Erläuterungen der Abb. 407 u. 408, Taf. 47.

Abb. 407: Schnittdroge, zweimal vergr.: 1. u. 2. Reihe, Rindenstückchen mit den quergestellten Lentizellen, 3. Reihe, mit weniger deutlichen Lentizellen. Untere Reihe links, eingerollte Stückchen, rechts in Innenseitenansicht.

Abb. 408: Ganzdroge, nat. Gr.: Rindenstücke mit Lentizellen in Oberflächenansicht, in Innenseitenansicht, fein längsgestreift und glänzend.

Cortex Cascarae Sagradae

(Cortex Rhamni Purshianae)

Amerikanische Faulbaumrinde

Rhamnus purshianus DC. Rhamnaceae

Amerikanischer Faulbaum

Taf. 47, Abb. 409 u. 410

Die 1 bis 3 mm dicken Rindenstückchen sind außen grau- bis rotbraun und meist mit einem dünnen, grauweißen oder dunkleren, vielfach mit weißgrauen Flechtenapothecien besetztem Kork bedeckt. Quergestellte Lentizellen kommen seltener vor als bei *C. Frangulae*. Die Innenfläche ist gelb- bis schwärzlichrotbraun, mit helleren Längsstreifen versehen und gibt beim Betupfen mit Alkalilaugen und Ammoniaklösung Anthrachinonreaktion.

Der Bruch ist gelblich, außen glatt und innen weichfasrig.

Die Droge schmeckt unangenehm bitter und färbt beim Kauen den Speichel gelb.

M. K.: Außer Bastfaserbündeln und Kristallzellreihen große, stark verholzte Steinzellnester.

Verfälschungen mit Rindenstückchen von *Rhamnus californica* (von gleicher Wirkung wie *C. Cascarae Sagr.*) können nur mikroskopisch an den breiteren Markstrahlen erkannt werden.

Cortex Cascarae Sagradae enthält Anthrachinonderivate und wirkt ähnlich wie *C. Frangulae*, aber etwas schwächer und milder abführend.

Erläuterungen der Abb. 409 u. 410, Taf. 47.

Abb. 409: Schnittdroge, zweimal vergr.: Rindenstückchen in Oberflächenansicht mit grauweißem Kork und einzelnen quergestellten Lentizellen. Unten drei Stückchen in Innenansicht mit hellen Längsstreifen.

Abb. 410: Ganzdroge, nat. Gr.: Rindenstücke in Oberflächenansicht mit einigen Lentizellen, weißgrauen Flechtenapothecien (links unten) und feiner Längsstreifung (rechts unten).

Cortex Hippocastani

Roßkastanienrinde

Aesculus hippocastanum L. Hippocastanaceae

Roßkastanie

Taf. 47, Abb. 411 u. 412

Die 1 bis 2 mm dicken, braunroten, glänzenden, glatten oder leicht längsrunzeligen Rindenstückchen sind (bei jüngeren Rinden) mit einzelnen runden oder (bei älteren Rinden) mit quergestellten, runzeligen oder rissigen Lentizellen besetzt. Die Innenfläche ist glatt und von gelbbrauner Farbe.

Der Bruch ist kurz, außen körnig und innen faserig.

Der Geschmack ist bitter und adstringierend.

Cortex Hippocastani enthält Gerbstoff, das Glykosid Aesculin und Harz. Die Droge wird nur sehr selten in Teemischungen als Volksmittel bei Ruhr und Verdauungsschwäche verwendet.

Erläuterungen der Abb. 411 u. 412, Taf. 47.

Abb. 411: Schnittdroge, zweimal vergr.: Obere Bildhälfte, Rindenstückchen von jüngeren Zweigen mit runden Lentizellen; untere Bildhälfte, Borkenstückchen von älteren Bäumen. Unten Rindenstückchen in Innenseitenansicht.

Abb. 412: Ganzdroge, nat. Gr.: Links ein Rindenstück von einem jungen Zweig mit glattem Kork und rundlichen Lentizellen; Mitte und rechts, zwei Rinden von älteren Zweigen, längsrunzelig und mit quergestellten, rissigen Lentizellen.

Cortex Mezerei

Seidelbastrinde

Daphne mezereum L. Thymelaeaceae

Seidelbast

Taf. 47, Abb. 413 u. 414

Die 1 bis 2 cm breiten, meist viereckigen Rindenstückchen der Schnittdroge sind auf der Außenseite mit einem rotbraunen, glänzenden, glatten oder etwas längsrunzeligen und mit zahlreichen kleinen, kurzovalen Lentizellen besetzten Kork bedeckt. Unter diesem, stellenweise abgeblätterten Kork liegt eine dünne, grüne Mittelrinde. Die Innenseite der Rindenstückchen ist gelbgrün, seidenglänzend und feinfaserig.

Der Bruch ist langfaserig, sehr zähe und biegsam; der Geschmack, der erst nach längerem Kauen auftritt, brennend scharf.

M. K.: Vielreihiges Periderm aus dünnwandigem Kork und primäre Rinde aus etwa 8 Reihen chlorophyllführender Zellen.

Cortex Mezerei enthält das harzartige Mezerein und das Glykosid Daphnin. In Teemischungen wird die Droge nur sehr selten verwendet.

Erläuterungen der Abb. 413 u. 414, Taf. 47.

Abb. 413: Schnittdroge, zweimal vergr.: Rindenstückchen mit dem rotbraunen Kork und Lentizellen; 5. Reihe abgeblätterte Korkreste; unterste Reihe, Rindenstückchen in Innenansicht fein längsfaserig.

Abb. 414: Ganzdroge, nat. Gr.: Ein Bündel zusammengerollter, bandartiger Rindenstreifen (Handelsform).

Testae (Cortex) Cacao

Kakaoschalen

Theobroma cacao L. Sterculiaceae

Kakaobaum

Taf. 47, Abb. 415 u. 416

Die papierartig dünnen, spröden, rotbraunen, gewölbten Samenschalenstückchen zeigen je nach Varietät eine hell- oder zimtbraune bis dunkel- oder schwarzbraune Farbe auf der rauhen, manchmal Pulpareste oder einen erdigen Belag tragenden Außenfläche. Die Innenseite ist glatt, glänzend und rotbraun gefärbt.

Die Droge schmeckt etwas schleimig.

M. K.: Schleimzellen und zerklüftete Steinzellschicht.

Testae (Cortex) Cacao enthalten Theobromin, etwas Coffein und Fett. Die Droge wird als Diureticum und als geschmackverbessernder Zusatz in verschiedenerlei Teemischungen verwendet.

Erläuterungen der Abb. 415 u. 416, Taf. 47.

Abb. 415: Schnittdroge, zweimal vergr.: Obere Bildhälfte Samenschalenstückchen in Außenseiten-, untere Bildhälfte in Innenseitenansicht.

Abb. 416: Ganzdroge, nat. Gr.: Samenschalenhälften in Oberflächen- (1. u. 2. Reihe) und Innenseitenansicht (3. bis 5. Reihe).

WURZELDROGEN

Für die Erkennung von Wurzeldrogen in Teemischungen können die Farbe oder die Oberflächengestaltung, die anatomische Struktur in Querschnittsansicht, die Art des Bruches u. dgl. mehr eindeutige Anhaltspunkte bieten. Nach den für die einzelnen Wurzeldrogen charakteristischen Kennzeichen erfolgte die Anordnung auf den Taf. 48 bis 55:

Die Wurzelstückchen, die eine weiße, rötliche oder gelbe Farbe kennzeichnet, sind auf den Taf. 48 u. 49, Abb. 417 bis 434 wiedergegeben. Die Drogen, deren eigentümliche anatomische Struktur in Querschnittsansicht für die Feststellung ihrer Zugehörigkeit maßgebend ist, sind auf den Taf. 49 bis 53, Abb. 435 bis 472 zusammengefaßt und die Arten, bei denen es sich hauptsächlich um dünne, „fadenförmige" Wurzelstückchen handelt und von denen auch die Wurzelstockteile in Teemischungen vorkommen, sind in Taf. 54 u. 55 abgebildet.

Radix Althaeae

Eibischwurzel

Althaea officinalis L. Malvaceae

Eibisch, Sammetpappel, Heilwurz

Taf. 48, Abb. 417 u. 418

Die Schnittdroge besteht aus würfelförmigen oder unregelmäßig geformten, von dem bräunlichen Kork befreiten Wurzelstückchen, deren Hauptmerkmal die kreideweiße Farbe ist. Die durch das Eintrocknen längsfurchige Oberfläche zeigt zahlreiche kleine, bräunliche Wurzelnarben und stellenweise sich ablösende Fasern. Auf dem Querschnitt tritt das Kambium als hellbrauner Ring hervor, und gelegentlich sind im Holzteil kleine, gelbliche Gefäßgruppen zu erkennen.

Der Querbruch ist durch Bastfasern langfaserig; beim Brechen stäubt die Wurzel infolge ihres hohen Stärkegehaltes. Der Geschmack der Wurzelstückchen ist schleimig.

M. K.: Knorrige, mäßig verdickte, nicht verholzte Bastfasern, Schleimzellen und Stärkekörner mit Längsspalt.

Als Verfälschungen wurden die grobfaserigen, zähen, mehr gelblichen Wurzeln von *Althaea rosea* und, um die Farbe minderwertiger Ware aufzufrischen, Talcum, Gips, Kreide und Mehl als Bestäubungsmittel beobachtet. Wurzelstücke von mehr als zweijährigen Wurzeln mit zu starker Verholzung sind minderwertig.

Radix Althaeae enthält Schleim. Sie wird sehr häufig in Teemischungen als Expectorans und Mucilaginosum verwendet.

Erläuterungen der Abb. 417 u. 418, Taf. 48.

Abb. 417: Schnittdroge, zweimal vergr.: Wurzelstückchen mit deutlich hervortretender Kambiumzone und bräunlichen Wurzelnarben.

Abb. 418: Ganzdroge, nat. Gr.: Zwei Wurzelstücke mit längsfurchiger Oberfläche, einzelnen Wurzelnarben und losgerissenen Sklerenchymfaserbündeln.

Radix Liquiritiae

Süßholzwurzel

Glycyrrhiza glabra L. Fabaceae

Süßholz

Taf. 48, Abb. 419 u. 420

Die meist würfelförmigen, geschälten, rauhfaserigen Wurzelstückchen fallen durch ihre zitronengelbe Färbung, durch die radialen Trockenrisse und die deutliche Abgrenzung der Bast- und Holzstrahlen durch das Kambium auf. Die von Ausläufern stammenden Stückchen sind dichter gebaut als die radiär oft sehr stark zerklüfteten Wurzelstückchen.

Der Bruch ist faserig, der Geschmack sehr süß.

Stückchen mit runzeligem, graubraunem Kork stammen von spanischem Süßholz. Sie sind dichter gebaut und sinken in Wasser unter, während die Stückchen des offizinellen, geschälten, russischen Süßholzes auf der Oberfläche schwimmen.

M. K.: Weite, gelbe Gefäße mit Hoftüpfelung oder netziger Wandverdickung. Gelbe Bastfaserbündel mit Kristallzellreihen.

Radix Liquiritiae enthält das Glucuronid Glycyrrhizin (mit Saponinwirkung) und ist die in Teemischungen weitaus am häufigsten als Expectorans, Diureticum und Geschmackskorrigens verwendete Wurzeldroge.

Erläuterungen der Abb. 419 u. 420, Taf. 48.

Abb. 419: Schnittdroge, zweimal vergr.: Gelbe, verschieden stark zerklüftete Wurzelstückchen mit Markstrahlen und Kambiumzone.

Abb. 420: Ganzdroge, nat. Gr.: Zwei geschälte, faserige Wurzelstücke.

Radix Paeoniae

Pfingstrosenwurzel

Paeonia officinalis L. u. a. Paeonia-Arten.

Paeoniaceae

Pfingstrose

Taf. 48. Abb. 421 u. 422

Die unregelmäßig geformten, mehligen Wurzelstückchen sind außen weißrötlich gefärbt und längsrunzelig, auf der Innenseite weißlich und stellenweise rötlich gesprenkelt.
Die Droge schmeckt bittersüß.

Radix Paeoniae enthält äther. Öl mit Paeonol und ein „Alkaloid" Peregrinin. Die Droge wird nur selten in Teemischungen gegen Gicht und als Antispasmoticum verwendet.

Erläuterungen der Abb. 421 u. 422, Taf. 48.

Abb. 421: Schnittdroge, zweimal vergr.: Rötlichweiße, außen längsgestreifte Wurzelstückchen.

Abb. 422: Ganzdroge, nat. Gr.: Spindelförmige, geschälte und in zwei Hälften gespaltene (Handelsform), knollige Wurzeln; auf der Außenseite längsrunzelig (links), auf der Innenseite (rechts) mehlig glatt.

Radix Foeniculi

Fenchelwurzel

Foeniculum vulgare MILL. Apiaceae

Fenchel

Taf. 48, Abb. 423 u. 424

Die auf der Oberfläche grauweißen bis hellbraunen, mitunter durch dunklere Blattnarben quergeringelten und deutlich längsrunzeligen Wurzelstückchen stammen von größeren Haupt- und kleineren Nebenwurzeln. Die Hauptwurzelstückchen zeigen an den gelblichweißen Querschnittsbruchstückchen einen graubraunen bis lehmfarbenen, längsrunzeligen Kork, eine bis 1 mm breite Mittelrinde mit vier und mehr konzentrischen Ringen, eine etwas strahlige Innenrinde und einen weiten, gelben, feinstrahligen Holzkörper mit kleinem Mark. Die von Nebenwurzeln stammenden kleinen Querschnittsbruchstückchen besitzen eine fast ein Drittel des Durchmessers einnehmende, aus abwechselnd helleren und dunkleren konzentrischen Schichten bestehende Rinde und einen deutlich strahligen, porösen Holzkern ohne Mark.
Die Droge riecht aromatisch und schmeckt würzigsüß.

Radix Foeniculi enthält äther. Öl mit Anethol und Fenchon. Sie wird nur gelegentlich als Carminativum in Teemischungen angewendet.

Erläuterungen der Abb. 423 u. 424, Taf. 48.

Abb. 423: Schnittdroge, zweimal vergr.: Oben und rechts am Rand, Nebenwurzelstückchen, die übrigen Schnittdrogenteile von Hauptwurzeln.

Abb. 424: Ganzdroge, nat. Gr.: Zwei spindelförmige, durch Blattnarben quergeringelte, längsrunzelige Wurzelstücke.

Radix Apii graveolentis

Selleriewurzel

Apium graveolens L. Apiaceae

Sellerie

Taf. 48, Abb. 425 u. 426

Die unregelmäßig geformten, stark geschrumpften, weißlichgelben oder schwarzbraunen, auf der Außenseite mit querrinnigen Blattnarben versehenen und auf der Innenseite weißlichen Wurzelstückchen sind leicht an ihrem typischen Geruch und Geschmack zu erkennen.

M. K.: In der Rinde weitlumige Sekretschläuche.

Radix Apii graveolentis enthält etwas äther. Öl und wird nur gelegentlich als Diureticum in Teemischungen verwendet.

Erläuterungen der Abb. 425 u. 426, Taf. 48.

Abb. 425: Schnittdroge, zweimal vergr.: Unregelmäßig geformte, weißgelbe Wurzelstückchen.

Abb. 426: Ganzdroge, nat. Gr.: Gespaltene weißgelbe Wurzelstücke mit geschrumpfter Außenseite und Blattnarben. Unten zwei schwarzbraune Wurzelstücke.

Radix Petroselini

Petersilienwurzel

Petroselinum crispum (MILL.) NYM. ex HORT. KEW.

Apiaceae

Petersilie

Taf. 48, Abb. 427 u. 428

Die Wurzelstückchen besitzen eine gelblichweiße oder rötlichgelbe, grobrunzelige Oberfläche mit feiner bräunlicher Querringelung. Auf Querschnittsbruchstückchen hebt sich gegenüber der breiten, schmutzigweißen Rinde und der dunkelbraunen Kambiumlinie der außen zitronengelbe und innen weiße Holzkörper deutlich ab. Die Rinde, in der mitunter dunkelbraun glänzende Punkte (Ölzellen) zu sehen sind und vor allem der Holzkörper sind durch braune Markstrahlen radial gestreift.
Die Wurzel hat einen süßlich-aromatischen Geschmack und Geruch. Der Bruch ist hornartig hart.

Radix Petroselini enthält äther. Öl mit Apiol und Myristicin. Die Droge wird gelegentlich als Diureticum verwendet.

Erläuterungen der Abb. 427 u. 428, Taf. 48.

Abb. 427: Schnittdroge, zweimal vergr.: Wurzelstückchen in Oberflächen- und Querschnittsansicht.

Abb. 428: Ganzdroge, nat. Gr.: In zwei Hälften gespaltene Wurzel mit grobrunzeliger, fein quergeringelter Oberfläche.

Radix Dauci carotae

Gelbe Rübe

Daucus carota L. Apiaceae

Gemeine Mohrrübe oder Möhre, Gelbe Rübe, Karotte

Taf. 49, Abb. 429 u. 430

Die Droge ist sehr leicht an den roten bis rotbraunen, hornartigen Rübenschnitzeln zu erkennen.

Radix Dauci carotae enthält äther. Öl. Sie wird nur selten in Teemischungen der Volksmedizin als Diureticum und Wurmmittel angewendet.

Erläuterungen der Abb. 429 u. 430, Taf. 49.

Abb. 429: Schnittdroge, zweimal vergr.: Rote, hornartige Rübenschnitzel.

Abb. 430: Ganzdroge, nat. Gr.: Zwei Spalthälften einer ganzen Rübe und einzelne größere Rübenschnitzel.

Radix Violae odoratae

Veilchenwurzel

Viola odorata L. Violaceae

Wohlriechendes Veilchen

Taf. 49, Abb. 431 u. 432

Die unregelmäßig geformten Wurzelstückchen sind von hellgelber Farbe und mit zahlreichen Narben und Wurzelresten besetzt. Im Querbruch zeigen sie eine gelbe, lockere Rinde und einen weißen Holzkörper (vgl. *Herba Violae odor.* Taf. 23, Abb. 137 u. 138).

Radix Violae odoratae enthält Saponine und etwas Öl. Die Droge wird als Expectorans nur selten in Teemischungen verwendet.

Erläuterungen der Abb. 431 u. 432, Taf. 49.

Abb. 431: Schnittdroge, zweimal vergr.: Mit Narben und Würzelchenresten besetzte, hellgelbe Wurzelstücke.

Abb. 432: Ganzdroge, nat. Gr.: Drei dünne Nebenwurzeln mit Narben und Wurzelresten besetzt.

Radix Colombo

Kolombowurzel

Jateorhiza palmata M. Menispermaceae

Kolombo

Taf. 49, Abb. 433 u. 434

Die Schnittdroge besteht aus unregelmäßig geformten Wurzelstückchen, die entweder vom Periderm stammen und außen von einem braunen, tiefrunzeligen Kork bedeckt und auf der helleren Innenseite dunkel gestreift sind oder von der Rinde und dem undeutlich strahligen Holzkörper herrühren und von zitronen- oder blaßgelber Farbe sind.

Die Wurzel schmeckt bitter und etwas schleimig. Der Bruch ist glatt und etwas stäubend.

M. K.: Vereinzelte, große Steinzellen, die Calciumoxalatkristalle enthalten.

Radix Colombo enthält Alkaloide, Bitterstoffe und Schleim. Die Droge wird nur selten in Teemischungen als Stomachicum und Antidiarrhoicum verwendet.

Erläuterungen der Abb. 433 u. 434, Taf. 49.

Abb. 433: Schnittdroge, zweimal vergr.: Wurzelstückchen mit braunem, runzeligem Kork, dunkler Streifung auf der Innenseite des Periderms und zitronengelbe Stückchen aus der Rinde.

Abb. 434: Ganzdroge, nat. Gr.: Zwei Wurzelstücke in der bekannten Scheibenform mit tiefrunzeligem, braunem Periderm, zitronengelber Rinde, dunkler Kambiumzone und deutlich strahligem Holzkörper.

Radix Bardanae

Klettenwurzel

Arctium lappa L. u. a. Arctium-Arten. Asteraceae

Große Klette

Taf. 49, Abb. 435 u. 436

Die an der Außenseite hellgrauen bis schwärzlichbraunen, längsrunzeligen Wurzelstückchen zeigen in Querschnittsansicht eine weiße Rinde, in der bei Stückchen von jungen Wurzeln im äußeren Teil ein Ring einfacher brauner Sekretbehälter vorhanden ist, eine dunklere Kambiumzone und einen gelblichen oder bräunlichen, radial gestreiften Holzkörper mit schwammigem, oft bis in die Rinde hinein lückig zerrissenem, markartigem Zentralgewebe. Die sehr harten, hornartigen Stückchen schmecken schleimig.

M. K.: Gelbe Bastfasern, Parenchymzellen mit Inulinschollen und große Sekretbehälter.

Radix Bardanae enthält äther. Öl und Inulin. Die Droge wird nur selten in Teemischungen als Diureticum verwendet.

Erläuterungen der Abb. 435 u. 436, Taf. 49.

Abb. 435: Schnittdroge, zweimal vergr.: Wurzelstückchen in Oberflächen- und Querschnittsansicht.

Abb. 436: Ganzdroge, nat. Gr.: Zwei der Länge nach gespaltene Wurzelstücke mit längsrunzeliger Oberfläche.

Radix Ebuli

Attichwurzel

Sambucus ebulus L. Caprifoliaceae

Zwergholunder, Attich

Taf. 49, Abb. 437 u. 438

Die 10 bis 15 mm dicken, gelblichbraunen Wurzelstückchen mit groblängsrunzeliger Oberfläche zeigen in Querschnittsansicht eine bis zu 1 mm dicke Rinde, die mitunter abgefallen ist und einen für die Droge charakteristischen, sehr porösen Holzkörper, an dem zahlreiche, weite Gefäße und radiale Markstrahlen deutlich hervortreten. Das dunkelbraune Mark ist in den meisten Fällen vertrocknet, und die Stückchen sind daher in der Mitte hohl.

Radix Ebuli enthält Saponin, Gerbstoff und Bitterstoff. Die Droge wird in der Laienmedizin gerne in Teemischungen als Diureticum und Diaphoreticum verwendet.

Erläuterungen der Abb. 437 u. 438, Taf. 49.

Abb. 437: Schnittdroge, zweimal vergr.: Wurzelstückchen in Querschnittsansicht mit dunkler Rinde und porösem Holzkörper mit weiten Gefäßen und radialen Markstrahlen. Unten Wurzelstückchen in Oberflächenansicht.

Abb. 438: Ganzdroge, nat. Gr.: Gekrümmte Wurzelstücke mit groblängsrunzeliger Oberfläche.

Radix Pimpinellae

Bibernellwurzel

Pimpinellwurzel, weiße deutsche Theriakwurzel, Pfefferwurzel

Pimpinella saxifraga L. u. P. major (L.) HUDS.

Apiaceae

Kleine und große Bibernelle

Taf. 50, Abb. 439 u. 440

Die Wurzelstückchen besitzen eine gelbbraune bis graugelbe, quergeringelte oder fein längsrunzelige Oberfläche, im Querschnitt ein hellgelbes Periderm und eine breite weiße, nach außen zu etwas zerklüftete Rinde mit radial angeordneten, zahlreichen kleinen, braungelben, interzellularen Sekretbehältern. Ein deutlich entwickeltes dunkelbraunes Kambium umgibt den gelben, radial gestreiften Holzkörper (mit Mark bei Rhizomstückchen).

Die Wurzel riecht aromatisch und schmeckt brennend würzig, aber nicht bitter.

M. K.: Die großen tangential gestreckten, unmittelbar unter dem Kork liegenden Sekretbehälter sind abnorm breit.

Verfälschungen: Die Handelsdroge von R. Pimpinellae besteht mitunter fast ganz oder teilweise aus Wurzelstückchen von *Heracleum Sphondylium* (Wiesen-Bärenklau). Diese (Taf. 50, Abb. 439, rechte Hälfte) haben eine viel breitere und stärker zerklüftete Rinde, nur wenige und größere ovale Sekretbehälter und kein deutlich hervortretendes Kambium. Der Geruch ist bedeutend schwächer, der Geschmack beißend und deutlich bitter.

Radix Pimpinellae enthält äther. Öl, die Cumarinderivate Pimpinellin, Isopimpinellin und Isobergapten, etwas Gerbstoff und Harz. Die Droge wird in der Volksheilkunde häufig als Expectorans bei Heiserkeit, ferner als Diureticum, Stomachicum und Emmenagogum verwendet.

Erläuterungen der Abb. 439 u. 440, Taf. 50.

Abb. 439: Schnittdroge, zweimal vergr.: Linke Bildhälfte: Wurzelstückchen von Radix Pimpinellae mit nur wenig zerklüfteter Rinde, deutlicher Kambiumzone und gelbem Holzkörper. Rechte Bildhälfte: Als Verfälschung Wurzelstückchen von *Radix Heraclei* mit viel breiterer, stark zerklüfteter Rinde und ohne deutlich hervortretende Kambiumzone.

Abb. 440: Ganzdroge, nat. Gr.: Links Wurzelstock von *Radix Pimpinellae* und rechts von *R. Heraclei* mit mehreren Nebenwurzeln.

Radix Levistici

Liebstöckelwurzel

Levisticum officinale K. Apiaceae

Liebstöckel

Taf. 50, Abb. 441 u. 442

Die wachsartig weichen Wurzelstückchen sind von hell- bis dunkelrotbrauner Farbe, außen längsgerunzelt oder mitunter quergeringelt. Der Querschnitt zeigt eine sehr breite, schwammig lückige, außen weißliche, nach innen zu gelb- bis rötlichbraune Rinde mit Sekretzellen, deren Inhalt in Form glänzend brauner Tropfen wahrzunehmen ist. Das Kambium umschließt einen schmalen, zitronengelben, radial gestreiften Holzkörper (mit Mark bei Wurzelstockstückchen).

Die Wurzel riecht aromatisch und schmeckt gewürzhaft süß, ein wenig scharf, mit einem bitteren Nachgeschmack. Der Bruch ist glatt.

Radix Levistici enthält äther. Öl. Sie wird sehr häufig in Teemischungen als Diureticum, in der Volksmedizin auch als Emmenagogum und Aphrodisiacum verwendet.

Erläuterungen der Abb. 441 u. 442, Taf. 50.

Abb. 441: Schnittdroge, zweimal vergr.: Obere Bildhälfte: Wurzelstückchen in Querschnittsansicht. Untere Bildhälfte: Wurzelstückchen in Oberflächenansicht, längsgerunzelt oder quergeringelt. Rechts unten, gelbbraune Blattreste vom Wurzelstock.

Abb. 442: Ganzdroge, nat. Gr.: Quergeringelter Wurzelstock mit mehreren längsgerunzelten Wurzeln, am Scheitel mit Blattresten beschopft.

Radix Angelicae
Angelikawurzel
Angelica archangelica L. Apiaceae
Engelwurz, Theriakwurzel, Wasserangelika
Taf. 50, Abb. 443 u. 444

Die Schnittdroge besteht hauptsächlich aus den schwarzbraunen, dünnen, tieflängsfurchigen Stückchen der Adventivwurzeln. In Querschnittsansicht zeigen die Stückchen älterer Wurzeln eine breite, weißliche, zerklüftete Rinde mit auffallend vielen, radial angeordneten, braunen Sekretbehältern. Das dunkelbraune Kambium umschließt einen gelben, radial gestreiften Holzkörper.

Die Wurzel riecht stark gewürzhaft und schmeckt scharf würzig.

Die Wurzel unterliegt sehr leicht dem Insektenfraß. Zerfressene Stücke sind wertlos.

Verwechslungen mit den holzigen Wurzeln der *Angelica silvestris* können an den wenigen rotgelben Sekretbehältern erkannt werden.

Radix Angelicae enthält äther. Öl mit Phellandren und die Bitterstoffe (Furocumarine) Angelicin, Osthol und Osthenol. Die Droge wird häufig in Teemischungen als Stomachicum, Spasmolyticum und Carminativum verwendet.

Erläuterungen der Abb. 443 u. 444, Taf. 50.

Abb. 443: Schnittdroge, zweimal vergr.: Dünne, tieflängsrunzelige, schwarzbraune Wurzelstückchen in Oberflächenansicht und einzelne in Querschnittsansicht mit den radial angeordneten Sekretbehältern in der lockeren Rinde. Links unten, braune Blattreste vom Scheitel des Wurzelstockes. Rechts unten, von Insektenfraß befallene Stückchen.

Abb. 444: Ganzdroge, nat. Gr.: Zwei quergerunzelte Wurzelstockstücke mit zahlreichen, zopfartig verflochtenen, längsgerunzelten Wurzeln und schopfartigen Blattresten.

Radix Cichorii cum Herba
Zichorienwurzel
Cichorium intybus L. Asteraceae
Zichorie, Wegwarte, Blaue Distel
Taf. 51, Abb. 445 u. 446

Die außen hellbraunen, längsrunzeligen, 1 bis 2 cm dicken Wurzelstückchen zeigen in Querschnittsansicht einen dünnen, braunen Kork, eine breite, weißbraune Rinde, die radial von dunkleren, Milchröhren führenden Streifen durchzogen ist und einen zitronengelben, porösen, radial gestreiften, markhaltigen Holzkörper einschließt. Neben den Wurzelstückchen finden sich längsrinnige, mit kleinen Stacheln besetzte Stengelstücke, behaarte graugrüne Blattstückchen und vereinzelte, blaue Blütenblätter. Die Droge hat einen bitteren Geschmack.

Beimengungen von *Radix Taraxaci* (Abb. 447) mit konzentrischer Schichtung der Rinde und nicht radial gestreiftem Holzkörper wurden beobachtet.

Die Wurzeln kultivierter Pflanzen werden beträchtlich umfangreicher und durch die starke Entwicklung des parenchymatischen Gewebes in der Rinde und im Holzkörper fleischig. Sie werden in Querscheiben geschnitten (Abb. 446 links), getrocknet, geröstet, dann in Pulverform gebracht und zur Herstellung des Zichorienkaffees benützt.

Radix Cichorii cum Herba enthält den Bitterstoff Intybin und Cholin. Die Droge wird in der Volksmedizin in Teemischungen als Stomachicum und Cholagogum verwendet.

Erläuterungen der Abb. 445 u. 446, Taf. 51.

Abb. 445: Schnittdroge, zweimal vergr.: Obere Bildhälfte, Wurzelstückchen in Seitenansicht (1. Reihe) und Querschnittsansicht (2. Reihe). Untere Bildhälfte, längsrinnige Stengel- und behaarte Blattstückchen.

Abb. 446: Ganzdroge, nat. Gr.: Links Querscheibenstück einer kultivierten Wurzel mit großem Parenchymgewebe. Mitte ein mehrköpfiges, stielrundes, längsrunzeliges Wurzelstück. Rechts eine blaue Blüte und am Rande ein Stengelstück mit Blättern.

Radix Taraxaci cum Herba
Löwenzahnwurzel
Taraxacum officinale WEB. Asteraceae
Löwenzahn
Taf. 51, Abb. 447 u. 448

Die grob längsrunzeligen, dunkelbraunen Wurzelstückchen zeigen in Querschnittsansicht in der breiten, grauweißen bis bräunlichen Rinde mehrere deutlich in Erscheinung tretende, konzentrische Zonen von tangential aneinandergereihten, braunen Milchsaftröhren. Die dunkler gefärbte Kambiumzone umschließt einen zitronengelben, porösen, nicht strahligen Holzkörper, der entweder als fester Zentralzylinder ausgebildet oder gegen die Wurzelbasis hin unregelmäßig zerklüftet ist. Außer den Wurzelstückchen finden sich zahlreiche, wollig oder zottig behaarte, mitunter auch unbehaarte Blattstückchen, rotviolette Blattstielteile und gelbe Zungenblüten mit weißem Pappus.

Die steifen, spröden, harten Wurzelstückchen haben einen glatten Bruch und bitteren Geschmack.

M. K.: In der sekundären Rinde gegliederte, netzförmig verzweigte, anastomosierende Milchsaftschläuche mit gelbbraunem, körneligem Inhalt.

Radix Taraxaci cum Herba enthält den Bitterstoff Taraxacin, Inulin und Cholin. Die Droge wird sehr häufig in Teemischungen als beliebtes Bittermittel mit guter diuretischer Wirkung, ferner bei Gallen- und Leberleiden verwendet.

Erläuterungen der Abb. 447 u. 448, Taf. 51.

Abb. 447: Schnittdroge, zweimal vergr.: 1. bis 3. Reihe: Wurzelstückchen mit konzentrischer Schichtung der Rinde in Querschnittsansicht und grober Längsrunzelung in Oberflächenansicht. 4. Reihe: zottigbehaarte und unbehaarte Blattstückchen, gelbe Röhrenblüten und weiße Pappusteile (unterste Reihe).

Abb. 448: Ganzdroge, nat. Gr.: Links, mehrköpfige, groblängsrunzelige Wurzel; rechts, Wurzel mit grundständiger Blattrosette. Mitte unten, Blüte mit weißem Pappus.

Radix Gentianae
Enzianwurzel
Gelber Enzian
Gentiana lutea L. u. a. G.-Arten. Gentianaceae
Taf. 51, Abb. 449 u. 450

Die gelb- bis rotbraunen, quergeringelten Wurzelstock- und längsrunzeligen Wurzelstückchen zeigen in Querschnittsansicht eine dünne, mitunter poröse und lückige, nur in der Nähe des schwarzbraunen, wellig verlaufenden Kambiums durch die braunen Siebröhrengruppen undeutlich radial gestreifte Rinde und einen großen, hell- bis dunkelbraunen, nur in der kambialen Zone etwas radial strukturierten Holzkörper.

Ein sehr eindeutiges Kennzeichen der Wurzelstückchen ist ihr sehr stark bitterer Geschmack.

M. K.: Stärkefreie Parenchymzellen mit sehr dickwandigen, stark verbogenen Zellwänden, öltigen Tropfen und winzigen Oxalatnadeln.

Radix Gentianae enthält das bittere Glykosid Gentiopikrin, ferner Gentiogenin, Gentiamarin und Gentisin. Die Droge wird sehr häufig in Teemischungen als ein geschätztes Bittermittel und als Tonicum verwendet.

Erläuterungen der Abb. 449 u. 450, Taf. 51.

Abb. 449: Schnittdroge, zweimal vergr.: Wurzelstückchen längsrunzelig (1. Reihe) und Wurzelstückchen mit Querringelung (4. Reihe) in Oberflächenansicht. Die übrigen Stückchen meist in Querschnittsansicht.

Abb. 450: Ganzdroge, nat. Gr.: Links, Wurzelstock mit Querringelung und rechts, Wurzel mit grober Längsrunzelung.

Radix Ononidis

Hauhechelwurzel

Ononis spinosa L. Fabaceae

Hauhechel, Haudorn, Harnkraut

Taf. 52, Abb. 451 u. 452

Die Droge ist leicht zu erkennen an der charakteristischen radialen Struktur der 1 bis 2 cm dicken Wurzelstückchen in Querschnittsansicht. Auf eine schwarze, schuppige Borke folgt eine dünne, bräunliche Rinde, die den gelblichweißen Holzkörper umgibt, in dem die bräunlichen Holzteile und die dazwischenliegenden, ungleich breiten, weißen, keilförmigen Markstrahlen die auffallend radiale Streifung hervorrufen. Da der Ausgangspunkt der Strahlen vielfach exzentrisch liegt, kann mitunter eine fächerartige Struktur der Holz- und Markstrahlen zustandekommen. Die in ihrem Umriß meist unregelmäßig buchtig eingeschnittenen Wurzelstückchen besitzen auf der Außenseite eine schwarzbraune Färbung und eine die Droge gleichfalls kennzeichnende faserige Oberfläche.

Die Wurzel schmeckt kratzend, etwas zusammenziehend und süßlich. Der Bruch ist feinfaserig.

Radix Ononidis enthält das Glykosidgemenge Ononin mit Flavonglykosiden als Hauptanteil, ferner das glycyrrhizinähnliche Ononid sowie Onospin. Die Droge wird sehr häufig in Teemischungen als Diureticum verwendet.

Erläuterungen der Abb. 451 u. 452, Taf. 52.

Abb. 451: Schnittdroge, zweimal vergr.: Schwarzbraune Wurzelstückchen mit radialer Struktur in Querschnittsansicht und faseriger Beschaffenheit (unterer Bildrand).

Abb. 452: Ganzdroge, nat. Gr.: Wurzel mit vielköpfigem Wurzelstock und tieffurchige, gedrehte und faserige Wurzelstücke.

Radix Carlinae

Eberwurz-Wurzel

Carlina acaulis L. Asteraceae

Wetterdistel, Stengellose Eberwurz

Taf. 52, Abb. 453 u. 454

Die außen hellbraunen, groblängsrunzeligen, vielfach schraubig gedrehten, großen Wurzelstückchen besitzen in Querschnittsansicht eine dünne, braune, nach innen zu etwas heller gefärbte, mitunter harzig glänzende, lückige Rinde und einen mächtigen, hellgelben, durch bräunliche Markstrahlen radial gestreiften Holzkörper, der in charakteristischer Weise auffallend stark zerklüftet ist. In der Rinde und in dem Markstrahlgewebe des Holzes sind braunrote Sekretbehälter vorhanden.

Die Droge schmeckt scharf gewürzhaft und bittersüßlich.

Radix Carlinae enthält äther. Öl mit Carlinaoxyd. Die Droge wird in Teemischungen nur gelegentlich als Diureticum und Diaphoreticum verwendet.

Erläuterungen der Abb. 453 u. 454, Taf. 52.

Abb. 453: Schnittdroge, zweimal vergr.: Wurzelstückchen in Querschnittsansicht mit starker Zerklüftung des Holzteiles (linke u. obere Bildhälfte) und tieflängsrunzeliger Furchung in Oberflächenansicht (rechts untere Bildhälfte).

Abb. 454: Ganzdroge, nat. Gr.: Hellbraune, tieflängsrunzelige Wurzelstücke.

Radix Helenii

Alantwurzel

Inula helenium L. Asteraceae

Alant, Brustalant, Helenkraut

Taf. 52, Abb. 455 u. 456

Die graubraunen Wurzelstückchen lassen außer der feinen Längsrunzelung auf der Außenfläche und der braunen Kambiumlinie und einer radiären Streifung in Querschnittsansicht keine charakteristischen anatomischen Strukturen erkennen. Die unregelmäßig geformten, harten, hornartigen Stückchen zeigen ein harziges Glitzern, das durch die zahlreichen Sekretbehälter hervorgerufen wird.

Die eigenartig riechende Wurzel schmeckt gewürzhaft bitter.

Radix Helenii enthält äther. Öl mit Alantolactonen. Die Droge wird gelegentlich in Teemischungen als Expectorans, Diureticum, Cholereticum und als Anthelminticum verwendet.

Erläuterungen der Abb. 455 u. 456, Taf. 52.

Abb. 455: Schnittdroge, zweimal vergr.: Graubraune, hornartige, außen fein längsrunzelige Wurzelstückchen.

Abb. 456: Ganzdroge, nat. Gr.: Mehrköpfiger Wurzelstock mit zwei feinlängsrunzeligen Wurzeln.

Radix Saponariae rubrae

Seifenkrautwurzel

Saponaria officinalis L. Caryophyllaceae

Seifenkraut, Waschwurzel

Taf. 52, Abb. 457 u. 458

Die an der Außenseite rotbraunen, groblängsrunzeligen und tieffurchigen, spröden Wurzelstückchen zeigen in Querschnittsansicht eine dünne, weißliche Rinde und einen leuchtend gelben, breiten Holzkörper, der manchmal in der Mitte dunkelbraun punktiert ist. Bei den 1,5 bis 5 mm dicken, von Ausläufern stammenden Wurzelstückchen ist der Holzkörper halbiert oder in vier Teile geteilt (Abb. 457, 1. bis 3. Reihe).

Die Wurzel besitzt einen bitterlich-süßen, anhaltend kratzenden Geschmack. Die Abkochung der Wurzel schäumt wie Seifenwasser.

M. K.: Stärkefreies Rindenparenchym mit Calciumoxalatdrusen.

Als Verfälschungen wurden *Stipites Dulcamarae*, Taf. 60, Abb. 547 u. 548 beobachtet.

Radix Saponariae rubrae enthält Saponine, vor allem Saporubrin und Saporubrinsäure. Die Wurzel wird in Teemischungen als Expectorans und bei chronischen Hautleiden verwendet.

Erläuterungen der Abb. 457 u. 458, Taf. 52.

Abb. 457: Schnittdroge, zweimal vergr.: Wurzelstückchen mit zitronengelbem Holzkörper (4. Reihe), von Ausläufern stammend, mit halbiertem oder gevierteltem Holzteil (1. bis 3. Reihe) und in Oberflächenansicht (unten), grob längsrunzelig.

Abb. 458: Ganzdroge, nat. Gr.: Wurzelstücke grob längsrunzelig, die dünneren (rechts) von Ausläufern stammend.

Radix Ratanhiae

Ratanhiawurzel

Krameria triandra RUIZ et PAV. Krameriaceae

Rote Ratanhia

Taf. 52, Abb. 459 u. 460

Die braunroten Wurzelstückchen besitzen einen schwarzrotbraunen, glatten bis längsrunzeligen Kork, oder bei älteren Wurzeln eine von dem Holze sich leicht ablösende, rissige Borke. In Querschnittsansicht tritt besonders der mächtige, ziegelrote Holzkörper mit schwarzbraunem Mark in Erscheinung, der von einer braunroten, bis 1 mm dicken, ungefähr $^1/_6$ des Durchmessers einnehmenden Rinde umgeben ist. Die Innenseite der Rindenteile ist durch eingeschlossene Oxalatprismen und Kristallsand glitzernd. Der Holzkörper ist dicht und besitzt feine, sehr enggestellte Markstrahlen.

Verfälschungen mit Wurzeln anderer *Ratanhia*-Arten, die an der breiten Rinde zu erkennen sind, kommen vor. Die in Abb. 459 wiedergegebenen Wurzelstückchen einer Handelsdroge bestehen zum Teil aus Verfälschungen.

Radix Ratanhiae enthält Gerbstoff und Ratanhia-Gerbsäure. Die Droge wird nur selten in Teemischungen als Darmadstringens und als Gurgelmittel verwendet.

Erläuterungen der Abb. 459 u. 460, Taf. 52.

Abb. 459: Schnittdroge, zweimal vergr.: In der unteren Bildhälfte, links am Rande, in der Mitte und rechts am Rand in der 2. Reihe: Wurzelstückchen mit großem Holzkörper und nur sehr schmaler Rinde. Die übrigen Stückchen mit breiter Rinde sind als Verfälschungen anzusprechen.

Abb. 460: Ganzdroge, nat. Gr.: Zwei Wurzelstücke mit längsrunzeligem Kork (links) und teilweise sichtbarem Holzkörper (rechts).

Radix Rubiae tinctorum
Krappwurzel
Rubia tinctorum L. Rubiaceae
Krapp, Färberröte
Taf. 53, Abb. 461 u. 462

Die roten Wurzelstückchen besitzen eine groblängsrunzelige oder fein querrissige Oberfläche mit vielfach schuppigem, leicht abblätterndem, schokoladebraunem Kork oder mit einer Borke. Die Querschnittsstückchen lassen neben der dünnen, lockeren Korkschicht und der schmalen, fast schwarzbraunen Rinde einen mächtigen, auffallend ziegelrot gefärbten, porösen Holzkörper erkennen, der keine radiale Streifung zeigt, sondern lediglich bei etwas dickeren Stückchen Jahresringe besitzt. Im Gegensatz zu den marklosen Wurzelstückchen besitzen die von Ausläufern stammenden Stückchen ein großes, dunkelrotes und meist zerstörtes, zentrales Mark.
Der Bruch der Droge ist korkartig.

Radix Rubiae tinctorum enthält Di- und Trioxyanthrachinon-Glykoside wie Galiosin u. a. m. Die Droge wird nur mehr selten in Teemischungen bei Nieren- und Blasensteinen und als Diureticum bei arthritischen Beschwerden verwendet.

Erläuterungen der Abb. 461 u. 462, Taf. 53.

Abb. 461: Schnittdroge, zweimal vergr.: Wurzelstückchen mit ziegelrotem Holzkörper, schmaler rotbrauner Rinde und dünnem, abblätterndem Kork.

Abb. 462: Ganzdroge, nat. Gr.: Drei Wurzelstücke mit längsrunzeliger Oberfläche und abblätterndem Kork.

Radix Consolidae
Schwarzwurz-Wurzel
Symphytum officinale L. Boraginaceae
Beinwell, große Wallwurz, Schwarzwurz
Taf. 53, Abb. 463 u. 464

Die Wurzelstücke sind sehr eindeutig gekennzeichnet durch ihre tiefschwarze, längsfurchige Außenseite und die auffallend weiße bis weißgraue Innenseite.
Die harten, hornartigen Stückchen haben einen spröden, wachsartigen Bruch.

Radix Consolidae enthält Schleim, Gerbstoff, Asparagin und etwas äther. Öl. Die Droge wird nur selten in Teemischungen als Adstringens und einhüllendes Mittel, äußerlich zu Umschlägen bei Beingeschwüren und schlecht granulierenden Wunden verwendet.

Erläuterungen der Abb. 463 u. 464, Taf. 53.

Abb. 463: Schnittdroge, zweimal vergr.: Längsfurchige Wurzelstückchen mit tiefschwarzer Außen- und weißer Innenseite.

Abb. 464: Ganzdroge, nat. Gr.: Eine in zwei Teile gebrochene Wurzel mit schwarzer Außen- und weißer Innenseite.

Radix Senegae
Senegawurzel
Polygala senega L. Polygalaceae
Senega
Taf. 53, Abb. 465 u. 466

Die hell- bis dunkelbraunen, längsrunzeligen oder quergeringelten Wurzelstückchen besitzen als Hauptmerkmal einen an dem kreisförmigen Umriß der

scheibenförmigen Stückchen stark hervortretenden Kiel. Die Querschnittsstückchen zeigen eine grauweiße Rinde und einen weißgelben Holzkörper, der auf der dem Kiel gegenüberliegenden Seite keilförmig eingeschnitten oder abgeflacht ist. Mitunter trifft man auf einzelne Wurzelstückchen, die weder Kiel noch den kegelförmigen Einschnitt im Holzteil erkennen lassen. Gelegentlich finden sich auch knorrige Stückchen des vielköpfigen Wurzelstockes mit rötlichen Knospen und Stengelbasenresten.
Die Wurzel schmeckt kratzend.

Radix Senegae enthält die Saponine Senegin und Polygalasäure. Die Wurzel wird nur selten in Teemischungen als Expectorans verwendet.

Erläuterungen der Abb. 465 u. 466, Taf. 53.

Abb. 465: Schnittdroge, zweimal vergr.: Obere Bildhälfte, Wurzelstückchen mit Kiel und kegelförmig ausgeschnittenem Holzteil. Untere Bildhälfte, längsrunzelige Wurzelstückchen in Oberflächenansicht und knorrige, mehrknospige Wurzelstockstückchen.

Abb. 466: Ganzdroge, nat. Gr.: Drei Wurzeln mit knorrigem, vielknospigem Wurzelstock, mit als steile Spirale herablaufendem Kiel und wulstiger Querringelung.

Radix Ipecacuanhae
Brechwurzel
Cephaëlis (= Uragoga) ipecacuanha RICH. u. C. acuminata KARST. Rubiaceae
Ipecacuanha
Taf. 53, Abb. 467 u. 468

Die bis zu 5 mm dicken, knotig geringelten, an der Außenfläche schwarzbraunen und fein längsstreifigen Wurzelstückchen zeigen in Querschnittsansicht eine breite, weißlichgraue bis bräunliche Rinde und einen nur $^1/_3$ bis $^1/_5$ des Wurzeldurchmessers einnehmenden, gelblichen Holzkörper ohne Mark. Mitunter ist der Holzkörper aus den scheibenförmigen Stückchen der Schnittdrogenteile herausgefallen oder er ist durch Abspringen der Rinde stellenweise freigelegt und tritt dann als sehr zähe, gelbliche, stielrunde, stengelartige Stückchen einzeln in Erscheinung (Rio Ipecacuanha). — Die bis vor kurzem als Verfälschung geltenden Wurzelstücke von C. acuminata sind bedeutend breiter und besitzen wenig ausgeprägte Wülste (Carthagena Ipecacuanha) Abb. 468 rechts unten.
Der Bruch der Rinde ist glatt und hornartig. Der Geschmack ist widerlich und schwach bitter.

Verfälschungen: Die graubraunen, dicken, fein längsgestreiften und in größeren Abständen eingeschnürten Wurzeln von *Psychotria emetica* MUTIS (Radix Ipecac. nigra [glycyphloea]), Rubiaceae. Neben diesen Verfälschungen kommen vielfach noch zahlreiche Beimengungen von sehr verschiedenartigen Wurzeln vor, die aber immer an ihrer unterschiedlichen Struktur zu erkennen sind.

Radix Ipecacuanhae enthält u. a. die Alkaloide Emetin, Cephaëlin, Psychotrin und ein Saponin. Die Droge wird als Expectorans und Brechmittel nur selten in Teemischungen verwendet.

Erläuterungen der Abb. 467 u. 468, Taf. 53.

Abb. 467: Schnittdroge, zweimal vergr.: Obere Bildhälfte, Wurzelstückchen in Querschnittsansicht mit breiter Rinde und gelbem Holzkörper (an einigen Stückchen herausgefallen). Untere Bildhälfte, Wurzelstückchen in Oberflächenansicht mit deutlich entwickelter knotiger Ringelung, dazwischen einzelne stielrunde Holzkörper, von denen die Rinde abgesprungen ist, und in der untersten Reihe doppelt so dicke Wurzelstückchen von *Rad. Ipecac. Carthagena*.

Abb. 468: Ganzdroge, nat. Gr.: Linke Bildhälfte, vier deutlich knotig geringelte Wurzelstücke der offizinellen Droge. Als Verfälschung, rechts oben, *Rad. Ipecac. nigra striata* und rechts unten, *Rad. Ipecac. Carthagena*.

Radix Sarsaparillae
Sarsaparillwurzel
Smilax saluberrima GILG u. a. S.-Arten. Liliaceae
Sarsaparille
Taf. 53, Abb. 469 u. 470

Die Droge ist in Teemischungen sehr leicht an den stielrunden, grob längsfurchigen, braunen, 3 bis 5 mm

dicken Wurzelstückchen zu erkennen, die als Hauptmerkmal in Querschnittsansicht einen zahnradähn-
lichen Umriß besitzen. Die Querschnittsstückchen
zeigen eine breite, mehligweiße bis fleischfarbene
Rinde und einen gelblichen Zentralzylinder, der in
charakteristischer Weise in einen gelben, porösen
Holzkörper mit großlumigen Gefäßen und in ein weißes, weiches Mark untergeteilt ist.
Die Wurzel hat einen schleimigen, kratzenden
Geschmack und einen mehlig weißen Bruch.
Neben der offizinellen Hondurassorte finden auch
die Veracruz-Sarsaparille *(S. medica SCHLECHT. et
CHAM.)* mit sehr tiefen Längsfurchen, dunkelbrauner Rinde und schmalem, weißlichem Zentralzylinder (Abb. 469 Mitte) und die hellrotbraunen Wurzeln
der *Jamaica*-Sarsaparille *(S. officinalis KUNTH)* Verwendung.

Die Verfälschungen der Droge sind so häufig und so verschiedenartig,
daß sie hier nicht aufgeführt werden können; bei Beachtung der charakteristischen Merkmale der offizinellen Droge sind diese meist leicht zu
erkennen.

Radix Sarsaparillae enthält Saponine. Die Droge wird häufig in Teemischungen zur Blutreinigung, als Diureticum und Diaphoreticum verwendet.

Erläuterungen der Abb. 469 u. 470, Taf. 53.

Abb. 469: Schnittdroge, zweimal vergr.: Obere Bildhälfte, Wurzelstückchen der offizinellen *Honduras*-Sarsaparille mit schwach ausgeprägter
Längsfurchung und weißer Rinde. Untere Bildhälfte, Wurzelstückchen
mit stark ausgeprägter Längsfurchung und dunkelbrauner Rinde von der
Veracruz-Sarsaparille und vorletzte Reihe, rechts am Rand, mit rotbrauner Rinde von *Jamaica*-Sarsaparille. Vorletzte Reihe, Mitte und
unterste Reihe, Verfälschungen der Droge.

Abb. 470: Ganzdroge, nat. Gr.: Die ersten drei hellbraunen Wurzelstücke
mit schwacher Längsfurchung stammen von der offizinellen *Honduras*-
Sarsaparille. Die vierte, schwarzbraune, tieffurchige, dicke Wurzel ist
eine *Veracruz*- und die fünfte, hellrotbraune eine *Jamaica*-Sarsaparille.

Radix Caryophyllatae

Nelkenwurz-Wurzel

Geum urbanum L. Rosaceae

Echte Nelkenwurz

Taf. 53, Abb. 471 u. 472

Die Schnittdroge besteht aus dunkelbraunen, kleinschuppig quergeringelten Wurzelstock- und hellbraunen, 2 bis 3 mm dicken, kantigbrüchigen Wurzelstückchen. Querschnittsbruchstückchen des Wurzelstockes und der Hauptwurzel zeigen eine dünne,
braunrote Rinde, einen gelblichen, ringförmigen oder
durch breite Markstrahlen unterbrochenen Holzkörper und ein großes, oft sternförmig ausgebildetes,
rötlichbraun gefärbtes, mitunter zerklüftetes Mark.
Die Droge besitzt einen nelkenähnlichen Geruch.

Radix Caryophyllatae enthält das Glykosid Gein, äther. Öl mit Eugenol, ferner Bitterstoff und Gerbstoff. Die Wurzel wird nur selten in Teemischungen als Adstringens und Stomachicum verwendet.

Erläuterungen der Abb. 471 u. 472, Taf. 53.

Abb. 471: Schnittdroge, nat. Gr.: Wurzelstock- und Hauptwurzelstückchen in Oberflächen- und Querschnittsansicht. Unteres Bilddrittel, längliche, kantige Wurzelstückchen.

Abb. 472: Ganzdroge, nat. Gr.: Zwei Wurzelstöcke mit Stengel- und
Blattstielresten bedeckt, kegelförmig verjüngt in die Hauptwurzel über-
gehend, kleinschuppig quergeringelt und mit den bis zu 5 cm langen
Wurzeln besetzt.

Radix Primulae

Primelwurzel

Primula veris L. u. Pr. elatior (L.)

Frühlingsschlüsselblume, Apothekerprimel
und hohe Schlüsselblume

Taf. 54, Abb. 473 u. 474

Die Schnittdroge besteht aus hellgelben *(Pr. v.)* und
bräunlichen *(Pr. e.),* ungefähr 1 bis 3 mm dicken,
längsgefurchten, sehr brüchigen Wurzel- und warzig-

höckerigen, mit zahlreichen Narben versehenen
Wurzelstockstückchen. Querschnittsbruchstückchen
lassen nur selten die anatomischen Einzelheiten, eine
sehr breite Rinde, einen schmalen, gelben Gefäßbün-
delring und ein weißes Mark, erkennen.
Die Droge riecht nach Anis und schmeckt kratzend.

M. K.: Innerhalb der Endodermis in zwei Kreisen angeordnete Gefäßbündel.

Radix Primulae enthält Saponine, vor allem Primulasäure, ferner Phe-
nolglykoside, Flavone und Kieselsäure. Die Droge findet vielfach in
Teemischungen als vorzügliches Expectorans mit diuretischer Wirkung
Verwendung.

Erläuterungen der Abb. 473 u. 474, Taf. 54.

Abb. 473: Schnittdroge, zweimal vergr.: Wurzel- und Wurzelstockstückchen.

Abb. 474: Ganzdroge, nat. Gr.: Warzig höckerige Wurzelstöcke mit bart-
artig nach abwärts hängenden Wurzeln.

Radix Valerianae

Baldrianwurzel

Valeriana officinalis L. Valerianaceae

Baldrian

Taf. 54, Abb. 475 u. 476

Die Schnittdroge besteht fast ausschließlich aus den
1 bis 2 mm dicken, grau- bis gelbbraunen, stielrunden
und fein längsstreifigen Wurzelstückchen, die vor
allem auch an ihrem sehr starken charakteristischen
Baldriangeruch und bittersüßen, würzigen Geschmack
zu erkennen sind. Nur sehr vereinzelt kommen
unregelmäßig geformte Wurzelstockstückchen und
Stengel- und Blattbasenreste vor.

M. K.: Epidermis mit Wurzelhaaren und Hypodermis mit verkorkten
Ölzellen.

Radix Valerianae enthält äther. Öl mit Isovaleriansäureester und die
erst vor kurzem bekannt gewordenen „Valepotriate". Die Droge wird
sehr häufig in Teemischungen als Sedativum verwendet.

Erläuterungen der Abb. 475 u. 476, Taf. 54.

Abb. 475: Schnittdroge, zweimal vergr.: Stielrunde, fein längsstreifige,
graubraune Wurzelstückchen und (links unten) Stengel- und Blattbasenreste.

Abb. 476: Ganzdroge, nat. Gr.: Knolliger Wurzelstock mit Blattschopf-
resten am Scheitel und zahlreichen Wurzeln.

Radix Artemisiae

Beifußwurzel

Artemisia vulgaris L. Asteraceae

Echter Beifuß, Fliegenkraut

Taf. 54, Abb. 477 u. 478

Die Schnittdroge besteht größtenteils aus den 1 bis
2 mm dicken, dunkelgrauen, innen weißen, stielrunden und längsfurchigen Wurzelstückchen. Größere
Wurzelstock- und Ausläuferstückchen kommen nur
sehr selten vor.
Die Wurzel hat einen süßlich scharfen Geschmack,
der Bruch ist hornartig und weißlich.

Radix Artemisiae enthält äther. Öl mit Cineol, ferner Inulin, Gerbstoff
und Harz. Die Wurzel wird nur selten in Teemischungen als Spasmolyticum und Emmenagogum verwendet.

Erläuterungen der Abb. 477 u. 478, Taf. 54.

Abb. 477: Schnittdroge, zweimal vergr.: Dunkelgraue, längsfurchige
Wurzel- und größere Wurzelstockstückchen.

Abb. 478: Ganzdroge, nat. Gr.: Wurzelstock mit zahlreichen Wurzeln.

Radix Arnicae

Arnikawurzel

Arnica montana L. Asteraceae

Bergwohlverleih

Taf. 55, Abb. 479 u. 480

Die Schnittdroge besteht hauptsächlich aus den dunkelbraunen, 3 bis 6 mm dicken, auf der Außenfläche

undeutlich geringelten und von den Blatt- und Stengelnarben feinhöckerigen Wurzelstockteilen und den rotbraunen, etwa 1 mm dicken Wurzelstückchen. Der Querschnitt der Wurzelstockstückchen zeigt eine graue Rinde, ein graubraunes Mark und dazwischen deutlich in Erscheinung tretende, zahlreiche einzelne Leitbündel. In der Rinde liegen unmittelbar am Kambium weite Sekretgänge.
Die Wurzel schmeckt aromatisch, scharf und bitter.

Radix Arnicae enthält äther. Öl mit Thymohydrochinondimethyläther und Phlorolisobuttersäureester, Harz und Gerbstoff. Die Droge wird gelegentlich in Teemischungen, ähnlich wie *Flores Arnicae* verwendet.
Erläuterungen der Abb. 479 u. 480, Taf. 55.
Abb. 479: Schnittdroge, zweimal vergr.: Wurzelstockstückchen mit den deutlich sich abhebenden Leitbündeln und Wurzelstückchen (unten).
Abb. 480: Ganzdroge, nat. Gr.: Gekrümmte, zylindrische Wurzelstöcke, undeutlich geringelt und narbig feinhöckerig mit zahlreichen Wurzeln.

Radix Chelidonii

Schöllkrautwurzel

Chelidonium majus L. Papaveraceae

Schöllkraut, Warzenkraut

Taf. 55, Abb. 481 u. 482

Die Schnittdroge besteht aus den schwarzbraunen, unregelmäßig geformten, am Bruche orangegelben bis rotbraunen Wurzelstock- und fein längsgestreiften Wurzelstückchen.

Radix Chelidonii enthält mehrere Alkaloide. Die Wurzel findet nur sehr selten in Teemischungen bei Gallen- und Leberleiden Verwendung.
Erläuterungen der Abb. 481 u. 482; Taf. 55.
Abb. 481: Schnittdroge, zweimal vergr.: Obere Bildhälfte Wurzelstock-, untere Bildhälfte Wurzelstückchen.
Abb. 482: Ganzdroge, nat. Gr.: Vielköpfiger, gegabelter Wurzelstock mit Wurzeln.

Radix Asari cum Herba

(Rhizoma Asari)

Haselwurz-Wurzel

Asarum europaeum L. Aristolochiaceae

Europäische Haselwurz

Taf. 55, Abb. 483 u. 484

Die Schnittdroge besteht hauptsächlich aus den 2 bis 3 mm dicken, länglichen, unregelmäßig vierkantigen und zart längsgestreiften, grau- bis rotbraunen Wurzelstockstückchen, die an den Knoten Blattnarben und auf der Unterseite dünne, fadenförmige, hellere Wurzeln tragen. Häufig finden sich auch etwas steife, leicht geschrumpfte, hell- bis dunkelgraugrüne Blattstückchen der langgestielten, nierenförmigen, ganzrandigen Blätter, Teile der braunen Fruchtkapseln

und einzelne eigentümlich quergerunzelte, dunkelgraue, eiförmige Samen.
Die Drogenstückchen besitzen einen pfefferartigen, gewürzhaften Geschmack, beim Kauen wird Zunge und Gaumen anästhesiert; der Drogenstaub reizt zum Niesen.

Radix Asari c. Herba enthält äther. Öl mit Asaron. Die Droge wird in der Volksheilkunde gelegentlich in Teemischungen als Emeticum und Diureticum (mißbräuchlich auch als Abortivum) verwendet.
Erläuterungen der Abb. 483 u. 484, Taf. 55.
Abb. 483: Schnittdroge, zweimal vergr.: Vierkantige Wurzelstock- und dünne Wurzelstückchen. Leicht gerunzelte Blattstückchen (oberer Bildrand) und Fruchtkapseln mit quergeringelten Samen (rechts unten).
Abb. 484: Ganzdroge, nat. Gr.: Vierkantige Wurzelstockstücke mit anhängenden Nebenwurzeln. Ein zusammengefaltetes nierenförmiges Blatt und braune Fruchtkapseln.

Radix Saniculae

Sanikelwurzel

Sanicula europaea L. Apiaceae

Sanikel, Wundsanikel, Heil aller Schäden, Bruchkraut, Heildolde

Taf. 55, Abb. 485 u. 486

Die Schnittdroge besteht aus schwarz- bis hellbraunen, schneidezahnförmigen, fein längsrunzeligen Wurzelstock- und dunkelbraunen, fadenförmigen, 1/2 bis 1 mm dicken Wurzelstückchen.
Die Droge wird mitunter mit den Wurzeln von *Cardamine enneaphyllos (L.) CRANTZ* (Zahnwurz) verwechselt.

Radix Saniculae enthält Saponine, Bitterstoff und Gerbstoff. Die Droge wird heute nur noch sehr selten in Teemischungen gegen innere Blutungen und als Wundheilmittel verwendet.
Erläuterungen der Abb. 485 u. 486, Taf. 55.
Abb. 485: Schnittdroge, zweimal vergr.: Obere Bildhälfte, schwarzbraune Wurzelstock- und untere Bildhälfte, Wurzelstückchen.
Abb. 486: Ganzdroge, nat. Gr.: Wurzelstöcke mit der charakteristischen, schneidezahnförmigen Struktur.

Radix Polygalae

Kreuzblumenkraut-Wurzel

Polygala amara L. Polygalaceae

Bitteres Kreuzblumenkraut

Taf. 55, Abb. 487 u. 488

Die Schnittdroge besteht aus rötlichgelben oder gelbbraunen, etwa 1 mm dicken, fadenförmigen, holzigen Wurzelstückchen mit leicht ablösbarem Kork und kleinen, vielköpfigen Wurzelstockstückchen.

Radix Polygalae enthält Saponine und den Bitterstoff Polygalin. Die Wurzel wird gelegentlich in Teemischungen als Expectorans und zur Förderung der Milchsekretion verwendet.
Erläuterungen der Abb. 487 u. 488, Taf. 55.
Abb. 487: Schnittdroge, zweimal vergr.: Vielköpfige Wurzelstock- und fadenförmige Wurzelstückchen.
Abb. 488: Ganzdroge, nat. Gr.: Wurzelstöcke mit fadenförmigen Wurzeln.

WURZELSTOCKDROGEN

Für die Erkennung der Wurzelstockdrogen in Teemischungen bietet die Farbe der einzelnen Rhizome einen sehr charakteristischen Anhaltspunkt. Auf Taf. 56 u. 57 sind in den Abb. 489 bis 498 weiße, gelblich- und grauweiße, in den Abb. 499 bis 504 gelbe und in den Abb. 505 bis 512 braune und schwarzbraune Rhizomdrogen wiedergegeben.

Rhizoma Iridis

Veilchenwurzel

Iris germanica L., I. pallida LAM. u. I. florentina L.

Iridaceae

Deutsche, blaßviolette u. florentin. Schwertlilie

Taf. 56, Abb. 489 u. 490

Die Schnittdrogenteile sind sehr unregelmäßig geformte, harte, weiße oder gelbliche Rhizomstückchen, die außer einigen kreisrunden, bräunlichen Wurzelabgangsstellen keine Oberflächen- oder Querschnittsstrukturen erkennen lassen.

Die Rhizomstückchen besitzen einen mehligen, etwas kratzenden Geschmack. Der veilchenartige Geruch der Ganzdroge ist an den einzelnen Schnittdrogenstückchen kaum mehr wahrzunehmen.

M. K.: Große Kristalle von Calciumoxalat und dickwandige, getüpfelte Parenchymzellen mit großen Stärkekörnern, die einen hufeisenförmigen Spalt besitzen.

Rhizoma Iridis enthält Schleim, äther. Öl, das veilchenartig duftende Keton Iron und das Glykosid Iridin. die Droge wird in Teemischungen als Mucilaginosum verwendet.

Erläuterungen der Abb. 489 u. 490, Taf. 56.

Abb. 489: Schnittdroge, zweimal vergr.: Unregelmäßig geformte, weiße Rhizomstückchen. Einzelne mit bräunlichen Wurzelabgangsstellen.

Abb. 490: Ganzdroge, nat. Gr.: Rhizomstücke mit von den Blattansätzen herrührender Ringelung und punktförmigen Gefäßbündeln auf der Oberseite (links) und bräunlichen, kreisrunden Abgangsstellen der Wurzeln auf der Unterseite (rechts).

Rhizoma Calami

Kalmuswurzel

Acorus calamus L. Araceae

Kalmus

Taf. 56, Abb. 491 u. 492

Die rötlichweißen, unregelmäßig geformten, geschälten Rhizomstückchen lassen in Querschnittsansicht in der Rinde und im Zentralzylinder verstreute Gefäßbündel erkennen. Auf der Unterseite besitzen sie einzelne, kreisförmige Wurzelnarben. Bei Verwendung ungeschälter Droge sind an der braunen Außenfläche oberseits die Blattnarben in Form brauner, dreieckiger Felder und stark runzeliger Streifen und unterseits die Wurzelnarben sehr ausgeprägt vorhanden.

Die porösen, weichen Kalmusstückchen riechen stark gewürzhaft und schmecken würzigbitter.

Bei guter Droge ist der Querschnitt weißlich, bei minderwertiger, alter Ware gelblich oder bräunlich.

M. K.: Aerenchym mit Sekretzellen an den Schnittpunkten der Gewebeplatten. Die gelblichen Ölzellen besitzen verkorkte Wände.

Rhizoma Calami enthält äther. Öl mit Asaron, den Bitterstoff Acorin und Schleim. Die Droge wird sehr häufig in Teemischungen als gutes aromatisches Bittermittel verwendet.

Erläuterungen der Abb. 491 u. 492, Taf. 56.

Abb. 491: Schnittdroge, zweimal vergr.: Unregelmäßig geformte Rhizomstückchen von geschälter Droge (obere Bildhälfte) und von ungeschälter Droge (untere Bildhälfte) mit kreisförmigen, braunen Wurzel- und Blattnarben.

Abb. 492: Ganzdroge, nat. Gr.: Geschälte Rhizomstücke von der Außenseite (links) mit braunen, kreisförmigen Wurzelnarben und von der Innenseite (rechts) mit porösem Gewebe.

Rhizoma Zingiberis

Ingwerwurzel

Zingiber officinale ROSC. Zingiberaceae

Ingwer

Taf. 56, Abb. 493 u. 494

Die Droge ist leicht zu erkennen an den zahlreichen, aus den unregelmäßig geformten, geschälten, gelb-lichweißen Rhizomstückchen lang herausragenden Fasern (Gefäßbündel).

Ingwer riecht sehr kräftig gewürzhaft und schmeckt würzig brennend scharf.

M. K. Sackförmige Stärkekörner mit vorgezogenem Spitzchen und exzentrischem Schichtungszentrum.

Als Verfälschung kommt extrahierte Droge oder mit Schwefeldioxyd oder Chlor künstlich gebleichter oder mit Gips und Kreide geschönter Ingwer in Betracht.

Rhizoma Zingiberis enthält „Gingerol" mit Zingeron, ferner äther. Öl mit Zingiberen und Zingiberol. Die Droge wird nur gelegentlich in Teemischungen als appetitanregendes Mittel und Geruchs- und Geschmackskorrigens angewendet.

Erläuterungen der Abb. 493 u. 494, Taf. 56.

Abb. 493: Schnittdroge, zweimal vergr.: Langfaserige, unregelmäßig geformte Rhizomstückchen.

Abb. 494: Ganzdroge, nat. Gr.: Sympodial verzweigtes, geschältes, gelblich-graues Rhizom mit längsgerunzelten Triebknollen.

Rhizoma Graminis

Queckenwurzel

Agropyron repens (L.) PAL. BEAUV. Poaceae

Gemeine Quecke

Taf. 56, Abb. 495 u. 496

Die Schnittdroge besteht aus den strohgelben, glänzenden, längsgefurchten, hohlen Stengelgliedern und den mit sehr dünnen, fadenförmigen Wurzeln und kurzen, gefransten, häutigen, bräunlichen Niederblattscheiden besetzten Knotenstückchen der langen, ästigen Wurzelstücke.

Die Rhizomstückchen schmecken beim Kauen etwas süß.

M. K.: Stärkekörner dürfen nicht vorhanden sein.

Verfälschungen: Stärkehaltige Wurzelstockstückchen von *Cynodon dactylon* (Bermuda-Gras) und *Carex arenaria* (Sandsegge).

Rhizoma Graminis enthält ein schwach hämolytisch wirkendes Saponin, Triticin und Schleim. Die Droge wird sehr häufig in Teemischungen als Diureticum, Diaphoreticum und als Blutreinigungsmittel verwendet.

Erläuterungen der Abb. 495 u. 496, Taf. 56.

Abb. 495: Schnittdroge, zweimal vergr.: Obere Bildhälfte, strohgelbglänzende, tieffurchige Stengelglieder und untere Bildhälfte, mit Wurzeln und Niederblattscheiden besetzte Knotenstückchen.

Abb. 496: Ganzdroge, nat. Gr.: Teilstücke der sehr langen, ästigen Wurzelstöcke mit Internodien und mit fadenförmigen Wurzeln und braunen, zerfransten Niederblattscheiden besetzten Knotenstückchen.

Rhizoma Zedoariae

Zitwerwurzel

Curcuma zedoaria ROXB. Zingiberaceae

Zitwer

Taf. 56, Abb. 497 u. 498

Die Schnittdroge besteht aus unregelmäßig geformten, graubraunen, außen mit runzeligem Kork, kreisförmigen Wurzelnarben und kurzen Wurzelresten versehenen Wurzelstockstückchen.

Die Rhizomstückchen riechen etwas nach Kampfer und schmecken gewürzhaft bitter. Der Bruch ist glatt und fast hornartig.

M. K.: Epidermis mit zahlreichen langen, derbwandigen, einzelligen, spitzen Haaren. Sackförmige, exzentrisch geschichtete Stärkekörner.

Rhizoma Zedoariae enthält äther. Öl und wird gelegentlich in Teemischungen als Magenmittel und Geschmackskorrigens verwendet.

Erläuterungen der Abb. 497 u. 498, Taf. 56.

Abb. 497: Schnittdroge, zweimal vergr.: Unregelmäßig geformte graubraune Rhizomstückchen. Einige mit runzeligem Kork und Wurzelresten (rechts unten).

Abb. 498: Ganzdroge, nat. Gr.: Querscheiben aus dem knolligen Wurzelstockteil mit runzelig korkiger Außenseite, Wurzelnarben und Wurzelresten. Die Endodermis trennt die schmale Rinde von dem mächtigen Zentralzylinder (unteres Scheibenstück).

Rhizoma Rhei

Radix Rhei

Rhabarberwurzel

Rheum palmatum L. und *R. rhabarbarum L.*

Polygonaceae

Rhabarber

Taf. 56, Abb. 499 u. 500

Die unregelmäßig geformten, goldgelben, meist etwas bestäubten Rhabarberstückchen sind in Teemischungen leicht zu erkennen an ihrer auffallenden, orangeroten Marmorierung, Sprenkelung oder Streifung und dem körnigen, bröckeligen Querbruch.

Die Rhizomstückchen schmecken schwach würzigbitter und knirschen beim Kauen zwischen den Zähnen.

M. K.: Große morgensternförmige Calciumoxalatdrusen und unverholzte, sehr weite Netzgefäße.

Verfälschungen mit den Rhizomstückchen von *Rheum rhaponticum L.*, dem Mönchsrhabarber (*„Radix Rhei austriaci“*) können an dem Vorhandensein einer strahligen Zeichnung in Querschnittansicht und der bläulich-violetten Fluoreszens (Rhaponticin) im ultravioletten Licht erkannt werden.

Rhizoma Rhei enthält Anthrachinonderivate, Gerbstoffe und Harz. Die Droge wird häufig in Teemischungen als dickdarmerregendes Abführmittel, Bittermittel, Antidiarrhoicum und Cholereticum verwendet.

Erläuterungen der Abb. 499 u. 500, Taf. 56.

Abb. 499: Schnittdroge, zweimal vergr.: Orangerot punktierte oder gestreifte Rhizomstückchen.

Abb. 500: Ganzdroge, nat. Gr.: Walzenförmiges Rhizomstück mit netzartiger Zeichnung der Oberfläche (durch helle Gefäße und braune Masern bedingt).

Rhizoma Curcumae

Gelbwurz-Wurzel

Curcuma domestica VAL. Zingiberaceae

Kurkuma

Gelbwurzel, Gilbwurzel

Taf. 57, Abb. 501 u. 502

Die Schnittdroge besteht aus hellgrüngelben bis schmutziggelben, hornartigen, auf der Außenfläche schwach gerunzelten, unregelmäßig geformten Stückchen.

Die Rhizomstückchen schmecken gewürzhaft scharf und zeigen einen orangegelben Bruch. Beim Kauen färbt sich der Speichel gelb.

Rhizoma Curcumae enthält äther. Öl, scharf schmeckende Substanzen und den Farbstoff Curcumin. Die Droge wird mitunter in Teemischungen bei Gallenleiden und als Magenmittel verwendet.

Erläuterungen der Abb. 501 u. 502, Taf. 57.

Abb. 501: Schnittdroge, zweimal vergr.: Grüngelbe bis schmutziggelbe, unregelmäßig geformte Rhizomstückchen.

Abb. 502: Ganzdroge, nat. Gr.: Zwei gerunzelte Rhizomstücke mit den Narben der abgebrochenen Seitenknöllchen besetzt.

Rhizoma Hydrastis

Hydrastiswurzel

Hydrastis canadensis L. Ranunculaceae

Kanadische Gelbwurz

Taf. 57, Abb. 503 u. 504

Die Schnittdroge besteht aus unregelmäßig geformten, auf der Außenfläche dunkel- bis hellgraubraunen, dicht quergeringelten und auf der Innenseite leuchtend grünlichgelben Rhizomstückchen und den zahlreichen, bis 1 mm dicken, außen hellgraubraunen, innen gelbgrünen, brüchigen Wurzelstückchen. Die auffallende, grünlichgelbe Farbe der Innenseite der Drogenstückchen ist das Hauptkennzeichen von *Rhizoma Hydrastis*.

Die Drogenteile schmecken sehr bitter und färben beim Kauen den Speichel gelb.

Rhizoma Hydrastis enthält Alkaloide wie Hydrastin, Berberin, Canadin und Mekonin. Die Droge wird nur sehr selten in Teemischungen als Bittermittel, bei Magen- und Darmerkrankungen, vor allem bei Blutungen und gegen Hämorrhoiden verwendet.

Erläuterungen der Abb. 503 u. 504, Taf. 57.

Abb. 503: Schnittdroge, zweimal vergr.: Hellgraubraune, an den Bruchflächen grünlichgelbe, unregelmäßig geformte Rhizom- und dünne, fadenförmige Wurzelstückchen.

Abb. 504: Ganzdroge, nat. Gr.: Knollig verdickte, dicht quergeringelte Rhizome mit zahlreichen, brüchigen Wurzeln und Überresten von Stengelbasen an der Spitze des Wurzelstockes (oberes Rhizomstück).

Rhizoma Galangae

Galgantwurzel

Alpinia officinarum H. Zingiberaceae

Galgant

Taf. 57, Abb. 505 u. 506

Die hellrotbraunen Stückchen sind auf der dunkleren Außenfläche fein längsgestreift und durch weißliche, gefranste Niederblattscheidenreste in unregelmäßigen Abständen deutlich geringelt. Ein weiteres Merkmal der Rhizomteile ist das Vorhandensein zahlreicher, an den Querbruchstückchen lang heraushängender Fasern (ähnlich wie bei *Rh. Zingiberis*, Taf. 56, Abb. 493).

Das Rhizom riecht und schmeckt stark gewürzhaft. Der Bruch ist zähe, faserig und zimtfarben.

Rhizoma Galangae enthält äther. Öl, Flavonole und Gerbstoff. Die Droge wird in der Volksheilkunde häufig in Teemischungen als Magenmittel verwendet.

Erläuterungen der Abb. 505 u. 506, Taf. 57.

Abb. 505: Schnittdroge, zweimal vergr.: Obere Bildhälfte, hellrotbraune, faserige Rhizomstückchen, untere Bildhälfte, Rhizomstückchen mit der dunkelrotbraunen, mit weißer Ringelung versehenen Außenfläche.

Abb. 506: Ganzdroge, nat. Gr.: Sympodial verzweigtes, zylindrisches, rotbraunes Rhizomstück mit feiner Längsrunzelung und weißer Ringelung.

Rhizoma Caricis

Sandseggenwurzel

Carex arenaria L. Cyperaceae

Sandriedgras, Sandsegge

Taf. 57, Abb. 507 u. 508

Die Schnittdroge besteht aus dunkelrotbraunen, 1,5 bis 3 mm dicken, schwach längsfurchigen Rhizomstückchen, die an den Knoten tief, aber nicht ganz durchgeschlitzte, glänzend dunkelbraune Blattscheiden besitzen und nur hier, nie aus den 2 bis 4 cm langen Internodien Wurzeln abgeben. Im Querschnitt zeigen die Rhizomstückchen eine lockere, schwammige, mit sehr großen Luftlücken durchsetzte Rinde und im Holzteil zahlreiche, verstreute Leitbündel.

Die Rhizomteile besitzen einen süßlichen, schwach bitteren Geschmack.

M. K.: In der Rinde zahlreiche, in einem Kreise angeordnete, radial gestreckte, sehr große Luftkammern.

Verfälschungen mit *Carex hirta L.* (Haarsegge) sind an dem Fehlen der Luftlücken in der Rinde, an den 1 bis 2 cm langen Internodien, an den ganz durchgeschlitzten Niederblättern und dem Auftreten von Wurzeln an den Internodien zu erkennen.

Rhizoma Caricis enthält Kieselsäure, Saponine, äther. Öl, Harz und Schleim. Die Droge wird vielfach in Teemischungen als Blutreinigungsmittel, bei Bronchialkatarrh, Gicht und Rheumatismus verwendet.

Erläuterungen der Abb. 507 u. 508, Taf. 57.

Abb. 507: Schnittdroge, zweimal vergr.: Knotenstückchen mit Blattscheiden und Wurzelabgangsstellen. Rhizomstückchen in Querschnittsansicht. In der unteren Bildhälfte Verfälschungen.

Abb. 508: Ganzdroge, nat. Gr.: Links, Rhizomstück mit tief durchgeschlitzten Blattscheiden. Rechts, zwei Rhizomstücke von *C. hirta* als Verfälschung.

Rhizoma Tormentillae

Tormentillwurzel

Blutwurz, Ruhrwurzel

Potentilla erecta (L.) RAEUSCH. Rosaceae

Blutwurz

Taf. 57, Abb. 509 u. 510

Die Schnittdroge besteht aus knolligen, auf der rot- bis schwarzbraunen Außenfläche runzeligen oder höckerigen Rhizomstückchen, deren Hauptmerkmal die auffallend starke, löcherige Zerklüftung und die charakteristische rötliche Färbung des Innengewebes ist. Ein weiteres Kennzeichen bilden die weißen Fasern und Streifen, die die einzelnen Bruchstückchen durchsetzen.

Die Rhizomstückchen schmecken stark zusammenziehend.

Rhizoma Tormentillae enthält Tormentillgerbsäure. Die Droge wird häufig in Teemischungen als Antidiarrhoicum verwendet.

Erläuterungen der Abb. 509 u. 510, Taf. 57.

Abb. 509: Schnittdroge, zweimal vergr.: Löcherig zerklüftete und von weißen Fasern durchzogene, innen rötliche, außen schwarzbraune Rhizomstückchen.

Abb. 510: Ganzdroge, nat. Gr.: Knollige, vielköpfige, runzelige oder höckerige Rhizome mit Wurzelnarben und Wurzelresten.

Rhizoma Polypodii

Engelsüßwurzel

Polypodium vulgare L. Polypodiaceae

Gemeiner Tüpfelfarn, Engelsüß

Taf. 57, Abb. 511 u. 512

Die außen dunkel- bis schwarzbraunen, fein längsrunzeligen, innen gelblichbraunen Rhizomstückchen tragen auf der Oberseite 1 bis 4 mm hohe, kreisrunde, konkav vertiefte Wedelnarben und auf der Unterseite kleine höckerige Wurzelnarben.

Die Drogenstückchen haben einen ranzig-öligen Geruch und süßlichbitteren, kratzenden Geschmack.

Rhizoma Polypodii enthält einen harzartigen Bitterstoff und Schleim. Die Droge wird in Teemischungen als Mucilaginosum und Anthelminticum verwendet.

Erläuterungen der Abb. 511 u. 512, Taf. 57.

Abb. 511: Schnittdroge, zweimal vergr.: Schwarzbraune, fein längsgestreifte Rhizomstückchen mit Wedel- und Wurzelnarben.

Abb. 512: Ganzdroge, nat. Gr.: Obere Bildhälfte, drei Rhizome in O.-Ansicht mit den zweireihig stehenden, napfförmigen Wedelnarben. Untere Bildhälfte, drei Rhizome in U.-Ansicht mit den verstreuten, kleinen, höckerartigen Wurzelnarben.

EINZELDROGEN

Unter dem Begriff „Einzeldrogen" sind Drogen zusammengefaßt, die zu keiner der vorherigen größeren Gruppen gehören, wie z. B. die Algen *Fucus* und *Carrageen* oder die Flechten *Herba Pulmonariae* und *Lichen Islandicus*, dann *Aloe, Manna, Fungus Laricis* usw.

Fucus Vesiculosus

Blasentang

Fucus

Fucus vesiculosus L. Fucaceae

Taf. 58, Abb. 513 u. 514

Die Schnittdroge besteht hauptsächlich aus braun- oder grünlichschwarzen, knorpeligen, 1 bis 2 cm breiten, ganzrandigen, glatten und stielartig abgeflachten, harten Thallusstückchen. Vielfach finden sich auch keilförmige Thallusenden mit zahlreichen, warzigen Verdickungen (Konzeptakeln mit Antheridien oder Oogonien) und Bruchstücke der großen, auf der Innenseite fein behaarten Schwimmblasen.

Die Droge hat einen sehr charakteristischen „seeartigen" Geruch und einen unangenehmen, schleimigen, salzigen Geschmack. In Wasser werden die Thallusstücke schnell weich und quellen schleimig auf.

Beimengungen von *Fucus seratus L.* (Sägetang) sind an dem gesägten Thallusrand und dem Fehlen der Schwimmblasen zu erkennen.

Fucus Vesiculosus enthält Jod, Brom, Alginsäure, Fucosterin und Schleim. Die Droge wird häufig in Teemischungen als (nicht unbedenkliches) Entfettungsmittel, gegen Kropf und Arteriosklerose verwendet.

Erläuterungen der Abb. 513 u. 514, Taf. 58.

Abb. 513: Schnittdroge, zweimal vergr.: Oberer Bildrand, bandartige und mittlere Bildhälfte, stielartig abgeflachte Thallusstückchen. Unterer Bildrand, Thallusenden mit warzigen Verdickungen (Konzeptakeln), Mitte rechts und unten, Bruchstücke von Schwimmblasen mit feiner Behaarung auf der Innenseite.

Abb. 514: Ganzdroge, nat. Gr.: Wiederholt dichotom verzweigte, bandartige Thalluslappen mit Schwimmblasen. In einzelnen keilförmigen, verdickten Thallusenden die warzigen Verdickungen der Konzeptakeln.

Herba Pulmonariae arboreae

Lungenflechte

Lobaria pulmonaria (L.) HOFFM. Stictaceae

Lungenflechte, Lungenkraut, Lungenmoos

Taf. 58, Abb. 515 u. 516

Die viereckigen Stückchen der Schnittdroge zeigen auf der leder- oder rotbraunen Oberseite grubige Vertiefungen, deren Ränder in ihrer Gesamtheit eine Art „Adernetz" bilden und vielfach mit gelblichweißen, mehligen Häufchen den sogenannten „Soralen" besetzt sind.

Die blasig aufgewölbte, hellbraune bis weißliche Unterseite ist in den Furchen mit rotbraunen, dünnfilzigen, kurzen Haftfasern bedeckt. Manchmal treten die Flechtenstückchen in mehreren Schichten ineinandergefaltet und zusammengepreßt auf.

In Wasser quillt die Droge schleimig auf.

Als Verunreinigung finden sich immer einzelne Waldmoose.

Herba Pulmonariae arboreae enthält Schleimstoffe, Flechtensäuren und Gerbstoffe. Die Droge wird gelegentlich in Teemischungen bei Reizhusten, Bronchialleiden und zur Blutreinigung verwendet.

Erläuterungen der Abb. 515 u. 516, Taf. 58.

Abb. 515: Schnittdroge, zweimal vergr.: Obere Bildhälfte, Flechtenstückchen in O.-Ansicht mit grubigen Vertiefungen (1. Reihe) und weißen Soralen auf den Netzleisten. Untere Bildhälfte 3. Reihe, Thallusstückchen in U.-Ansicht mit blasiger Struktur und rostbraunem Haftfasernfilz in den Furchen. Unterste Reihe von links zwei mehrschichtige Thallusstückchen, daneben zwei Flechtenstückchen mit je einem rotbraunen, scheibenförmigen Apothecium. Rechts Waldmoose als Verunreinigung.

Abb. 516: Ganzdroge, nat. Gr.: Tiefbuchtige, stark eingeschrumpfte Thalluslappen in O.-Ansicht (rechts und links unten) mit netzig-grubigen Vertiefungen, zahlreichen weißen „Soralen" auf den Netzleisten (rechts unten) und in U.-Ansicht mit blasigen Aufwölbungen und rostbraunem Haftfasernfilz in den Furchen.

Carrageen

Irländisches Moos

Chondrus crispus STACKH. u. *Gigartina mamillosa AGARDH. Gigartinaceae*

Carrageen

Taf. 58, Abb. 517 u. 518

Die Schnittdroge besteht aus knorpeligen, gelblich-weißen, wiederholt gabelig verzweigten, flachen oder rinnigen, an den Endabschnitten häufig auch gekrausten, bandartigen Thallusstückchen. Da die Droge hauptsächlich von *Chondrus crispus* stammt, können mitunter auf einzelnen Thallusstückchen auch die Zystocarpien in Form flacher Längswarzen gefunden werden.

Die Thallusstückchen haben einen „seeartigen" Geruch und einen schleimigfaden Geschmack.

Als Beimengungen wurden andere Algen und nicht genügend (von Meerestierchen, Korallen und Meeressalzen) gereinigte Ware beobachtet. Besonders schöne, fast weiß aussehende Ware ist meist in unzulässiger Weise mit schwefliger Säure künstlich gebleicht.

Carrageen enthält Schleim und Jod. Die Droge wird vielfach in Teemischungen als Hustenmittel und Antidiarrhoicum verwendet.

Erläuterungen der Abb. 517 u. 518, Taf. 58.

Abb. 517: Schnittdroge, zweimal vergr.: Wiederholt dichotom geteilte und geweihähnlich verzweigte, bandartige, knorpelige Thallusstückchen.

Abb. 518: Ganzdroge, nat. Gr.: Zwei wiederholt gabelig verzweigte, flache, breite bis schmalfädige Ganzdrogen.

Lichen islandicus

Isländisches Moos

Cetraria islandica ACH. Parmeliaceae

Isländisches Moos, Kramperltee

Taf. 58, Abb. 519 u. 520

Die Schnittdrogenteile bestehen aus steifen, brüchigen, flachen oder wellig gebogenen, eingerollten, auf der Oberseite oliv- bis bräunlichgrünen oder kastanienbraunen und auf der Unterseite grauweißen oder hellbräunlichen, mit weißen, vertieften Flecken besetzten Thallusstückchen. Vielfach sind am Rande der Lappen kleine, abstehende, Spermogonien führende Wimpern zu sehen, während die scheibenförmigen, braunen Apothezien nur selten wahrzunehmen sind.

Die Thallusstückchen besitzen einen pilzartigen Geruch und schleimigen, bitteren Geschmack.

Lichen islandicus enthält Schleim, Lichenin und Flechtensäuren (Fumarprotocetrarsäure, Protolichesterin- und Lichesterinsäure). Die Droge wird in Teemischungen als Expectorans bei chronischem Bronchialkatarrh und als Tonicum verwendet.

Erläuterungen der Abb. 519 u. 520, Taf. 58.

Abb. 519: Schnittdroge, zweimal vergr.: Die dunkler gefärbten Flechtenstückchen in O.-Ansicht, die helleren in U.-Ansicht.

Abb. 520: Ganzdroge, nat. Gr.: Unregelmäßig gabelig verzweigte Flechten in O.-Ansicht (links) und U.-Ansicht (rechts).

Bulbus Scillae

Meerzwiebel

Urginea maritima (L.) BAK. Liliaceae

Meerzwiebel, Mäusezwiebel

Taf. 59, Abb. 521 u. 522

Die Schnittdroge besteht aus gelblichweißen, hornartigen, durchscheinenden Streifen von brüchiger Beschaffenheit.

Die Droge schmeckt schleimig und stark bitter. Der Bruch ist glasig

M. K.: Verkorkte Zellen mit mächtigen Rhaphidenbündeln.

Bulbus Scillae enthält die Glykoside Scillaren A und B. Die Droge wird nur selten in Teemischungen als Herzmittel und Diureticum verwendet.

Erläuterungen der Abb. 521 u. 522, Taf. 59.

Abb. 521: Schnittdroge, zweimal vergr.: Gelblichweiße, hornartige, durchscheinende Stückchen.

Abb. 522: Ganzdroge, nat. Gr.: Zwei streifenförmige Stücke der Handelsdroge.

Bulbus Allii sativi

Knoblauchzwiebel

Allium sativum L. Liliaceae

Knoblauch

Taf. 59, Abb. 523 u. 524

Die Schnittdroge besteht aus gelblichen, hornartigen, durchscheinenden Bruchstückchen und aus weißen, gelblich glänzenden, in Streifen geschnittenen, papierartigen Schalen.

Die stark hygroskopischen Stückchen besitzen den bekannten durchdringenden Knoblauchgeruch und einen brennend scharfen Geschmack. Der Bruch ist glasig.

Bulbus Allii sativi enthält äther. Öl mit Allylsulfiden. Die Droge wird nur sehr selten in Teemischungen bei Verdauungsbeschwerden, Arteriosklerose, Wassersucht und als Anthelminticum verwendet.

Erläuterungen der Abb. 523 u. 524, Taf. 59.

Abb. 523: Schnittdroge, zweimal vergr.: Gelbliche, hornartige Bruchstückchen und papierartige Schalenstreifen.

Abb. 524: Ganzdroge, nat. Gr.: Zwiebel mit den weißen Schalen (oben) und gekrümmte, kantige Nebenzwiebel (unten).

Fungus Laricis

(Agaricus albus)

Lärchenschwamm

Fomes officinalis FAULL. Polyporaceae

Lärchenschwamm

Taf. 59, Abb. 525 u. 526

Die Schnittdroge besteht aus verschieden großen, asbestartigen, leicht zerreiblichen Stückchen von weißer bis gelblichweißer Farbe. Vereinzelt auftretende Rindenstücke zeigen eine derbere, korkartige Struktur.

Lärchenschwamm schmeckt süßlichbitter.

Fungus Laricis enthält Harzsubstanzen (Agaricinsäure). Die Droge wird gelegentlich in Teemischungen als Bitter- und Abführmittel, gegen bronchiales Asthma und Nachtschweiß der Phthisiker verwendet.

Erläuterungen der Abb. 525 u. 526, Taf. 59.

Abb. 525: Schnittdroge, zweimal vergr.: Asbestartige, weiße Schwammstückchen.

Abb. 526: Ganzdroge, nat. Gr.: Ein größeres Schwammstück mit faseriger Struktur.

Tubera Salep

Salepknollen

Orchis-Arten. Orchidaceae

Knabenkraut-Arten

Taf. 59, Abb. 527 u. 528

Die harten, gelblichbraunen, unregelmäßig geformten, rauhen Bruchstückchen sind von hornartiger, durchscheinender Beschaffenheit und besitzen einen schleimigen Geschmack.

Tubera Salep enthalten Schleim. Sie werden nur sehr selten in Teemischungen als Mucilaginosum bei Diarrhöen und Darmkatarrh bei Kindern verwendet.

Erläuterungen der Abb. 527 u. 528, Taf. 59.

Abb. 527: Schnittdroge, zweimal vergr.: Gelblichbraune, hornartige Bruchstückchen.

Abb. 528: Ganzdroge, nat. Gr.: Eiförmige Knollen mit rauher Oberfläche.

Manna

Manna, Himmelsbrot, Himmelstau

Fraxinus ornus L. Oleaceae

Mannaesche

Taf. 59, Abb. 529 u. 530

Die weißgelblichen, kristallinischen Bruchstückchen zeigen eine undeutliche Schichtung und besitzen einen honigartigen Geruch und süßen, schwach herben Geschmack.

Dunkler gefärbte, schmierige Klumpen stammen von minderwertigen Sorten.

Manna enthält Mannit. Es wird als mildes Abführmittel für Kinder verwendet.

Erläuterungen der Abb. 529 u. 530, Taf. 59.

Abb. 529: Schnittdroge, zweimal vergr.: Weißlichgelbe, kristallinische Klümpchen.

Abb. 530: Ganzdroge, nat. Gr.: Dreikantiges, etwas rinnenförmiges, stalaktitenähnliches Stück von *Manna cannelata*.

Tubera Aconiti

Eisenhutknollen

Aconitum napellus L. Ranunculaceae

Eisenhut, Sturmhut

Taf. 59, Abb. 531 u. 532

Die Schnittdroge besteht aus braunen bis schwärzlichen, längsfurchigen, gelegentlich mit weißen Wurzelnarben versehenen Stückchen von glattem, weißem und mehligem Bruch.

Die Droge schmeckt erst süßlich, später kratzend würgend.

Die beste Droge liefern die gleichmäßig beschaffenen Tochterknollen.

Tubera Aconiti enthalten das außerordentlich giftige Hauptalkaloid Aconitin und andere Nebenalkaloide. Sie werden nur sehr selten in Teemischungen gegen Neuralgien, Gicht und Rheumatismus verwendet.

Erläuterungen der Abb. 531 u. 532, Taf. 59.

Abb. 531: Schnittdroge, zweimal vergr.: Schwarzbraune, längsfurchige Bruchstückchen.

Abb. 532: Ganzdroge, nat. Gr.: Längsfurchige, rübenförmige Knollen.

Tubera Jalapae

Jalapenwurzel

Exogonium purga (WEND.) BENTH. Convolvulaceae

Jalapa

Taf. 59, Abb. 533 u. 534

Die braunen oder weißlichgrauen, vielfach harzig glänzenden Stückchen zeigen auf der Außenfläche eine netzigrunzelige, höckerige Struktur, mitunter hellere, quergestellte Lentizellen und im Innern eine unregelmäßige, fleckige Marmorierung.

Die Bruchstückchen schmecken süßlich, später kratzend.

Tubera Jalapae enthalten das Harzglykosid Jalapin. Die Droge wird nur sehr selten in Teemischungen als Abführmittel verwendet.

Erläuterungen der Abb. 533 u. 534, Taf. 59.

Abb. 533: Schnittdroge, zweimal vergr.: Unregelmäßig geformte, weißlichgraue und braunschwarze Bruchstückchen.

Abb. 534: Ganzdroge, nat. Gr.: Eiförmige Knolle mit runzeliger, höckeriger Oberfläche.

Macis

Muskatblüte

Myristica fragrans HOUTT. Myristicaceae

Macis

Taf. 59, Abb. 535 u. 536

Die orangegelben, streifenförmigen Bruchstückchen sind von spröder, hornartiger, fettig sich anfühlender und fettig glänzender Beschaffenheit.

Der Geruch ist stark gewürzhaft und der Geschmack feurig aromatisch.

Macis enthält äther. Öl mit Myristicin. Die Droge wird nur sehr selten in Teemischungen als Aromaticum verwendet.

Erläuterungen der Abb. 535 u. 536, Taf. 59.

Abb. 535: Schnittdroge, zweimal vergr.: Orangegelbe streifige Bruchstücke.

Abb. 536: Ganzdroge, nat. Gr.: Zwei orangegelbe Muskatblüten aus zahlreichen, an der Basis sich vereinigenden Arillus-Streifen bestehend.

Fructus Ceratoniae

Johannisbrot

Ceratonia siliqua L. Caesalpiniaceae

Ceratonie

Taf. 60, Abb. 537 u. 538

Die Schnittdroge besteht aus unregelmäßig geformten Bruchstückchen, die auf der Außenfläche von einer dunkelbraunen, glänzenden, steiflederigen Haut umgeben sind und aus dichtem, zähem, braunrotem Fruchtfleisch bestehen. Mitunter sieht man an den Fruchtfleischstückchen die mit einer dünnen, zähen, pergamentartigen, gelben Haut ausgekleideten Samenfächer. Die Bruchstücke der 8 bis 10 mm langen und bis 7 mm breiten, eiförmigen, flachen, glatten Samen besitzen eine rotbraune, schwach glänzende Samenschale und ein hornartiges, weißlichgraues Sameninneres.

Die Fruchtstückchen schmecken schleimigsüß.

Fructus Ceratoniae enthalten Gerbstoff und Schleim. Die Droge wird häufig in Teemischungen als Hustenmittel verwendet.

Erläuterungen der Abb. 537 u. 538, Taf. 60.

Abb. 537: Schnittdroge, zweimal vergr.: Frucht- und Samenbruchstückchen.

Abb. 538: Ganzdroge, nat. Gr.: Teilstück einer Hülse mit glänzender, dunkelbrauner Außenhaut, wulstigen Rändern und braunrotem Fruchtfleisch mit rotbraunen Samen.

Folliculi Sennae

Sennesfrüchte, Sennesschoten

Cassia angustifolia VAHL u. C. acutifolia DEL.

Caesalpiniaceae

Senna

Taf. 60, Abb. 539 u. 540

Die Schnittdroge besteht aus großen, gelb- bis bräunlichgrünen, papierartigen, feinqueraderigen Hülsenstückchen und einzelnen weißlichgraugrünen, spatel- oder herzförmigen, kurzgeschnäbelten, netzrunzeligen, sehr harten Samen.

Der Geschmack ist schleimig, etwas bitter und kratzend.

Folliculi Sennae enthalten Anthrachinonderivate und sollen das Harz der Blätter nicht enthalten. Die Droge wird sehr häufig in Teemischungen als mildes Abführmittel (ohne die unangenehmen Nebenwirkungen der *Folia Sennae*) und als Blutreinigungsmittel verwendet.

Erläuterungen der Abb. 539 u. 540, Taf. 60.

Abb. 539: Schnittdroge, zweimal vergr.: Blattartige, feinqueraderige Hülsenstückchen und weißgrüne, spatelförmige, geschnäbelte Samen.

Abb. 540: Ganzdroge, nat. Gr.: Oben bräunlichgrüne, nierenförmige Hülsenfrucht. Unten Teilstück einer Hülse in Innenseitenansicht, unvollständig gefächert mit Samen.

Aloe

Aloe

Aloe ferox MILL. A. barbadensis MILL. u. a.

Aloe-Arten. Liliaceae

Kap-Aloe *(A. lucida)* u. Curacao-Aloe

(A. hepatica)

Taf. 60, Abb. 541 u. 542

In Teemischungen sind die hell- bis dunkelbraunen, leicht brechenden und an der Oberfläche bräunlich bis grünlich bestäubten Splitterchen mit glasartigen, muscheligen Bruchflächen vor allem an ihrem stark bitteren Geschmack zu erkennen.

Aloe enthält 18 bis 14% Aloin (10-Glucosylderivat des Aloeemodinanthrons), Aloinoside, etwas Aloeemodin und Aloeharz. Die Droge wird nur gelegentlich in Teemischungen als dickdarmerregendes Abführmittel, Magenmittel, Cho\reticum und Emmenagogum verwendet.

Erläuterungen der Abb. 541 u. 542, Taf. 60.

Abb. 541: Concisdroge, zweimal vergr.: Dunkelbraune, grünlich bestäubte, glasartige Splitterchen.

Abb. 542: Ganzdroge, nat. Gr.: Zwei größere Bruchstücke mit muscheligen Bruchflächen.

Caricae

Feigen

Ficus carica L. Moraceae

Feigenbaum

Taf. 60, Abb. 543 u. 544

Die gelblich-rötlichbraunen, geschrumpften, fleischigen Fruchtstandstückchen mit rauher, zuckerig bestäubter Oberfläche enthalten gelbe, kleinkörnige Früchtchen und sind von zäher, weicher Beschaffenheit. Sie besitzen einen honigsüßen, angenehmen Geschmack.

Caricae enthalten Invertzucker. Sie werden gelegentlich in Teemischungen zusammen mit abführend wirkenden Drogen wie *Folia* oder *Folliculi Sennae* verwendet.

Erläuterungen der Abb. 543 u. 544, Taf. 60.

Abb. 543: Schnittdroge, zweimal vergr.: Hellbraune Fruchtstandstückchen mit kleinkörnigen Früchtchen.

Abb. 544: Ganzdroge, nat. Gr.: Scheinfrucht in zwei Hälften zerschnitten, mit den kleinen, gelben Früchtchen.

Fructus Cannabis

Hanffrüchte

Cannabis sativa L. und Varietäten. *Moraceae*

Hanf

Taf. 60, Abb. 545 u. 546

Die 3 bis 5 mm langen und bis 2 mm breiten, eiförmigen, etwas zusammengedrückten Früchte sind an den Rändern schwach gekielt, glänzend, graugrün, grünlichbraun oder graubraun und enthalten einen Samen. Die Nüßchen sind mitunter von dem Vorblatt kapuzenartig umschlossen. Die Fruchtschale ist dünn, hart und spröd, innen olivbraun und außen fein netzaderig marmoriert.

Die Früchte besitzen einen öligsüßlichen und etwas schleimigen Geschmack.

Die Handelsdroge zeigt in Farbe, Form und Marmorierung erhebliche Verschiedenheiten.

Fructus Cannabis enthalten fettes Öl, Eiweißstoffe und u. a. auch Vitamin K. Sie werden nur selten in Teemischungen als reizmilderndes Mittel bei entzündlichen Affektionen der Harnorgane verwendet.

Erläuterungen der Abb. 545 u. 546, Taf. 60.

Abb. 545: Hanffrüchte, zweimal vergr.: Oben, mit kapuzenförmigem Vorblatt, in der Mitte, mit charakteristischer Zeichnung der Oberfläche und unten, Fruchtschalen und Samen allein.

Abb. 546: Hanffrüchte in nat. Gr.: In der oberen Bildhälfte, noch von dem kapuzenförmigen Vorblatt umschlossen.

Stipites Dulcamarae

Bittersüßstengel, Bitterstiele, „Jelängerjelieber"

Solanum dulcamara L. Solanaceae

Bittersüß

Taf. 60, Abb. 547 u. 548

Die Schnittdroge besteht aus hell- oder grünlichbraunen, 4 bis 8 mm dicken, zylindrischen, längs-gefurchten Stengelstückchen, die einen leicht abblätternden, mit warzigen Lentizellen besetzten Kork, darunter eine dünne, dunkle Rinde und einen gelblichen Holzkörper besitzen. Das Mark ist meist nicht mehr erhalten, und die Stengelstückchen erscheinen dann hohl.

Der Geschmack ist bittersüß.

Stipites Dulcamarae enthalten die Glyko-Alkaloide Solacein, ferner Solanein und die Saponine Dulcamaretinsäure und Dulcamarinsäure. Die Droge findet in der Volksmedizin häufig in Teemischungen als „Blutreinigungsmittel", als Expectorans und bei Hautleiden Verwendung.

Erläuterungen der Abb. 547 u. 548, Taf. 60.

Abb. 547: Schnittdroge, zweimal vergr.: Stengelstückchen in Querschnitts- und Außenseitenansicht.

Abb. 548: Ganzdroge, nat. Gr.: Zwei längsgefurchte, mit warzigen Lentizellen besetzte Stengelstückchen.

Apfelschalen

Malus silvestris (L.) MILL. Rosaceae

Apfelbaum

Taf. 60, Abb. 549 u. 550

Die Schnittdroge besteht aus rot- bis gelbbraunen, an der Außenfläche stark gerunzelten Apfelschalenstückchen, denen auf der Innenseite braune, eingetrocknete Fruchtfleischreste ansitzen. Mitunter finden sich auch gelbglänzende, pergamentartige Reste des Fruchtgehäuses, rotbraune Apfelkerne und einzelne Apfelstielteile.

Apfelschalen enthalten u. a. Pectin, Arabane und Galactane. Sie werden in Teemischungen gegen Diarrhö, Hautausschläge und gegen rheumatische Erkrankungen angewendet.

Erläuterungen der Abb. 549 u. 550, Taf. 60.

Abb. 549: Schnittdroge, zweimal vergr.: Oben, zwei runzelige Apfelschalenstücke. Mitte, zwei gelbglänzende Fruchtgehäusereste und unten, ein Apfelkern und Apfelstielrest.

Abb. 550: Schnittdroge, nat. Gr.: Apfelschalen-, Kernhaus-, Stielreste und ein Kern.

Stipites Cerasorum

Kirschenstiele

Prunus cerasus L. Rosaceae

Sauerkirsche, Weichsel

Taf. 60, Abb. 551 u. 552

Die Schnittdroge besteht aus den rotbraunen, feinlängsrinnigen Kirschenstielteilen und den feingerunzelten, derberen Zweigansatzstellen.

Kirschenstiele enthalten Gerbstoff. Sie werden in Teemischungen als Antidiarrhoicum verwendet.

Erläuterungen der Abb. 551 u. 552, Taf. 60.

Abb. 551: Schnittdroge, zweimal vergr.: Obere Bildhälfte, Kirschenstielteile und untere Bildhälfte, derbere, gerunzelte Zweigansatzstellen.

Abb. 552: Ganzdroge, nat. Gr.: Kirschenstiele mit den Zweig- und Fruchtansatzstellen.

Männliche Blüten von Betula

Blütenkätzchen von Betula

Betula pendula ROTH. u. *B. pubescens EHRH.*

Betulaceae

Rauh- und Moorbirke (= Weißbirke)

Taf. 60, Abb. 553 u. 554

Die Droge besteht aus Teilstückchen der länglich walzenförmigen, bis 8 cm langen, männlichen Kätzchen mit braunen Tragblättern und gelben Staubbeuteln.

Die Blütenkätzchen (und die sehr ähnlich aussehenden männlichen Blüten von *Alnus viridis LEM. et DC, Betulaceae,* der Berg- oder Grünerle) werden gelegentlich in Teemischungen als Blutreinigungsmittel angetroffen.

Erläuterungen der Abb. 553 u. 554, Taf. 60.

Abb. 553: Teilstücke männlicher Blütenkätzchen mit den braunen Tragblättern und gelben Staubbeuteln in zweifacher Vergrößerung.

Abb. 554: Teilstücke männlicher Blüten in nat. Gr.

Turiones Pini

Kiefernspitzen, Fichtenknospen

Pinus silvestris L. Pinaceae

Gemeine Kiefer

Taf. 60, Abb. 555 u. 556

Die Schnittdroge besteht aus 3 bis 5 cm langen, etwa 4 mm dicken, walzenförmigen Sproßspitzen, die an einer grünen, zylindrischen Achse zahlreiche gedrängt stehende, spiralig angeordnete, dachziegelförmige, braune, häutige Schüppchen und in der Achsel derselben, Kurztriebe tragen, die in einer zarten, trockenhäutigen Hülle je ein kleines Nadelpaar enthalten. Vielfach treten die harzig klebrigen, stark glänzenden Schuppen auch einzeln in Teemischungen auf.

Turiones Pini enthalten äther. Öl mit Terpenen sowie Estern, Harz, Gerbstoff, das Glykosid Salicinerein und Vitamin C. Die Droge wird gelegentlich in Teemischungen gegen Bronchitis, Rheumatismus und als Diureticum angewandt.

Erläuterungen der Abb. 555 u. 556, Taf. 60.

Abb. 555: Schnittdroge, zweimal vergr.: Braune, glänzende Schuppen, Schuppenteile und Sproßspitzenstückchen.

Abb. 556: Ganzdroge, nat. Gr.: Ganze, walzenförmige Kiefernsprosse.

REGISTER

Tafel 1

Abb. 1   **Folia Melissae**   Abb. 2

Abb. 3   **Folia Menthae crispae**   Abb. 4

Tafel 2

Abb. 7   **Folia Salicis**   Abb. 8

Abb. 9   **Folia Betulae**   Abb. 10

Tafel 3

Abb. 13 **Folia Ribis nigri** Abb. 14

Abb. 15 **Folia Juglandis** Abb. 16

Abb. 19   **Folia Fraxini**   Abb. 20

Abb. 21   **Folia Malvae**   Abb. 22

Tafel 5

Abb. 25 **Folia Rubi fruticosi** Abb. 26

Abb. 27 **Folia Orthosiphonis staminei** Abb. 28

Tafel 6

Abb. 31 **Folia Farfarae** Abb. 32

Abb. 33 **Folia Salviae** Abb. 34

Tafel 7

Abb. 37 **Folia Myrtilli** Abb. 38

Abb. 39 **Folia Sennae** Abb. 40

Tafel 8

Abb. 43   **Folia Rhododendri**   Abb. 44

Abb. 45   **Folia Vitis idaeae**   Abb. 46

Abb. 49

Folia Aurantii

Abb. 50

Abb. 51

Folia Mate

Abb. 52

Abb. 55

Folia Rosmarini

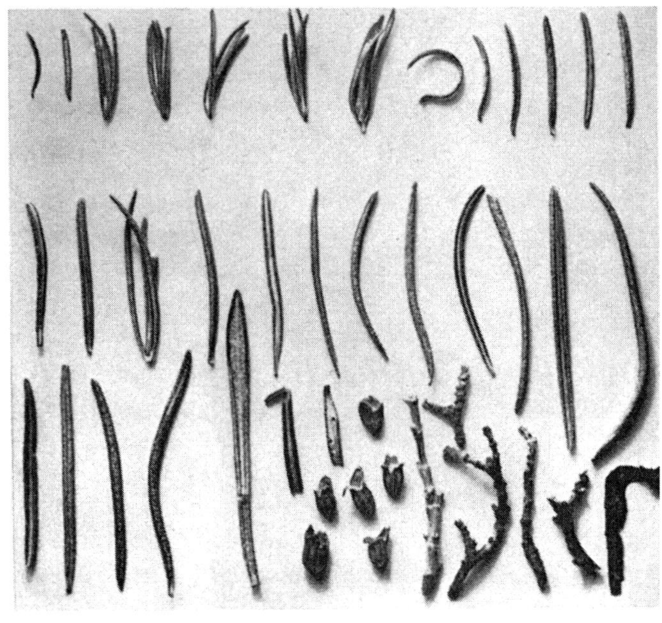

Abb. 56

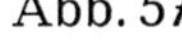

Abb. 57

Folia Bucco

Abb. 58

Tafel 11

Abb. 61 **Herba Euphrasiae** Abb. 62

Abb. 63 **Herba Chamaedryos** Abb. 64

Tafel 12

Abb. 67 **Herba Vincae pervincae** Abb. 68

 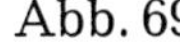

Abb. 69 **Herba Chelidonii** Abb. 70

 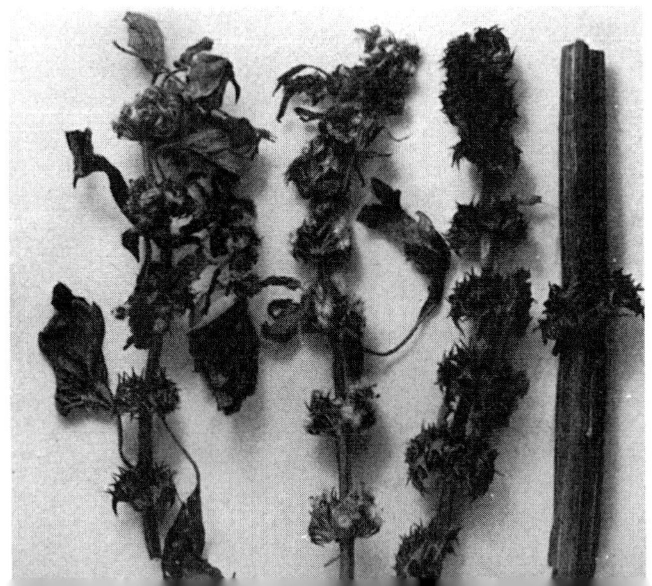

Tafel 13

Abb. 73 **Herba Hederae terrestris** Abb. 74

Abb. 75 **Herba Mercurialis** Abb. 76

Tafel 14

 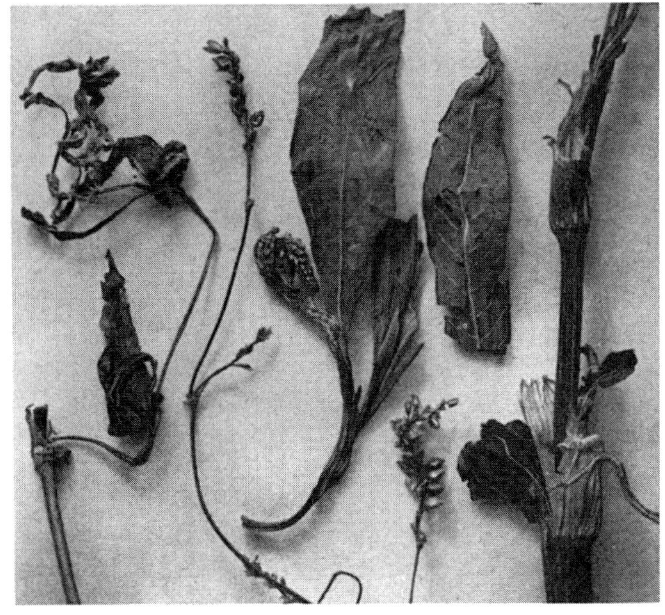

Abb. 79   **Herba Polygoni hydropiperis**   Abb. 80

Abb. 81   **Herba Chenopodii ambrosioidis**   Abb. 82

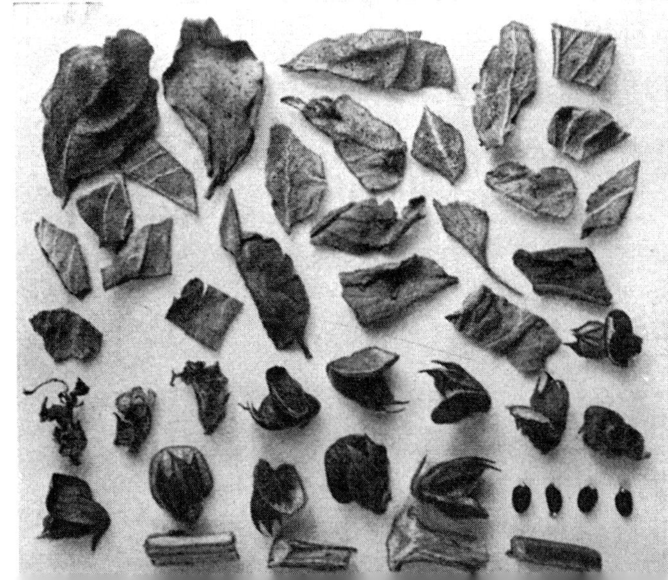 

Tafel 15

Abb. 85   **Herba Plantaginis majoris und lanceolatae**   Abb. 86

Abb. 87   **Herba Aconiti**   Abb. 88

Abb. 91

Abb. 92

Herba Convallariae

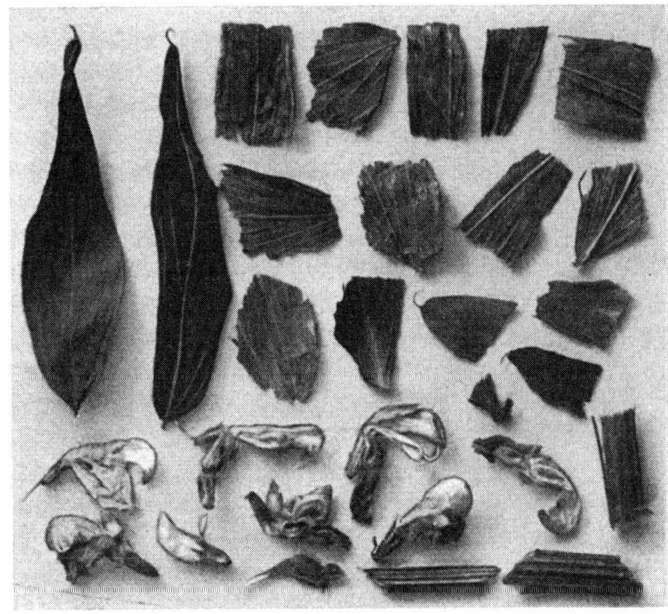

Abb. 93

Abb. 94

Herba Galegae

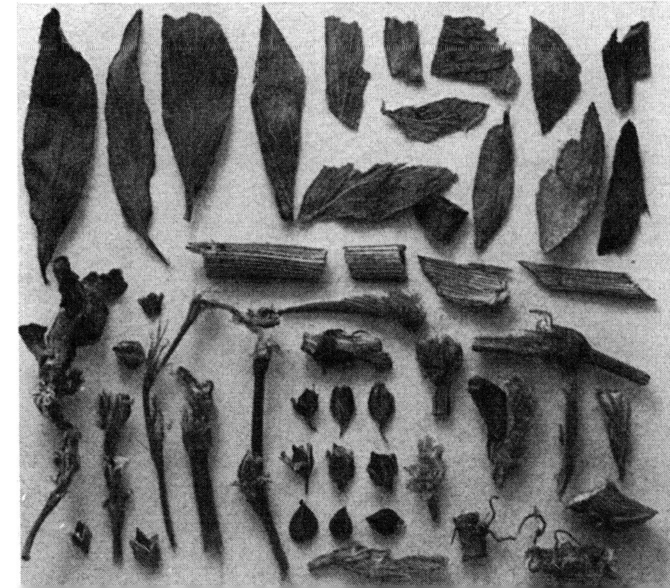

Tafel 17

Abb. 97

Herba Genistae

Abb. 98

Abb. 99

Herba Matrisilvae

Abb. 100

Tafel 18

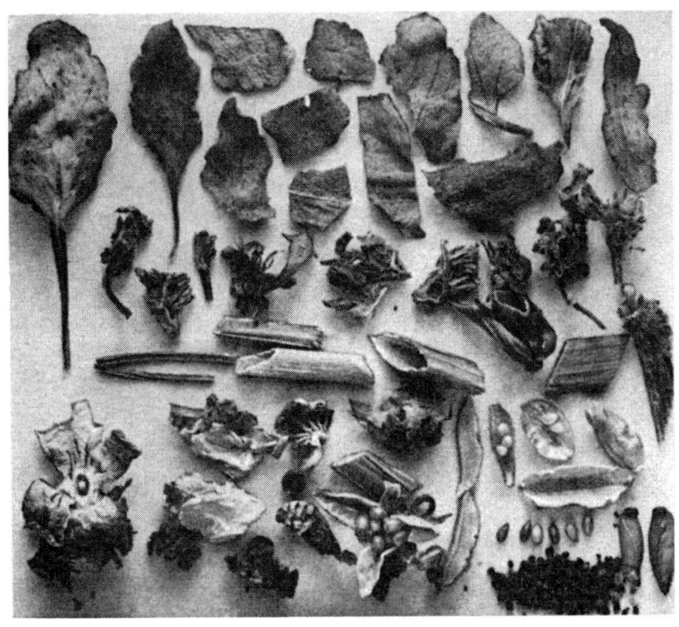 

Abb. 103   **Herba Violae tricoloris**   Abb. 104

Abb. 105   **Herba Serpylli**   Abb. 106

Abb. 109　　**Herba Visci albi**　　Abb. 110

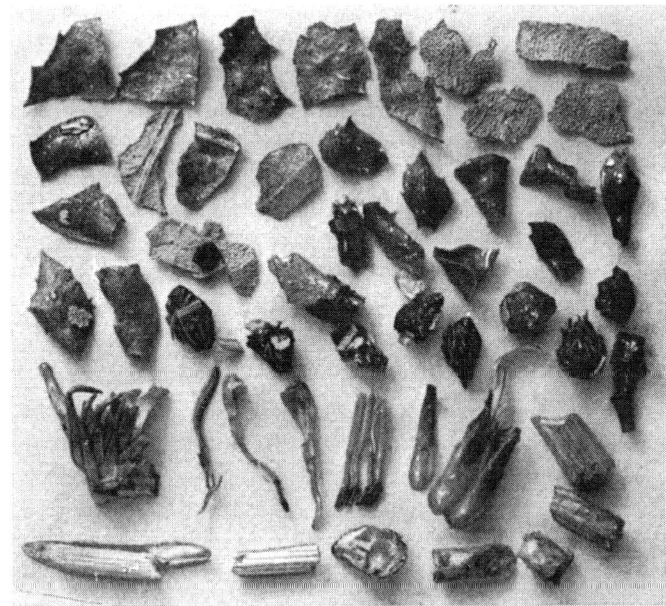

Abb. 111　　**Herba Grindeliae**　　Abb. 112

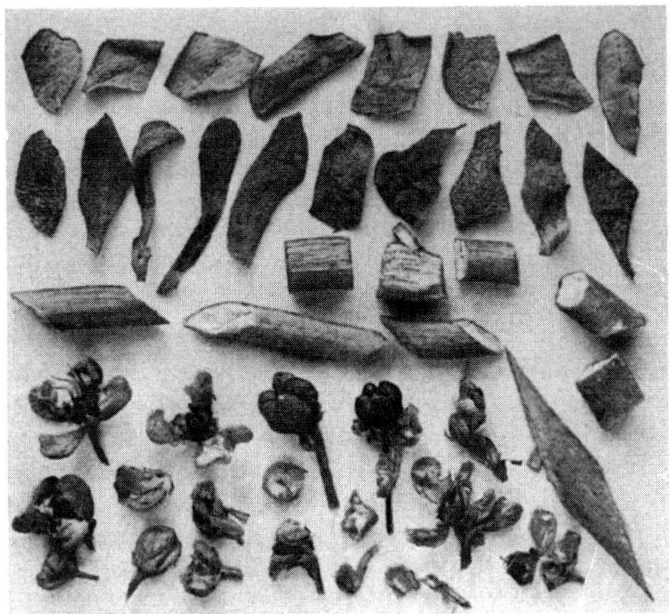

Abb. 115 **Herba Rutae** Abb. 116

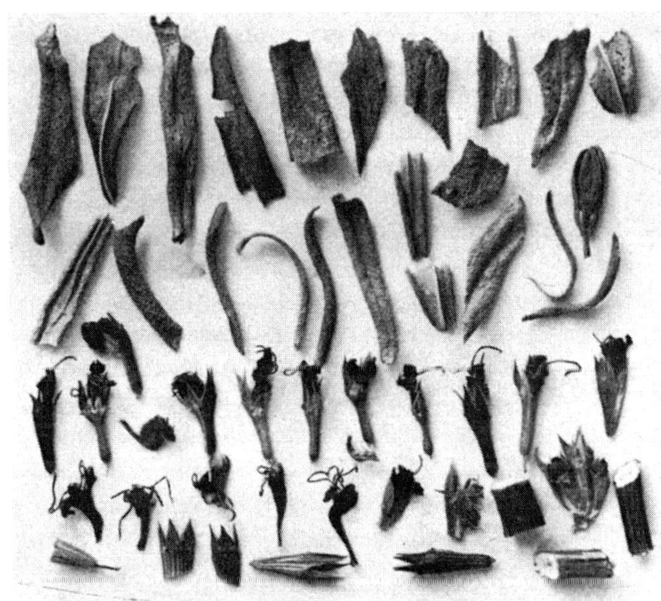

Abb. 117 **Herba Hyssopi** Abb. 118

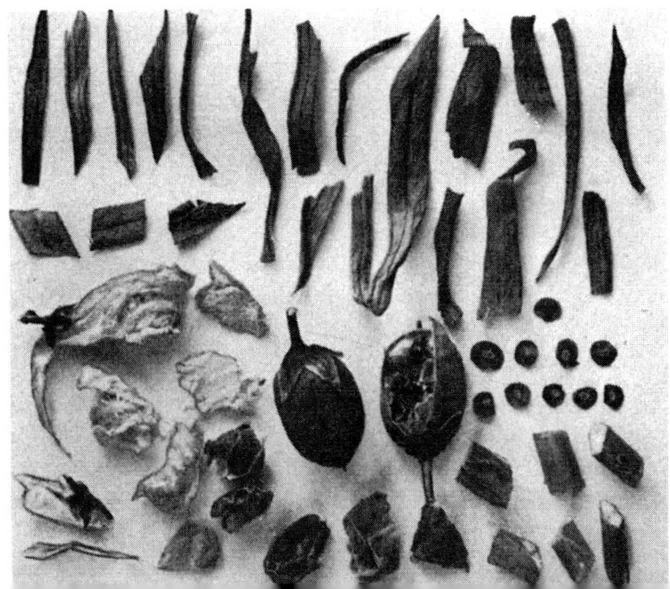

Tafel 21

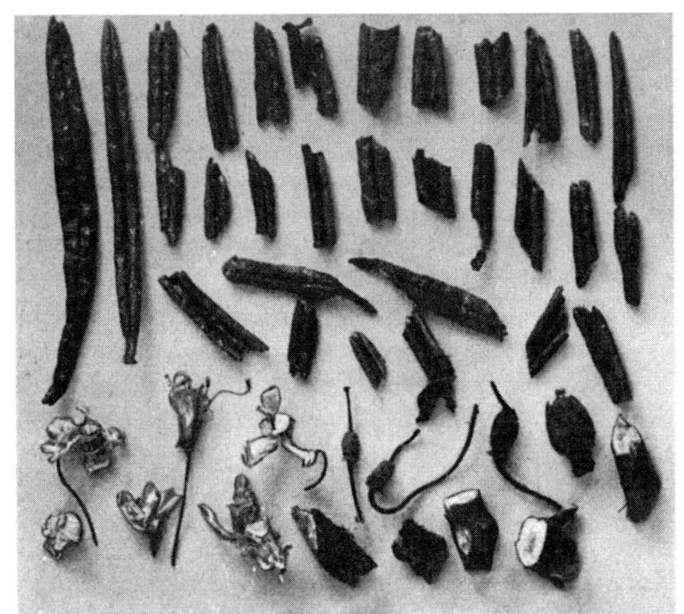 

Abb. 121 **Herba Ledi palustris** Abb. 122

 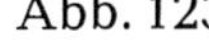

Abb. 123 **Herba Sabinae m. V.** Abb. 124

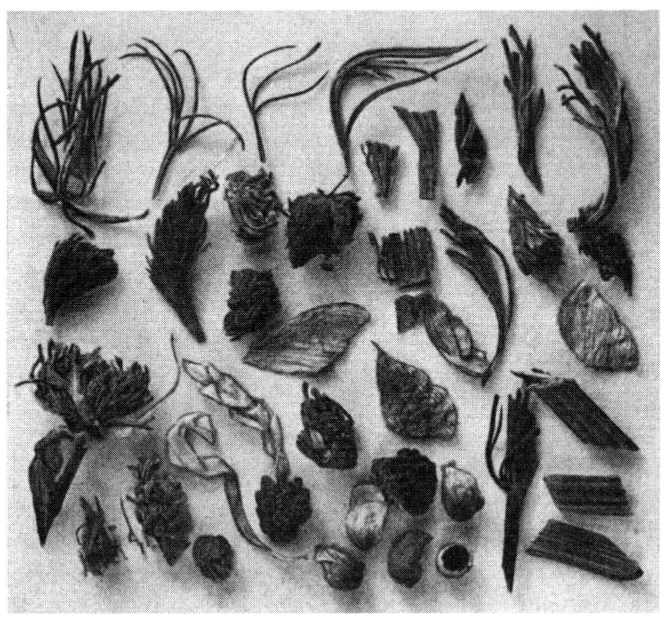

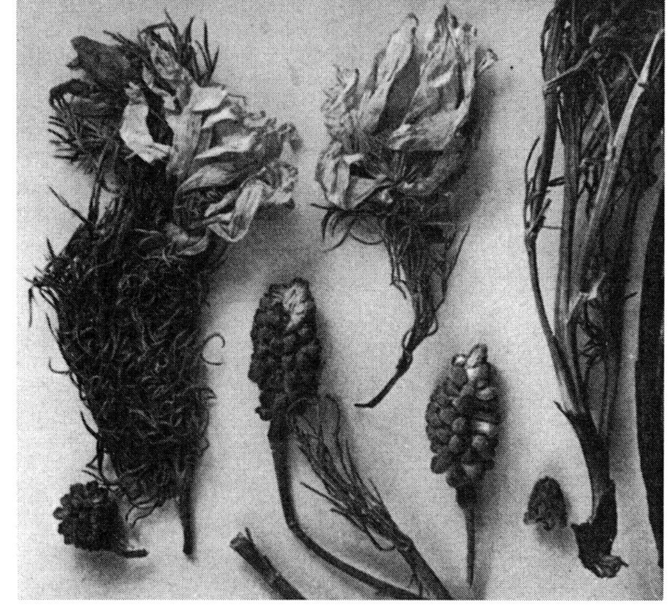

Abb. 127   **Herba Adonidis**   Abb. 128

Abb. 129   **Herba Eupatorii cannabini**   Abb. 130

Tafel 23

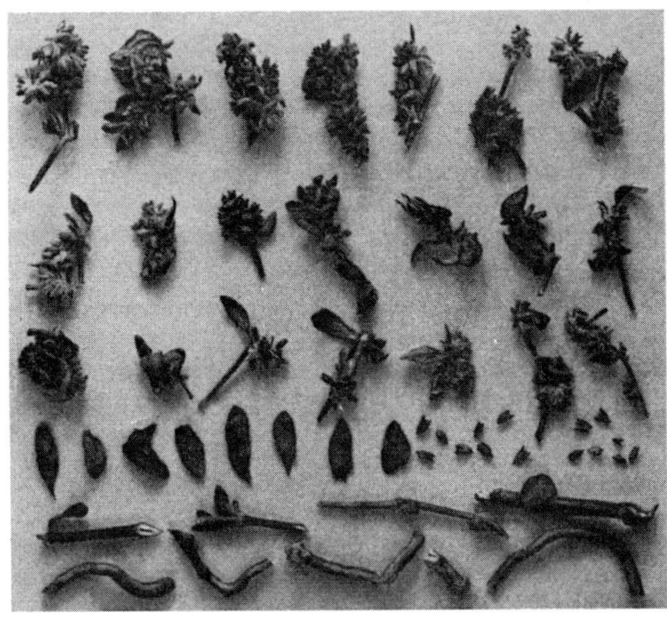

Abb. 133   **Herba Herniariae**   Abb. 134

Abb. 135   **Herba Majoranae**   Abb. 136

Tafel 24

Abb. 139   **Herba Pulmonariae maculatae**   Abb. 140

Abb. 141   **Herba Urticae**   Abb. 142

Tafel 25

Abb. 145   **Herba Cardui benedicti**   Abb. 146

Abb. 147   **Herba Scabiosae**   Abb. 148

Tafel 26

Abb. 151 **Herba Nepetae catariae** Abb. 152

Abb. 153 **Herba Galeopsidis** Abb. 154

Abb. 157

Herba Veronicae

Abb. 158

Abb. 159

Herba Alchemillae

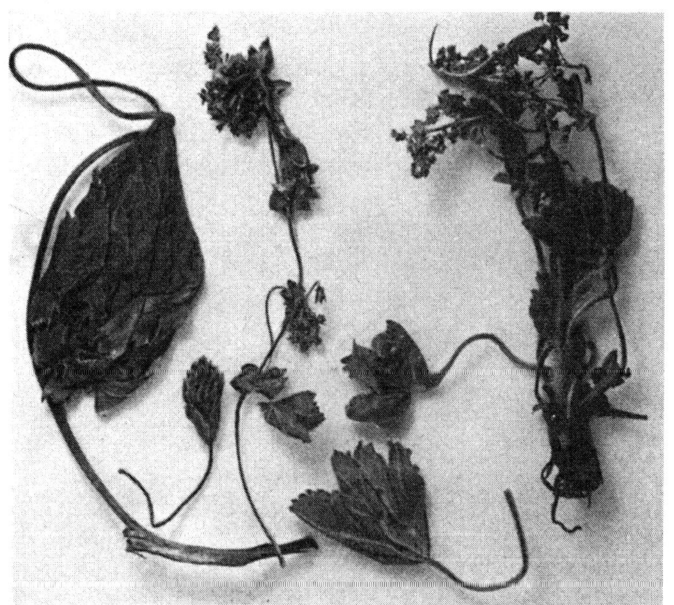

Abb. 160

Tafel 28

Abb. 163 **Herba Agrimoniae** Abb. 164

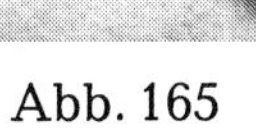

Abb. 165 **Herba Anserinae** Abb. 166

Abb. 169   **Herba Mari veri**   Abb. 170

Abb. 171   **Herba Marrubii albi**   Abb. 172

Abb. 175   **Herba Droserae**   Abb. 176

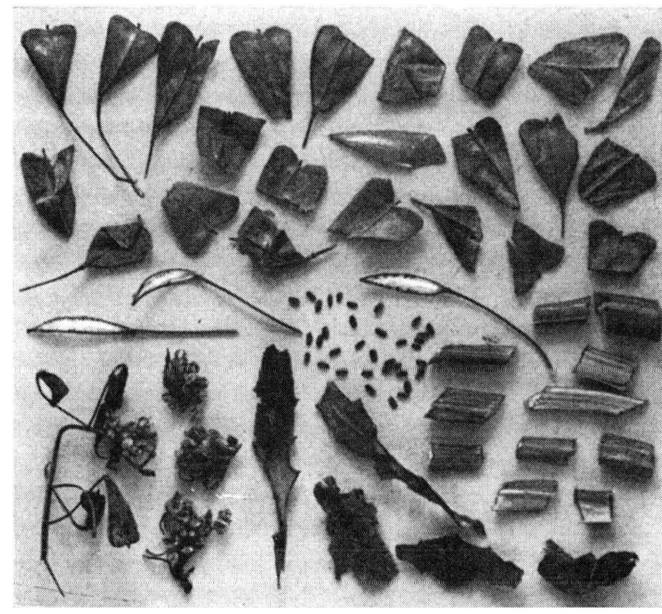

Abb. 177   **Herba Bursae pastoris**   Abb. 178

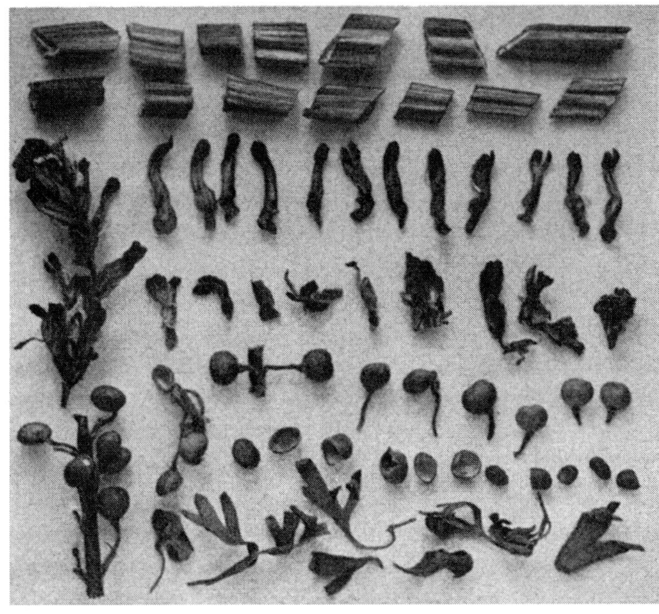

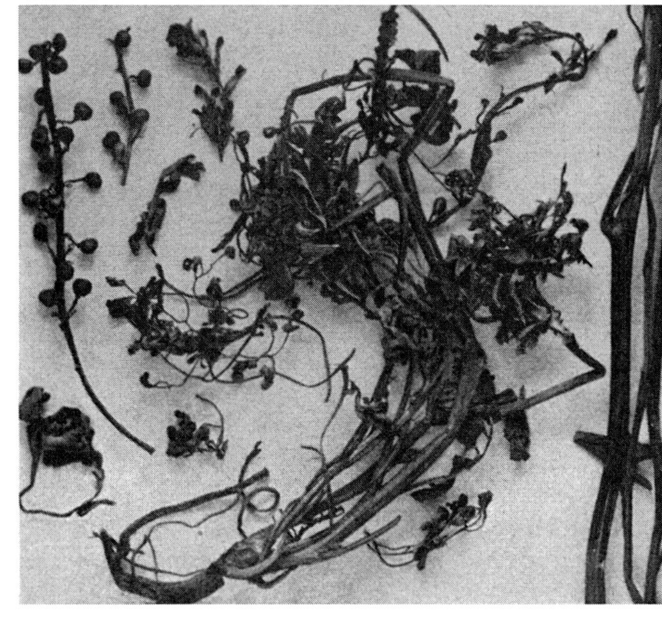

Abb. 181 **Herba Fumariae** Abb. 182

Abb. 183 **Herba Cochleariae** Abb. 184

Tafel 32

Abb. 187   **Herba Eryngii plani und campestris**   Abb. 188

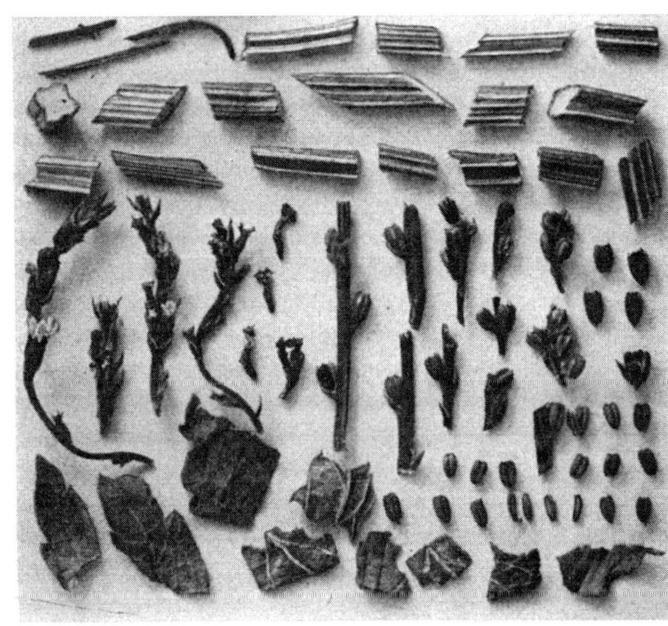 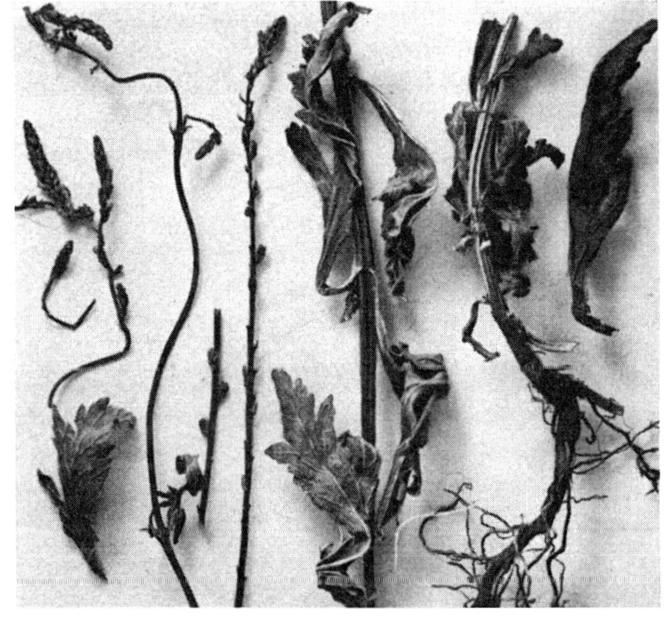

Abb. 189   **Herba Verbenae**   Abb. 190

Tafel 33

Abb. 193   **Herba Spartii scoparii**   Abb. 194

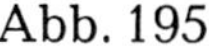

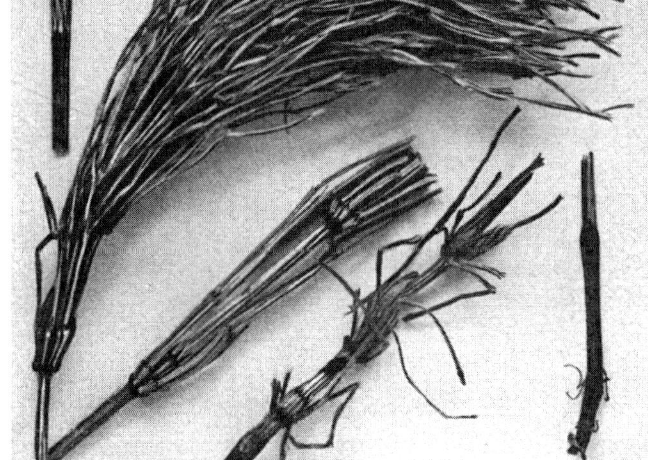

Abb. 195   **Herba Equiseti**   Abb. 196

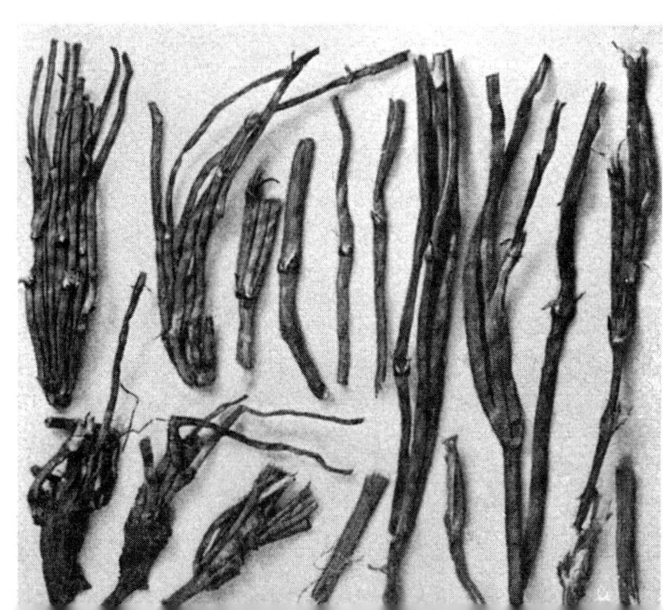

Abb. 199 **Herba Tanaceti** Abb. 200

Abb. 201 **Herba Virgaureae** Abb. 202

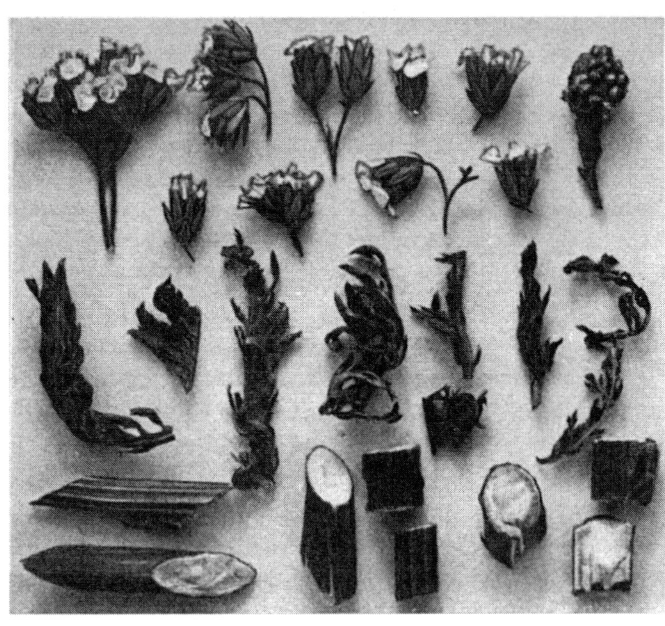

Abb. 205 **Herba Millefolii** Abb. 206

Abb. 207 **Herba Artemisiae** Abb. 208

Abb. 211　　**Herba Ericae**　　Abb. 212

Abb. 213　　**Herba Origani**　　Abb. 214

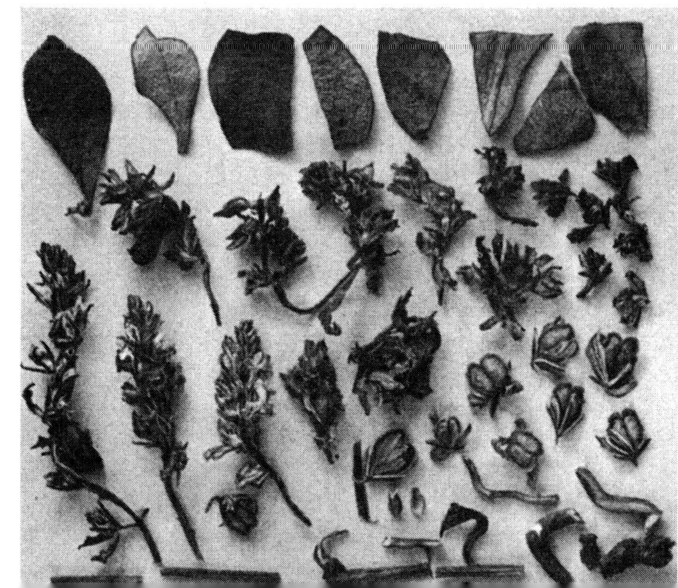

Tafel 37

Abb. 217   **Fl. Humuli lupuli**   Abb. 218     Abb. 219   **Fl. Tiliae m. V.**   Abb. 220

Abb. 221   **Fl. Chamomillae rom. m. V.**   Abb. 222  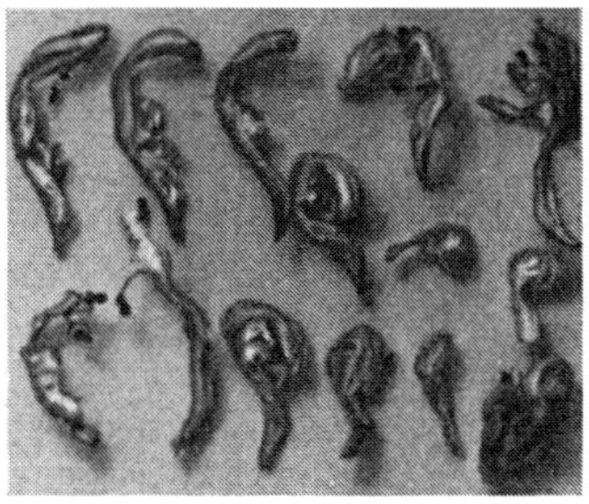   Abb. 223   **Fl. Lamii albi**   Abb. 224

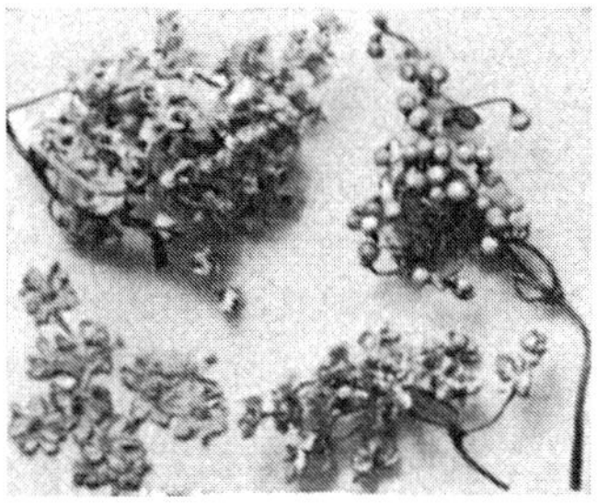

Abb. 225   **Fl. Sambuci**   Abb. 226     Abb. 227   **Fl. Spiraeae**   Abb. 228

Abb. 229   **Fl. Acaciae m. V.**   Abb. 230     Abb. 231   **Fl. Crataegi**   Abb. 232

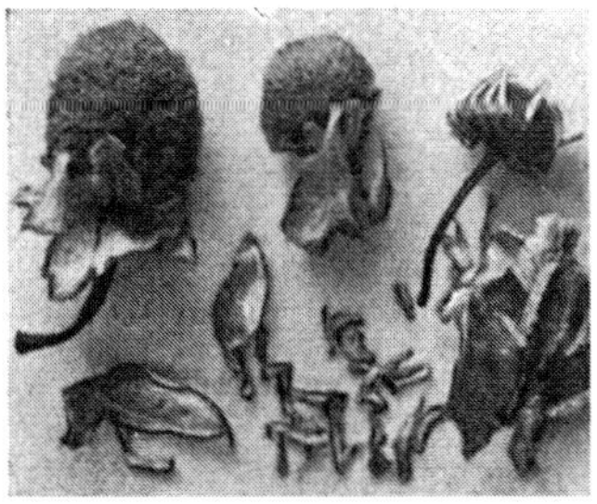

Abb. 233   **Fl. Chamomillae**   Abb. 234 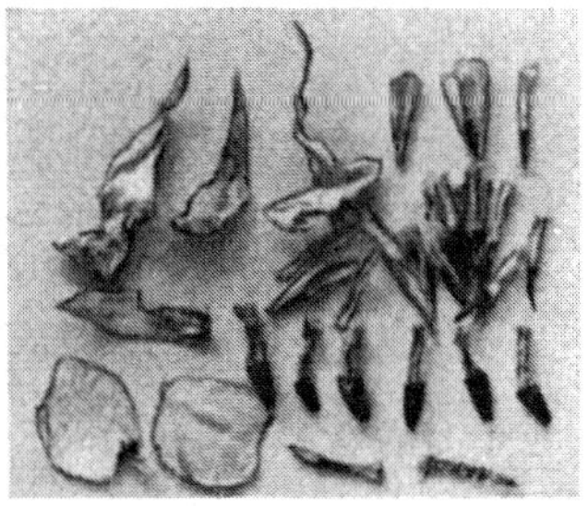    Abb. 235   **Verfälschung v. Fl. Chamomillae**   Abb. 236

  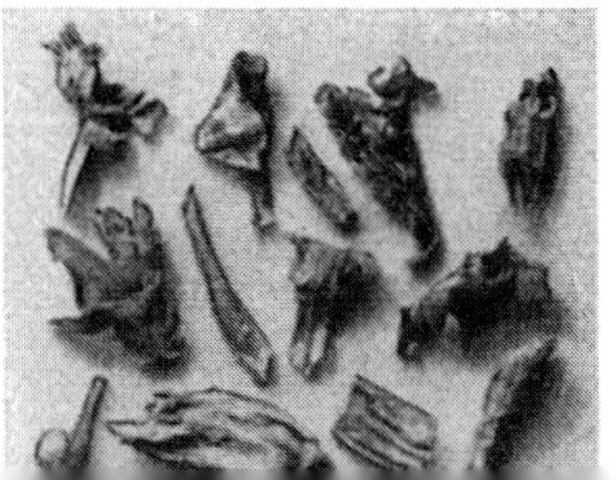 

Tafel 38

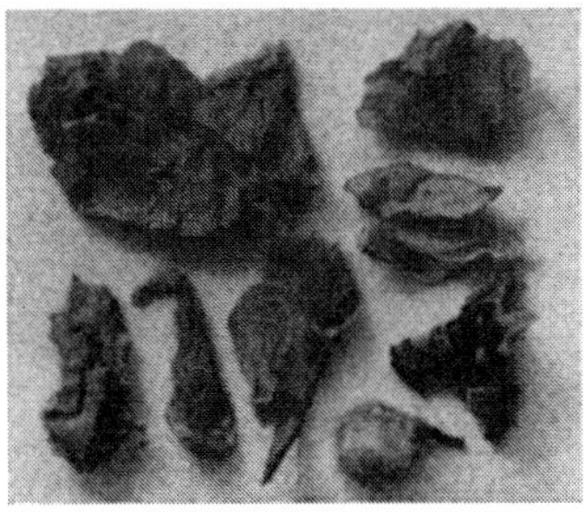

Abb. 241	**Fl. Farfarae**	Abb. 242	Abb. 243	**Fl. Verbasci m. V.**	Abb. 244

Abb. 241   **Fl. Farfarae**   Abb. 242   Abb. 243   **Fl. Verbasci m. V.**   Abb. 244

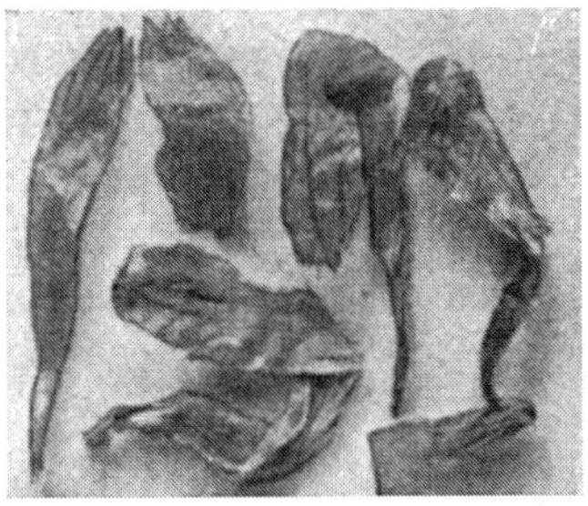

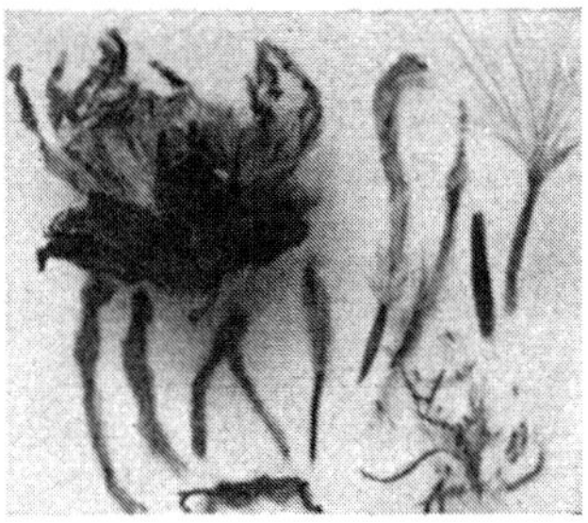

Abb. 245   **Fl. Calendulae**   Abb. 246   Abb. 247   **Fl. Arnicae m. V.**   Abb. 248

Abb. 249   **Fl. Aurantii**   Abb. 250   Abb. 251   **Fl. Spartii scoparii**   Abb. 252

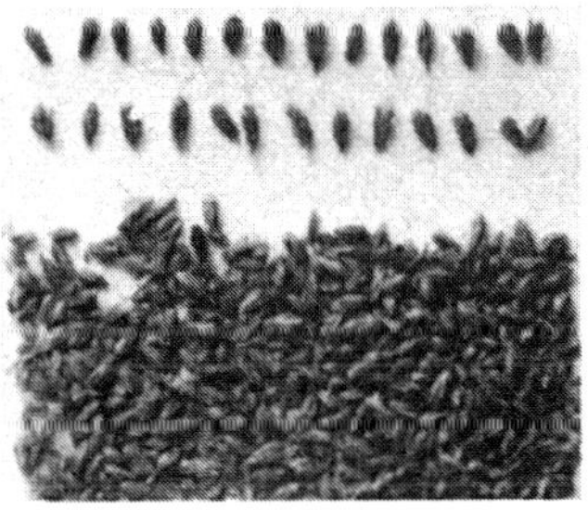

Abb. 253   **Fl. Cinae m. V.**   Abb. 254   Abb. 255   **Fl. Matricariae discoideae**   Abb. 256

Abb. 257   **Fl. Anthos**   Abb. 258   Abb. 259   **Fl. Koso m. V.**   Abb. 260

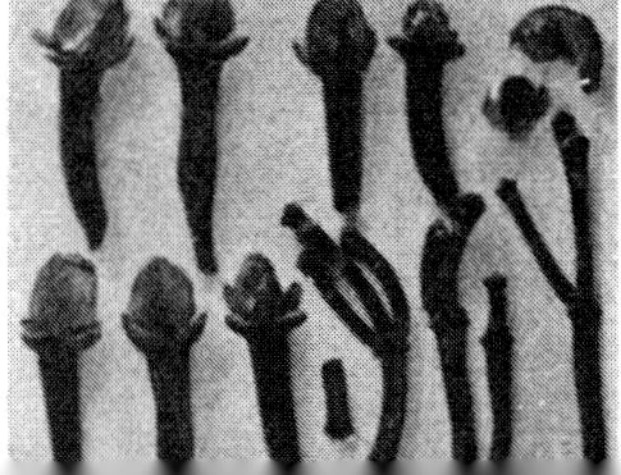

Tafel 39

 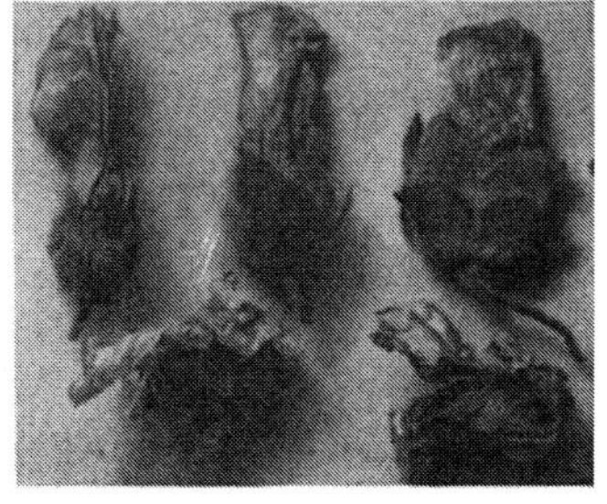  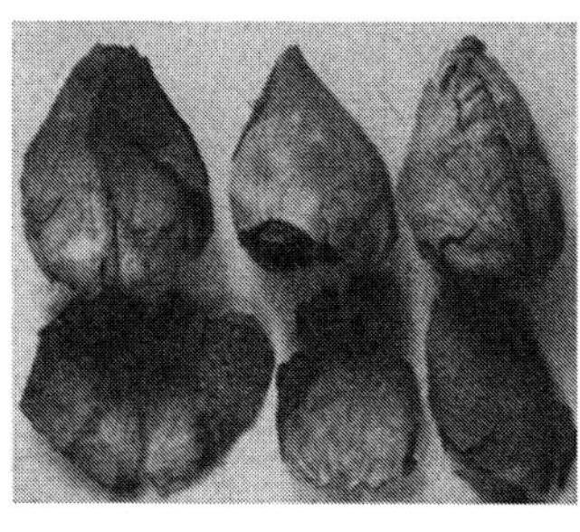

Abb. 265   **Fl. Althaeae m. V.**   Abb. 266   Abb. 267   **Fl. Rosae**   Abb. 268

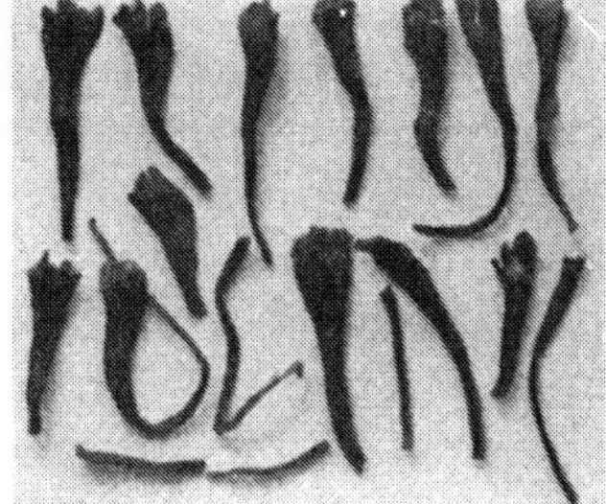 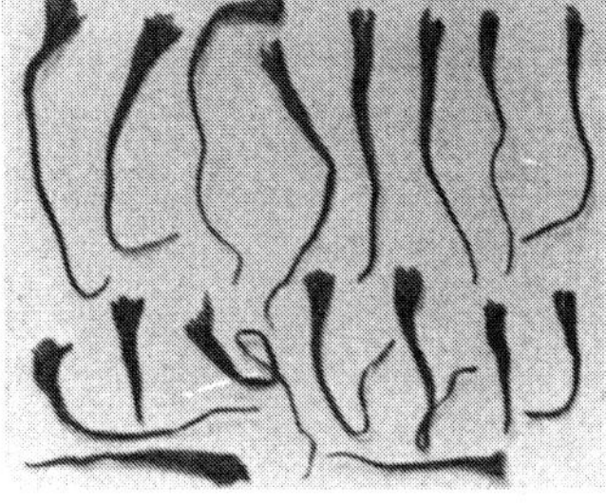  

Abb. 269   **Crocus**   Abb. 270   Abb. 271   **Verfälschung von Crocus**   Abb. 272

   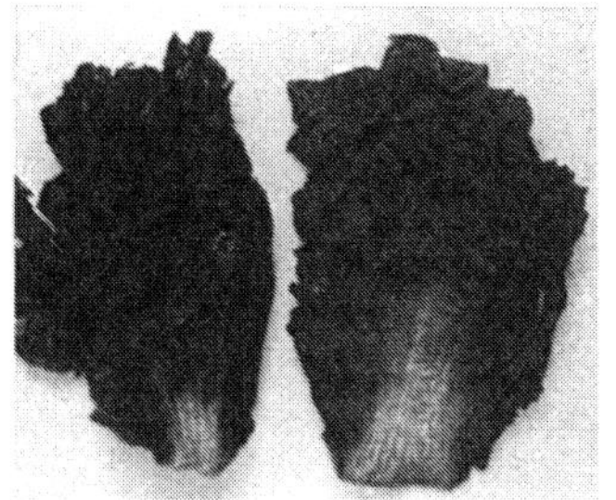

Abb. 273   **Fl. Rhoeados**   Abb. 274   Abb. 275   **Fl. Paeoniae**   Abb. 276

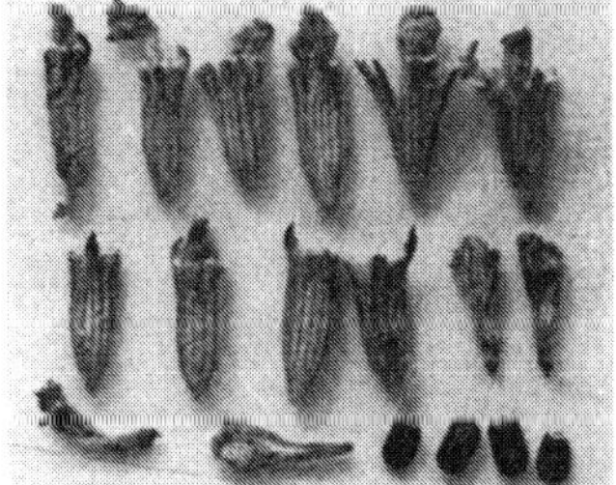 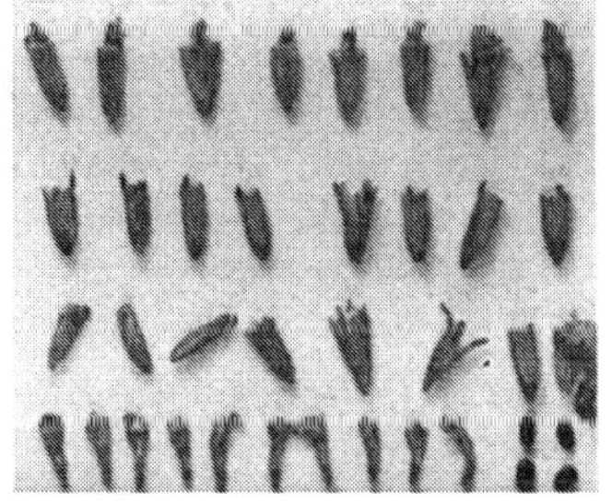  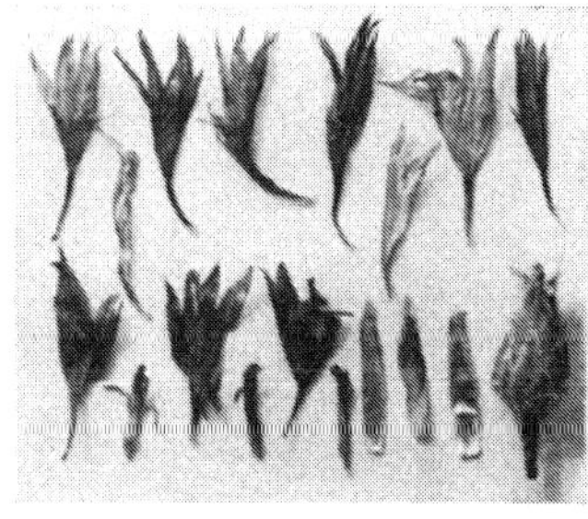

Abb. 277   **Fl. Lavandulae**   Abb. 278   Abb. 279   **Fl. Cyani**   Abb. 280

Abb. 281   **Fl. Calcatrippae**   Abb. 282   Abb. 283   **Fl. Malvae arboreae**   Abb. 284

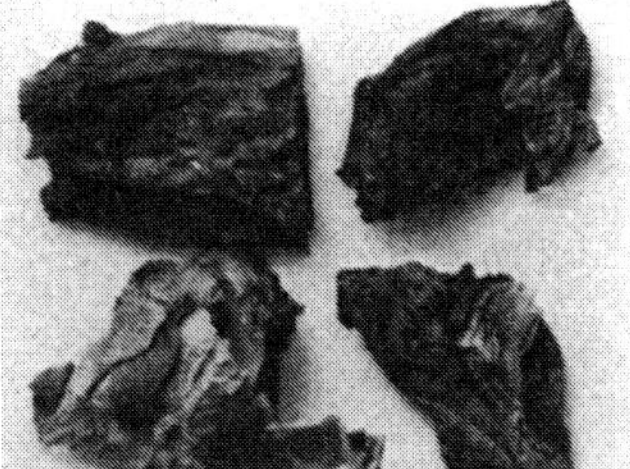 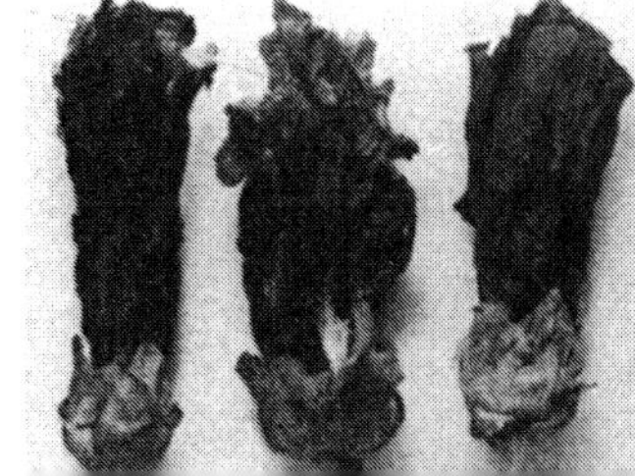  

Tafel 40

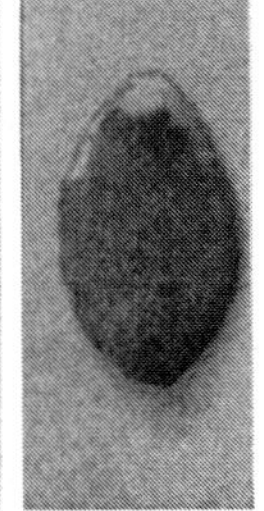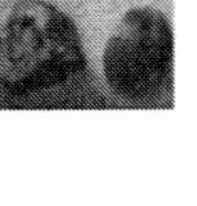

Abb. 289 u. 290   Abb. 291   Abb. 292   Abb. 293   Abb. 294   Abb. 295 u. 296

S. Cynosbati   **S. Cucurbitae**   **S. Foenugraeci m. V.**   **S. Lini**

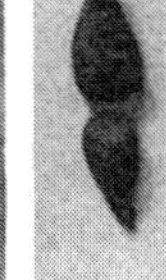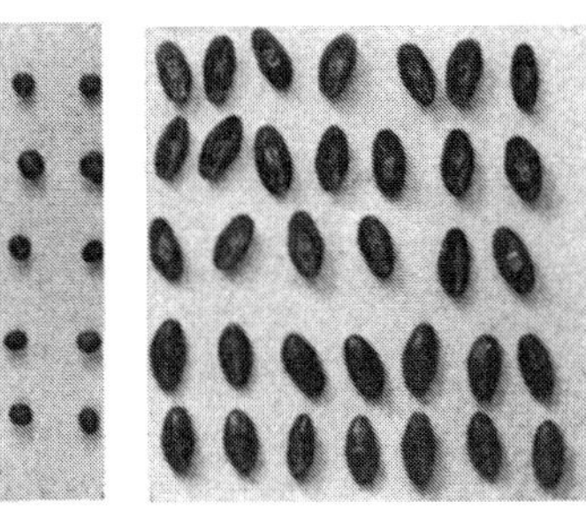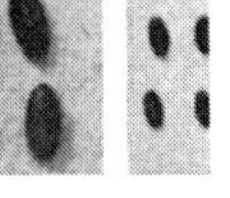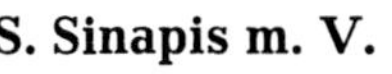

Abb. 297   Abb. 298   Abb. 299   Abb. 300   Abb. 301   Abb. 302   Abb. 303   Abb. 304

S. Cydoniae   **S. Cardui Mariae m. V.**   **S. Sinapis m. V.**   **S. Psyllii**

Abb. 305 u. 306   Abb. 307 u. 308   Abb. 309 u. 310

Fr. Coriandri   **Fr. Anisi m. V.**   **Fr. Petroselini m. V.**

Abb. 311 u. 312   Abb. 313 u. 314   Abb. 315 u. 316

Fr. Phellandri   **Fr. Carvi**   **Fr. Foeniculi m. V.**

Tafel 41

Abb. 323   Abb. 324   Abb. 325   Abb. 326   Abb. 327   Abb. 328

Fr. Myrtilli m. V.   **Fr. Rhamni catharticae**   **Fr. Ribis nigri**

Abb. 329   Abb. 330   Abb. 331   Abb. 332   Abb. 333   Abb. 334

Fr. Cynosbati   **Fr. Sorbi aucupariae**   **Fr. Alkekengi**

Abb. 335   Abb. 336   Abb. 337   Abb. 338   Abb. 339 u. 340

Fr. Crataegi oxyacanthae   **Fr. Cubebae m. V.**   **Fr. Syzygii Jambolani**

 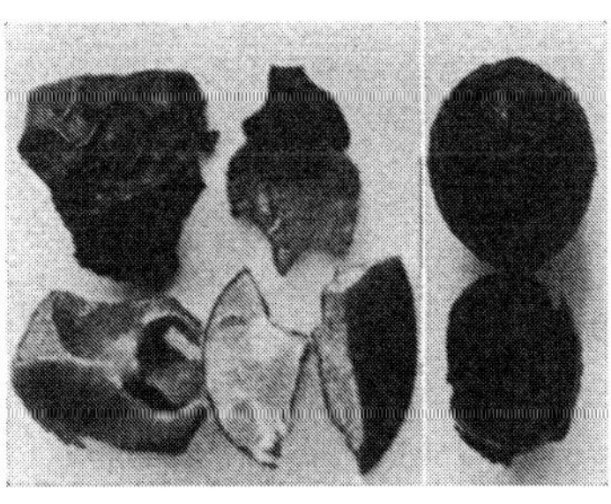 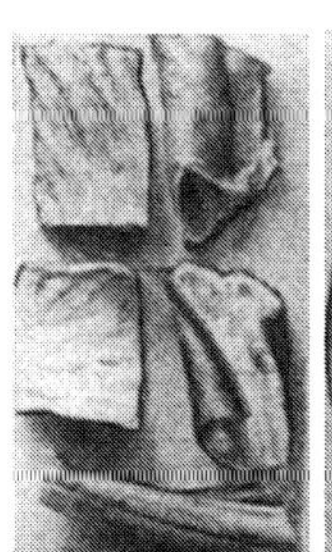

Abb. 341   Abb. 342   Abb. 343   Abb. 344   Abb. 345   Abb. 346

Fr. Aurantii immaturi   **Fr. Lauri**   **Fr. Phaseoli sine semine**

   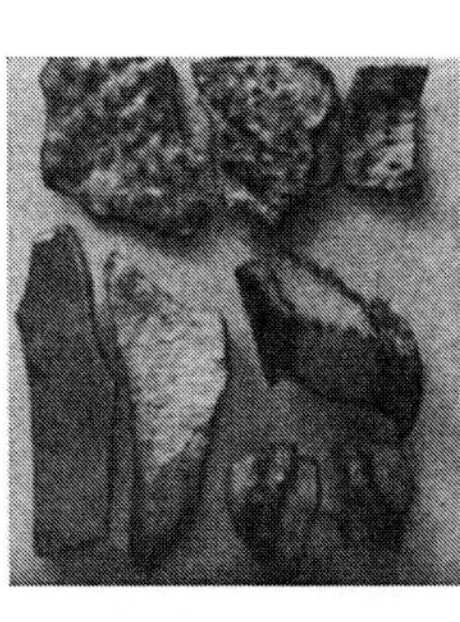 

Tafel 42

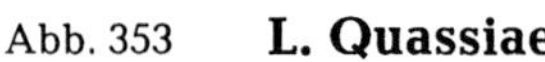

Abb. 353 **L. Quassiae** Abb. 354   Abb. 355 **L. Juniperi** Abb. 356   Abb. 357 **L. Muira puama** Abb. 358

Abb. 359 **L. Sassafras** Abb. 360   Abb. 361 **L. Guajaci** Abb. 362

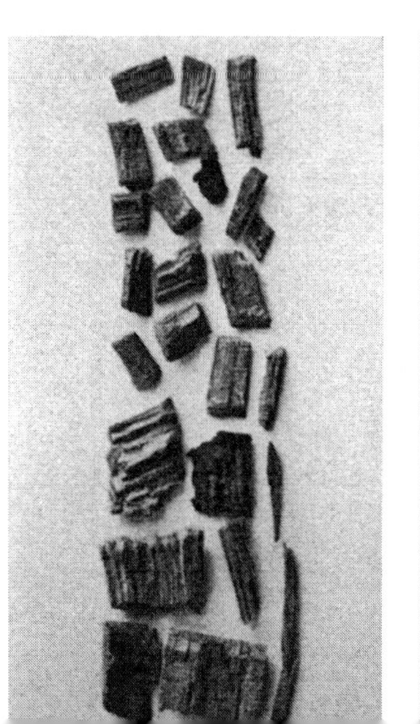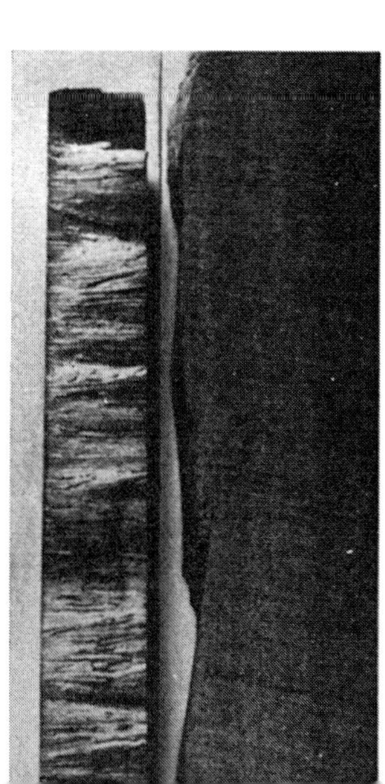

Abb. 367   **C. Quillaiae**   Abb. 368   Abb. 369   **C. Ulmi**   Abb. 370

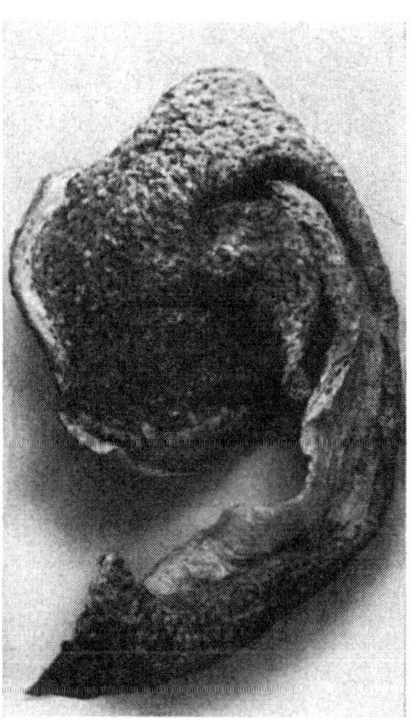

Abb. 371   **C. Citri Fructus**   Abb. 372   Abb. 373   **C. Aurantii Fructus**   Abb. 374

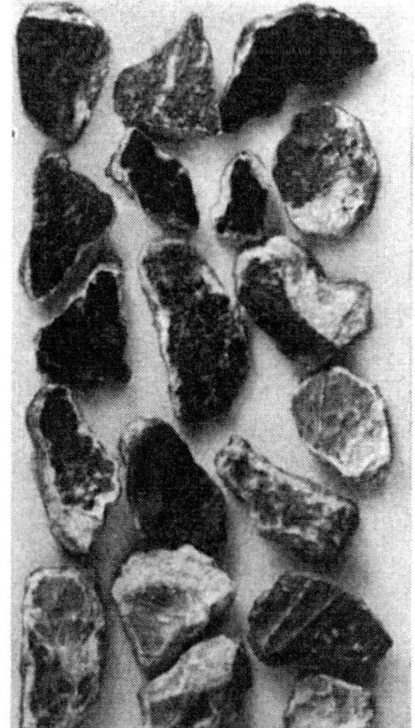

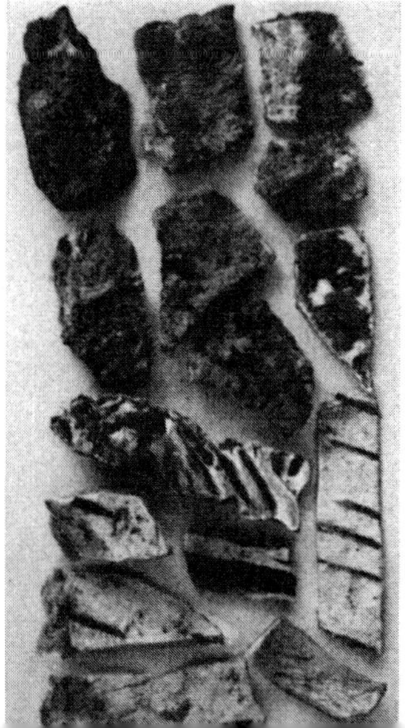

Tafel 44

Abb. 379   **C. Condurango**   Abb. 380

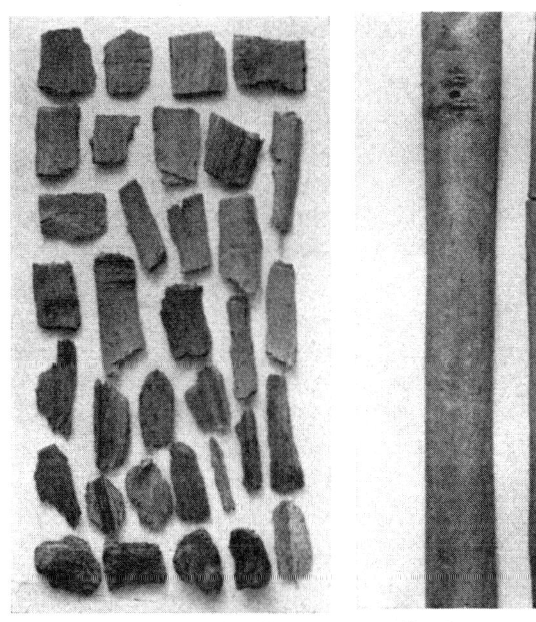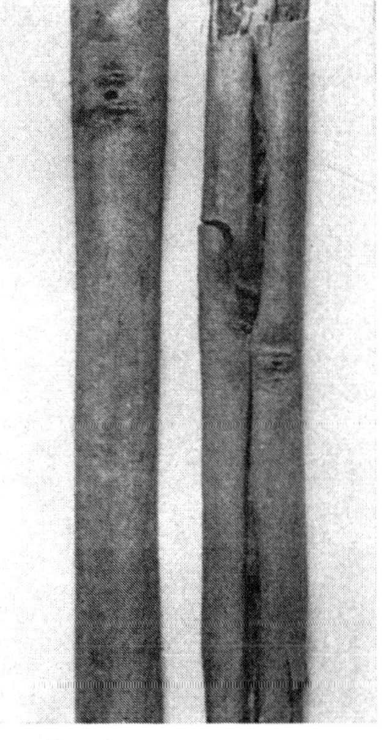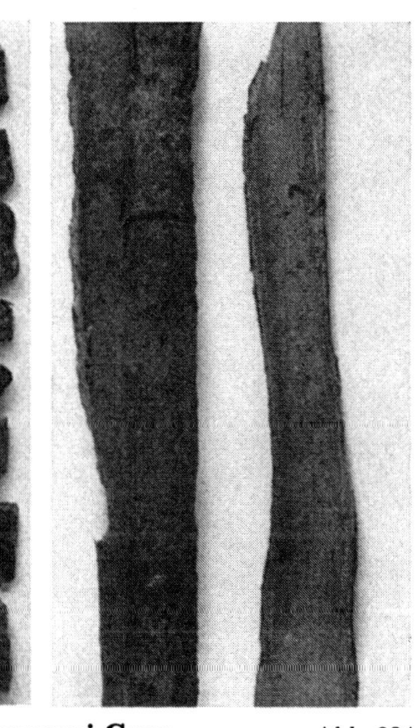

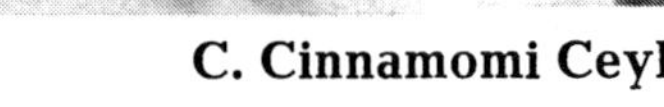

Abb. 381   **C. Cinnamomi Ceyl.**   Abb. 382   Abb. 383   **C. Cinnamomi Cass.**   Abb. 384

Tafel 45

Abb. 389   **C. Chinae**   Abb. 390

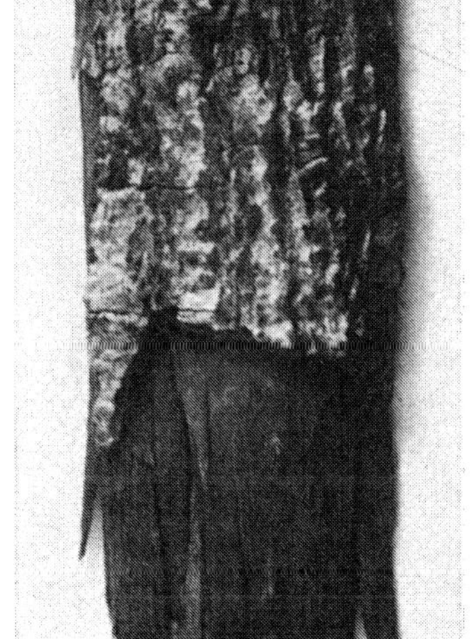

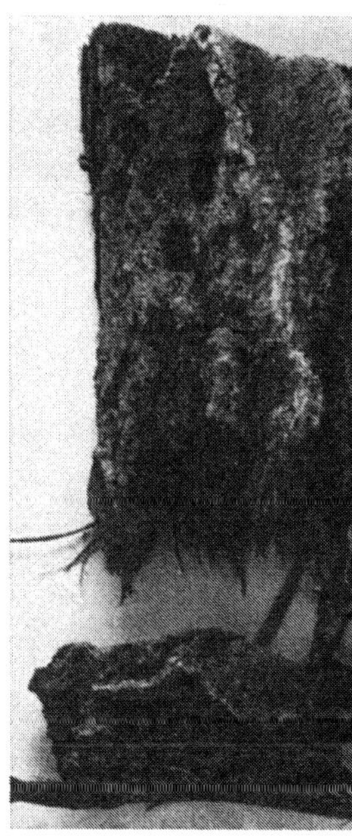

Abb. 391   **C. Yohimbe**   Abb. 392   Abb. 393   **C. Syzygii Jambol.**   Abb. 394

Abb. 399 **C. Quercus** Abb. 400

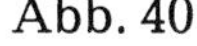

Abb. 401 **C. Salicis** Abb. 402

Abb. 407 **C. Frangulae** Abb. 408

Abb. 409 **C. Cascara sagr.** Abb. 410 Abb. 411 **C. Hippocastani** Abb. 412

Tafel 48

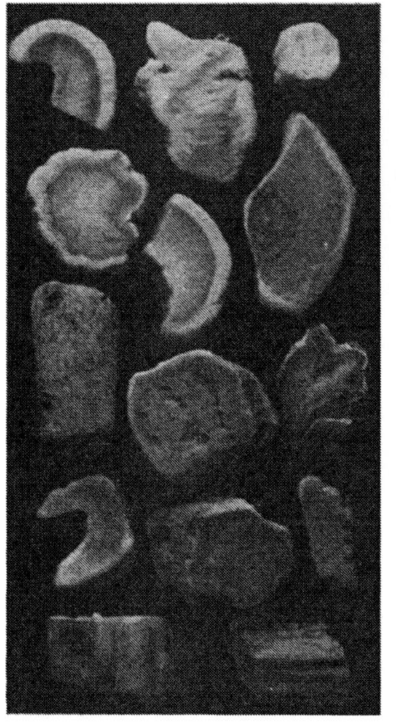 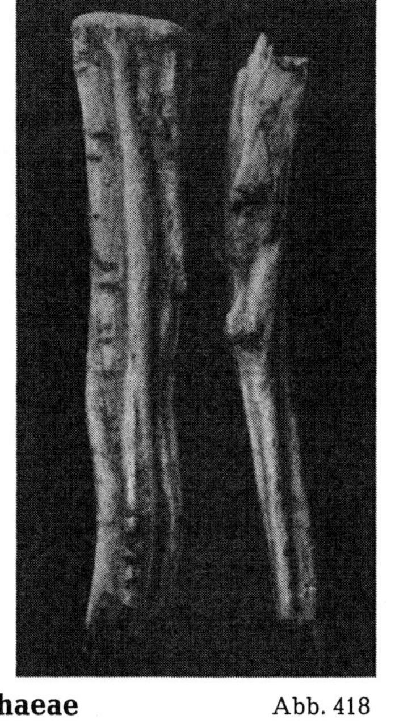

Abb. 417   **R. Althaeae**   Abb. 418

Abb. 419   **R. Liquiritiae**   Abb. 420

Abb. 421   **R. Paeoniae**   Abb. 422

Abb. 423   **R. Foeniculi**   Abb. 424

 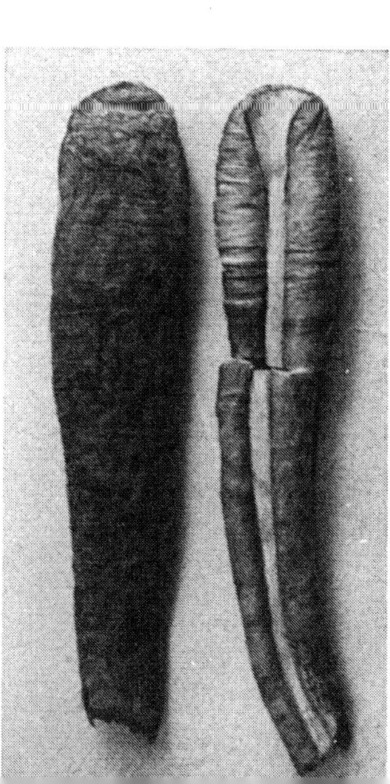

Tafel 49

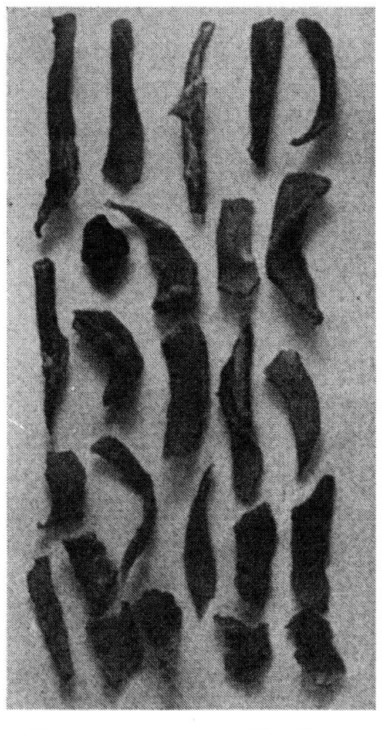
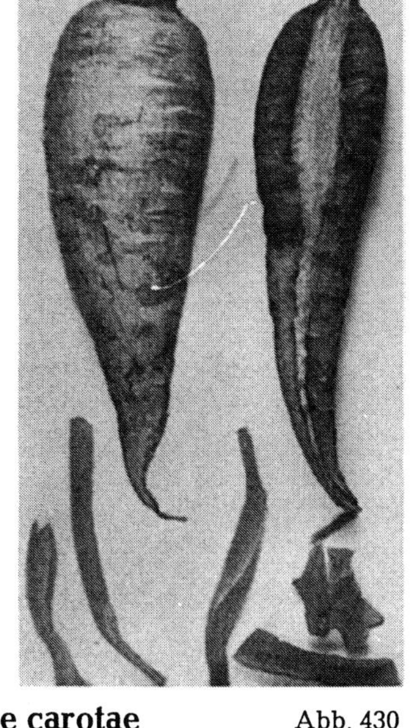

Abb. 429   **R. Daucae carotae**   Abb. 430   Abb. 431   **R. Violae odor.**   Abb. 432

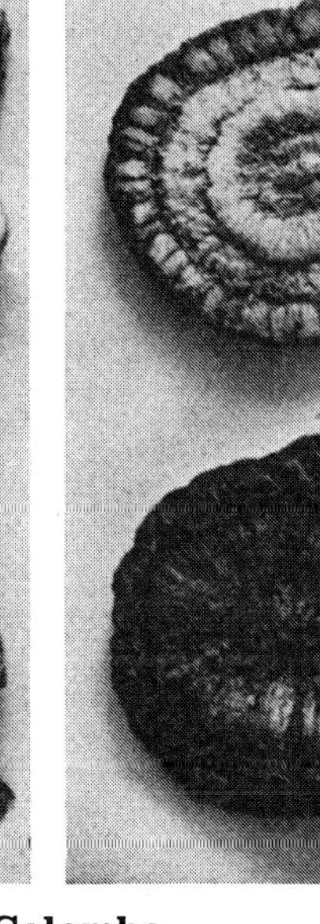

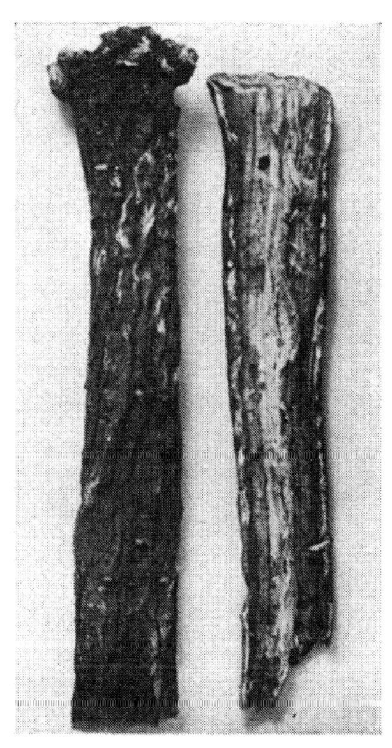

Abb. 433   **R. Colombo**   Abb. 434   Abb. 435   **R. Bardanae**   Abb. 436

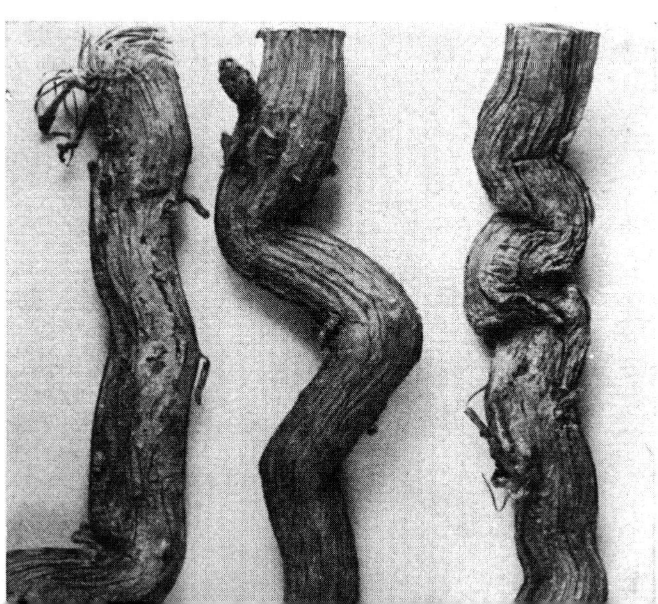

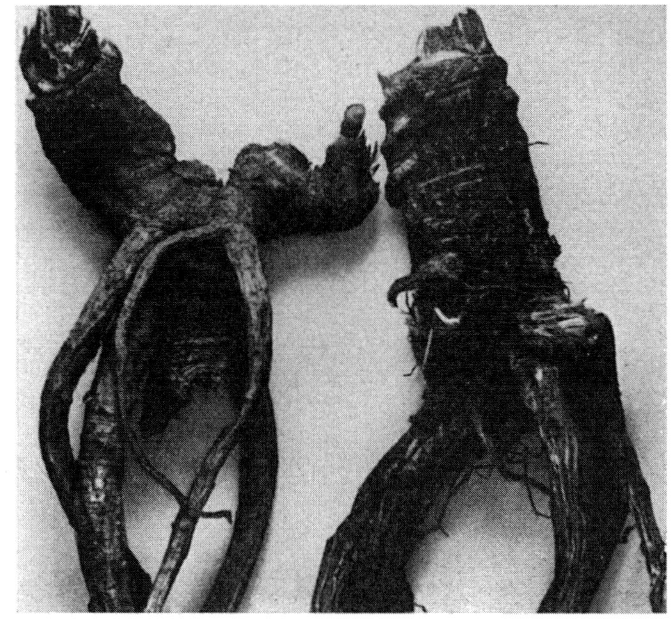

Abb. 439 **R. Pimpinellae und R. Heraclei** (Verf. v. R. Pimp.) Abb. 440

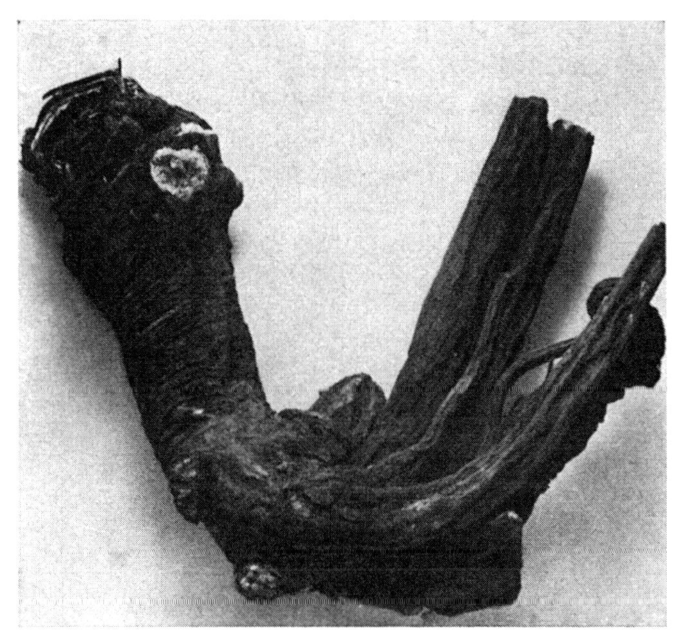

Abb. 441 **R. Levistici** Abb. 442

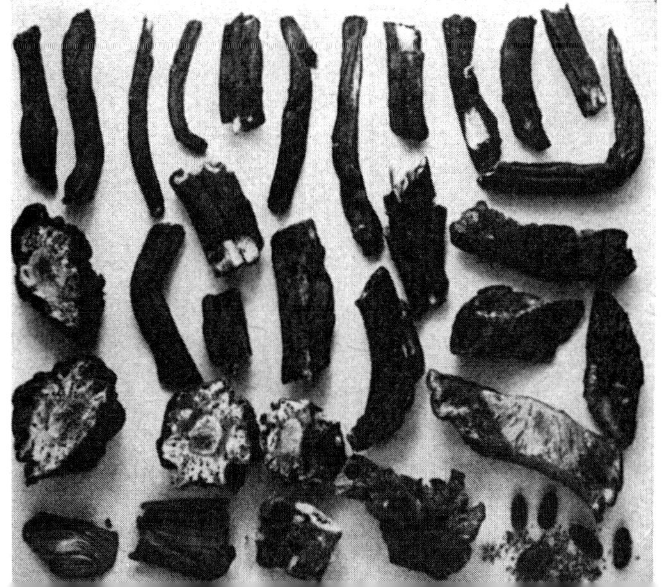

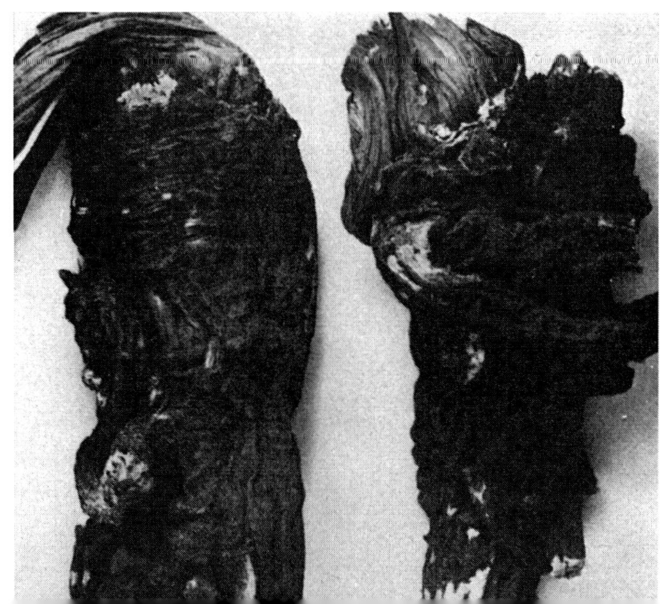

Abb. 445   **R. Cichorii cum herba**   Abb. 446

   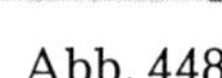

Abb. 447   **R. Taraxaci cum herba**   Abb. 448

 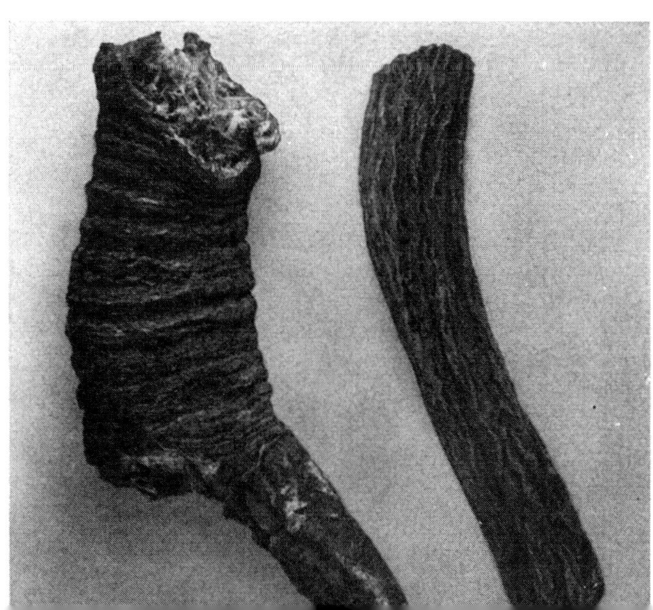

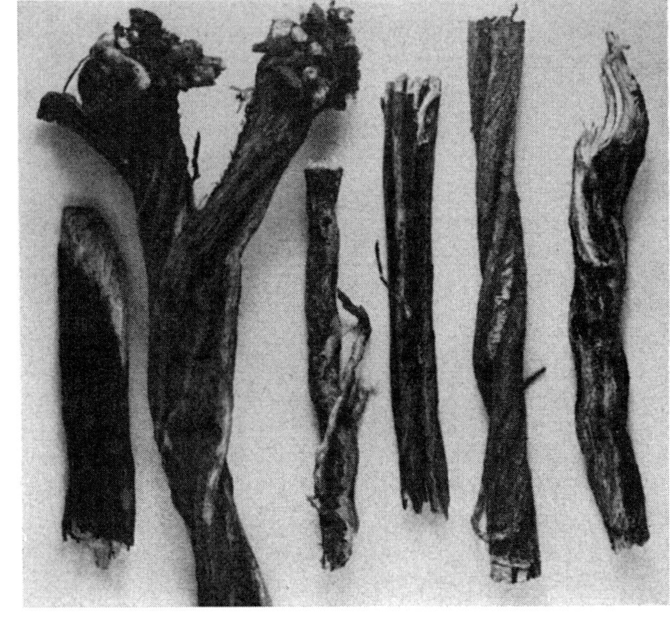

Abb. 451   **R. Ononidis**   Abb. 452

Abb. 453   **R. Carlinae**   Abb. 454   Abb. 455   **R. Helenii**   Abb. 456

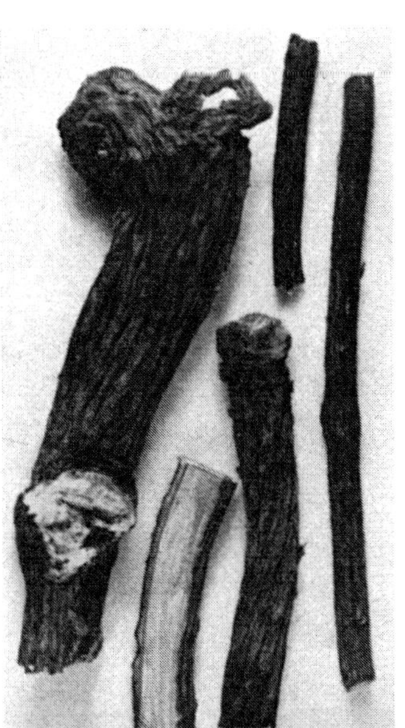

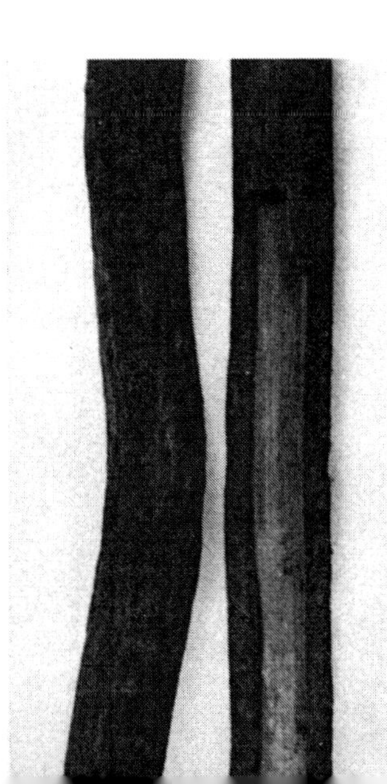

Tafel 53

Abb. 461   **R. Rubiae tinct.**   Abb. 462

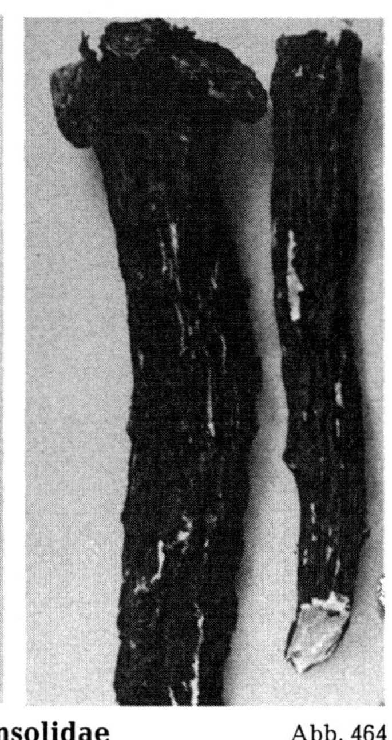

Abb. 463   **R. Consolidae**   Abb. 464

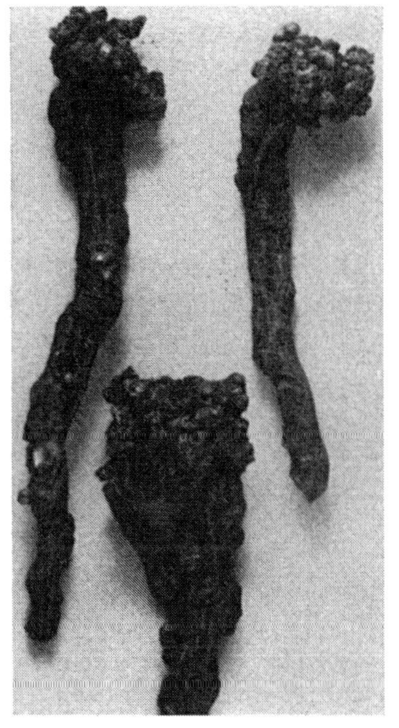

Abb. 465   **R. Senegae**   Abb. 466

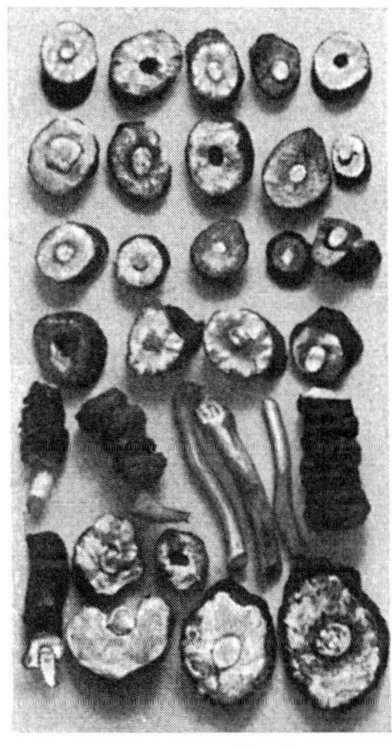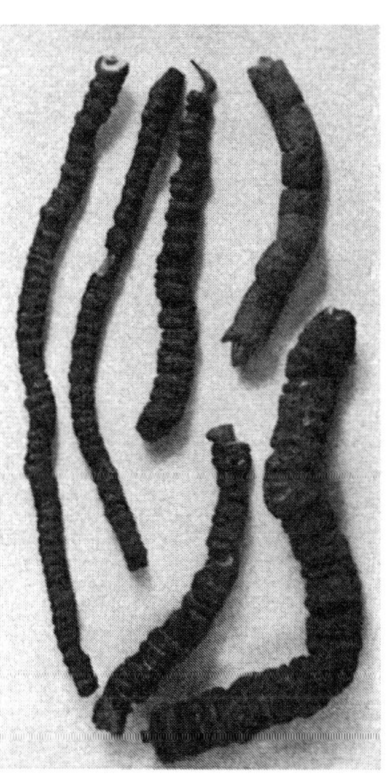

Abb. 467   **R. Ipecacuanhae m. V.**   Abb. 468

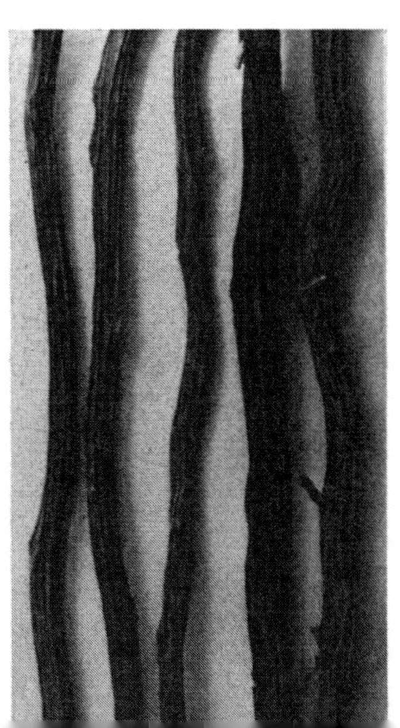

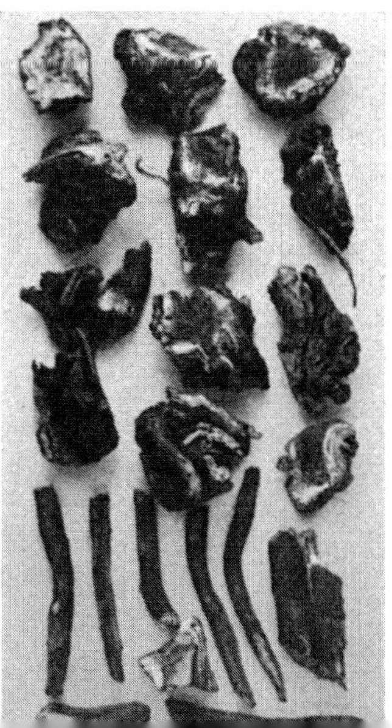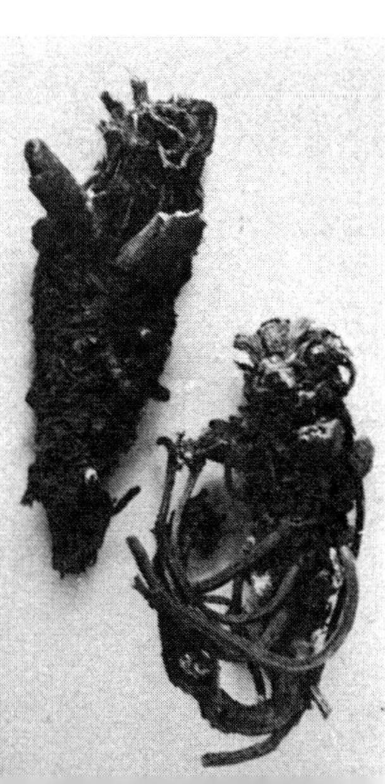

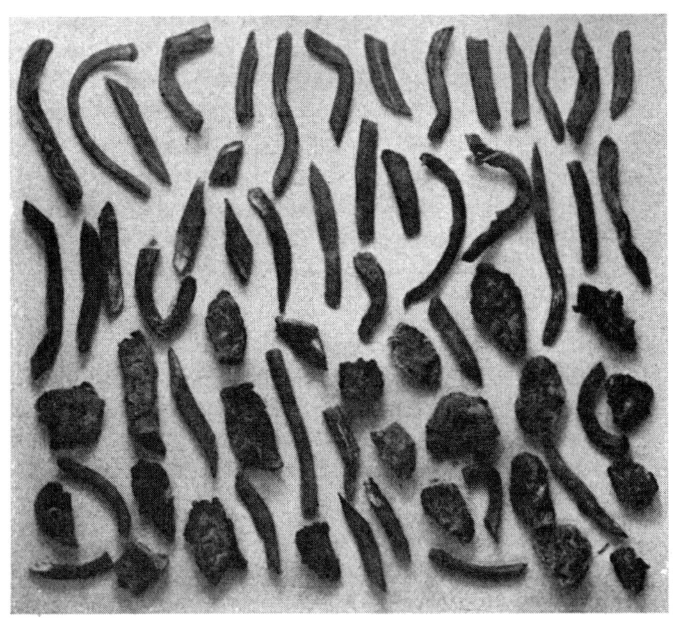

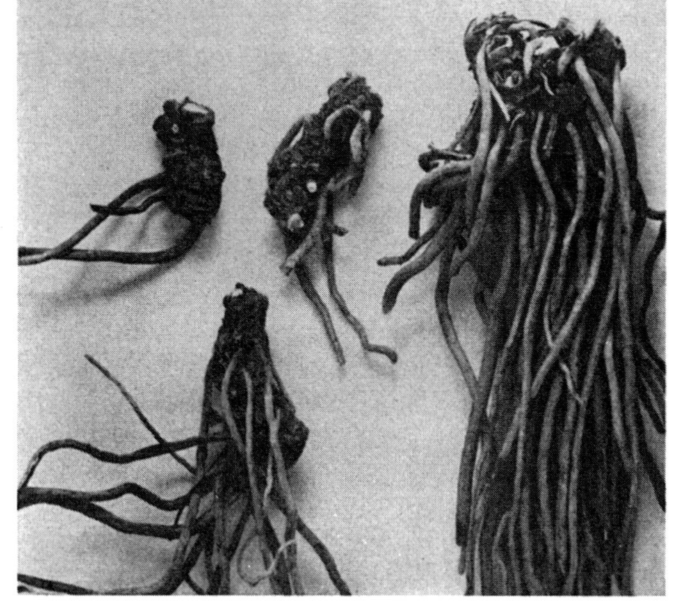

Abb. 473   **R. Primulae**   Abb. 474

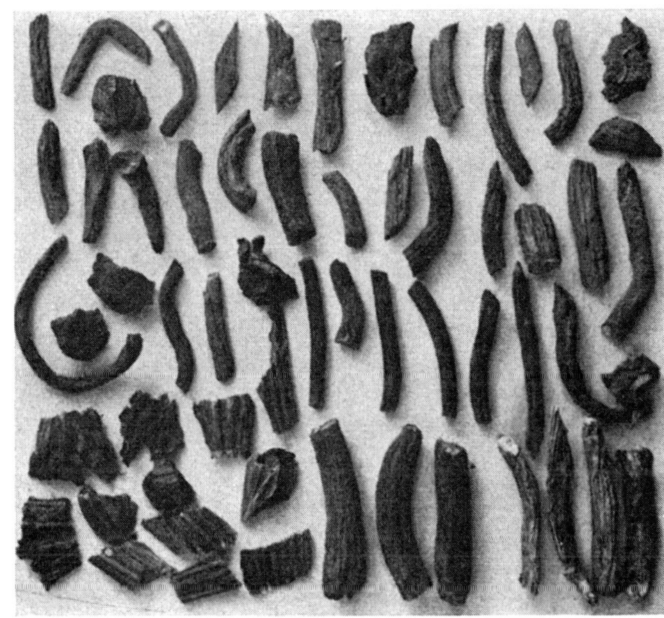

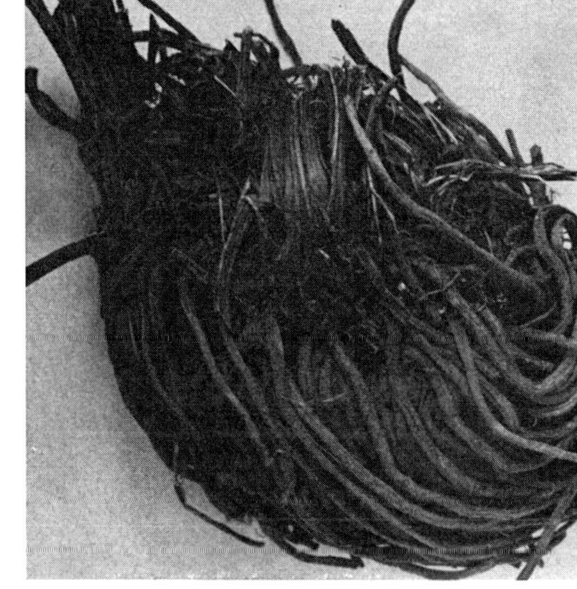

Abb. 475   **R. Valerianae**   Abb. 476

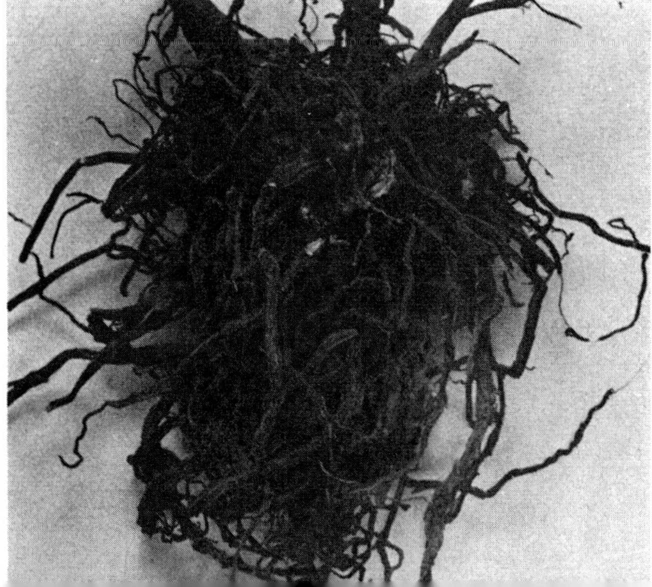

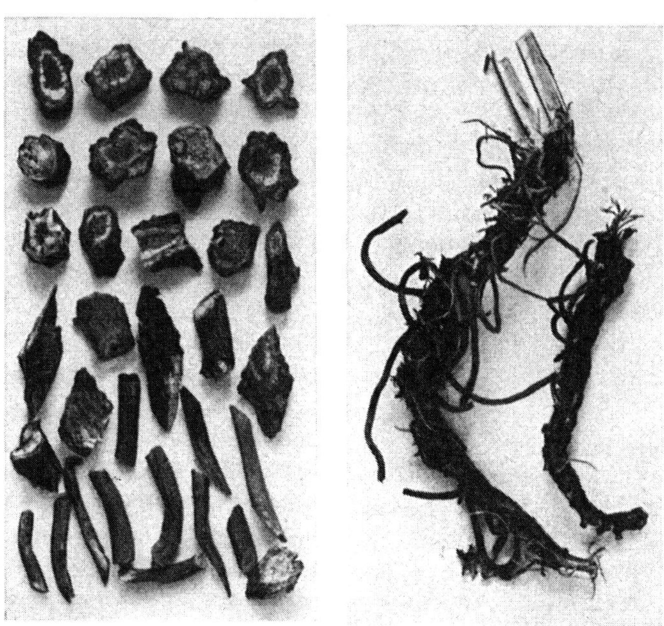 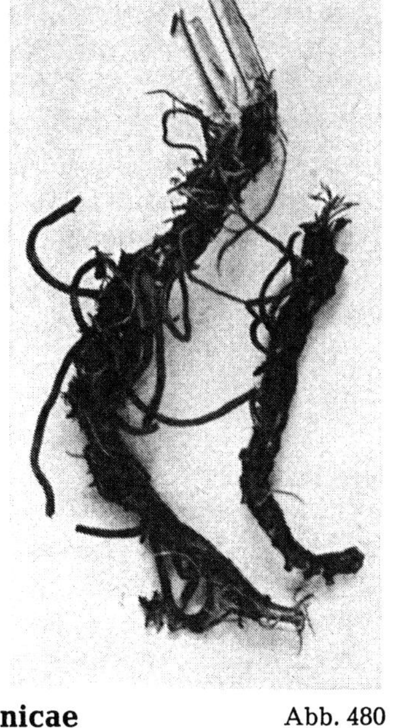 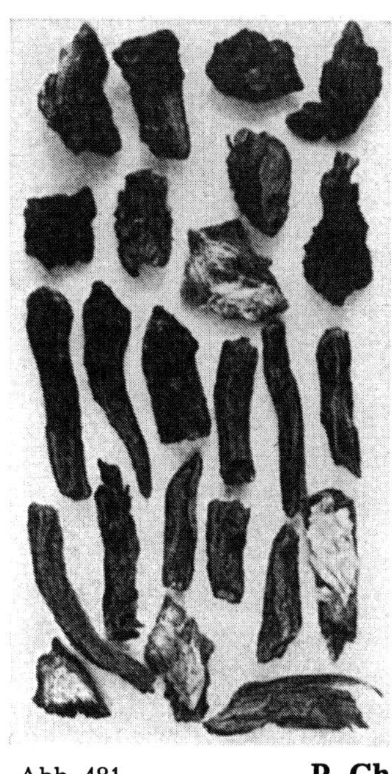 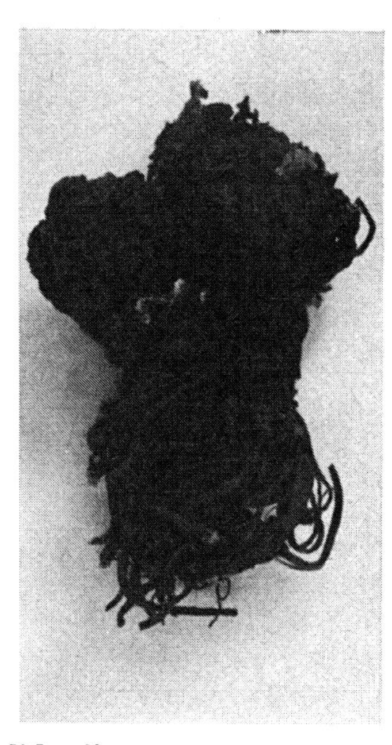

Abb. 479   **R. Arnicae**   Abb. 480   Abb. 481   **R. Chelidonii**   Abb. 482

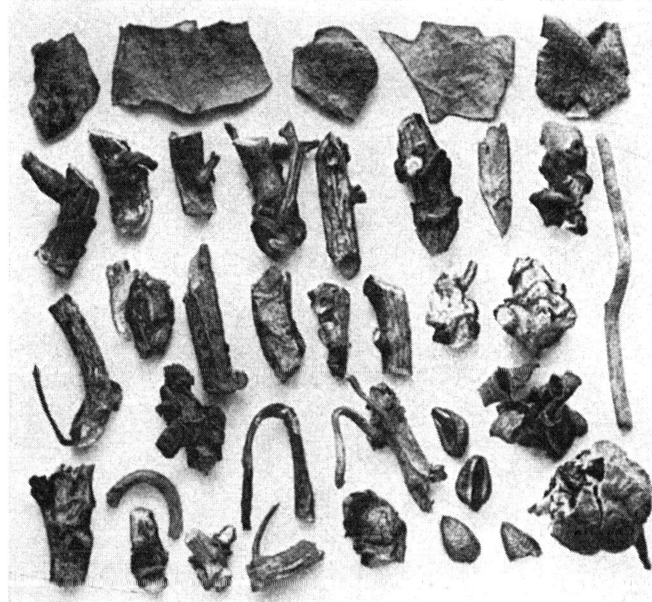 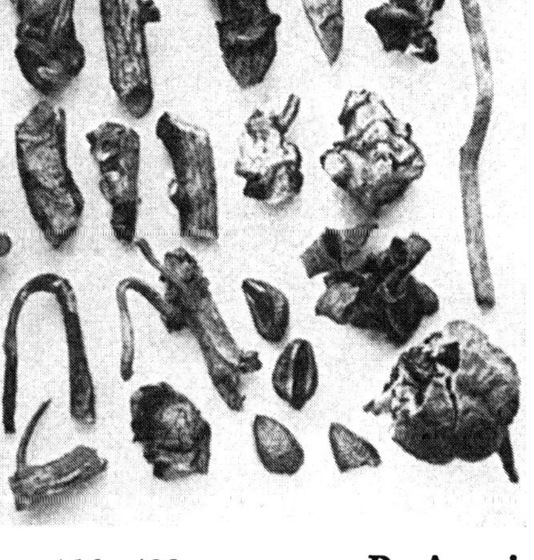 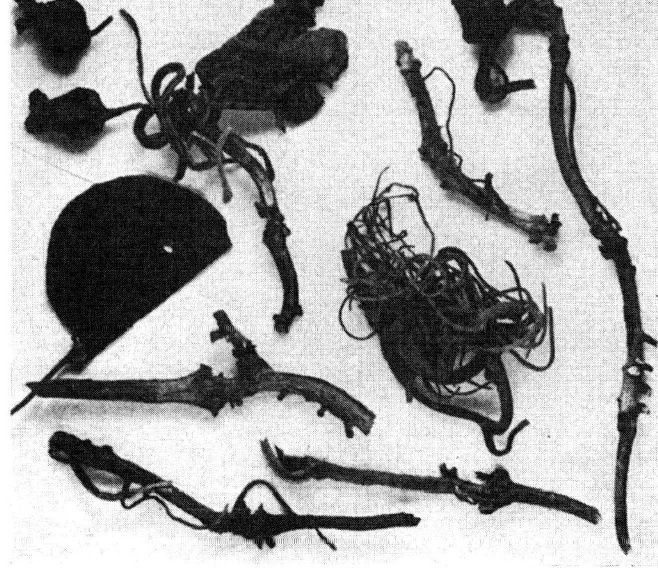

Abb. 483   **R. Asari cum herba**   Abb. 484

  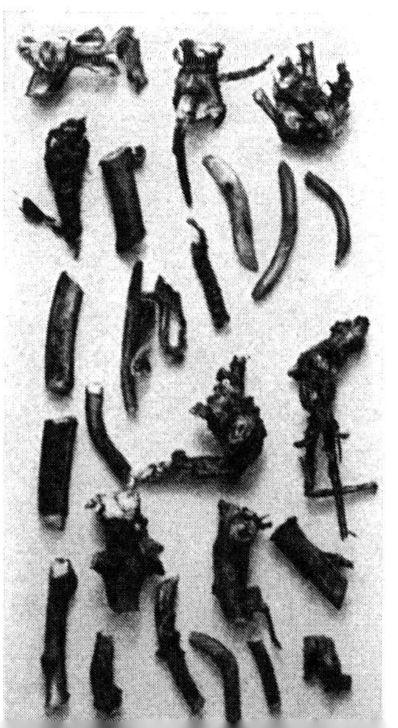 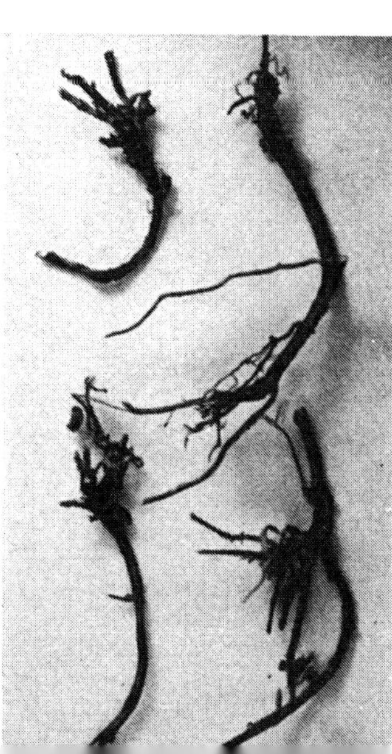

Tafel 56

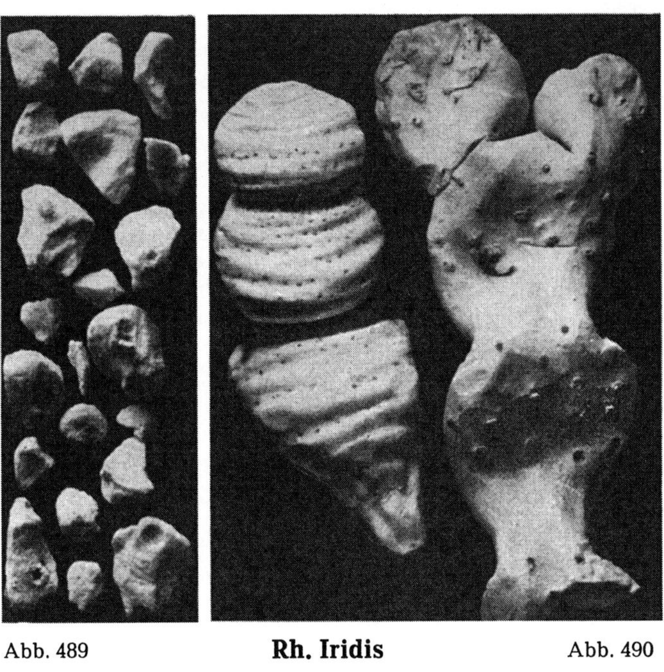

Abb. 489   **Rh. Iridis**   Abb. 490

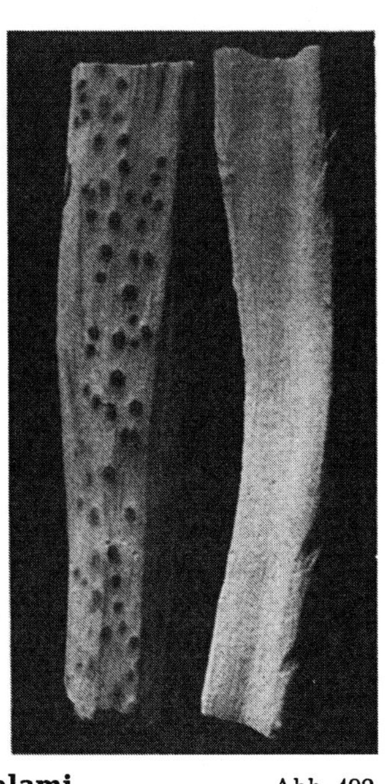

Abb. 491   **Rh. Calami**   Abb. 492

Abb. 493   **Rh. Zingiberis**   Abb. 494

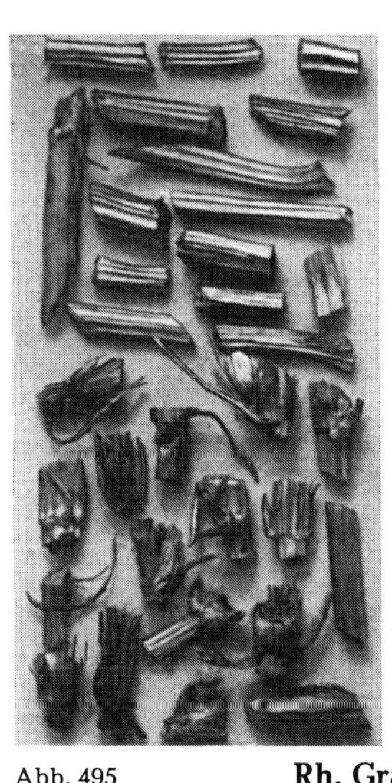
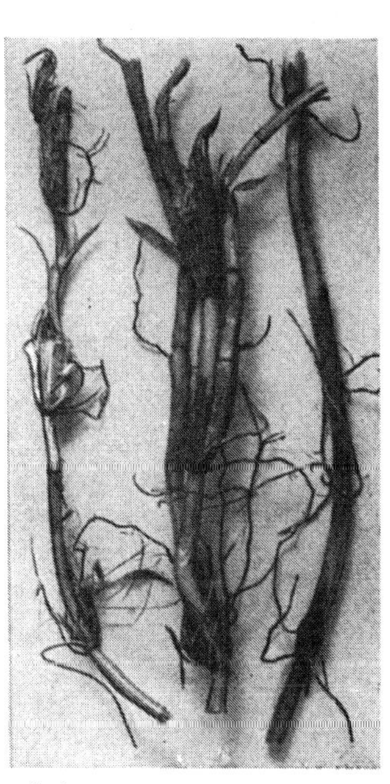

Abb. 495   **Rh. Graminis**   Abb. 496

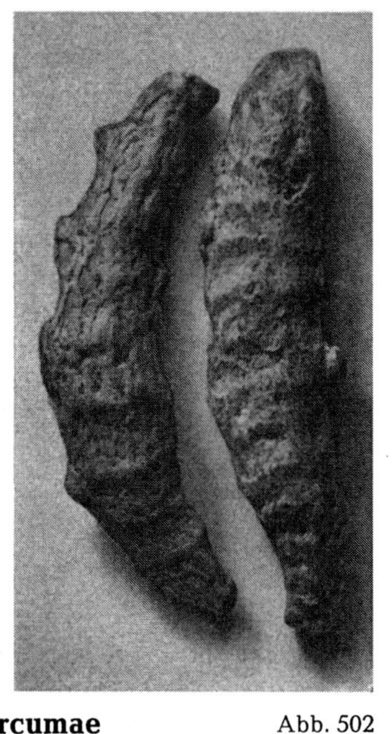

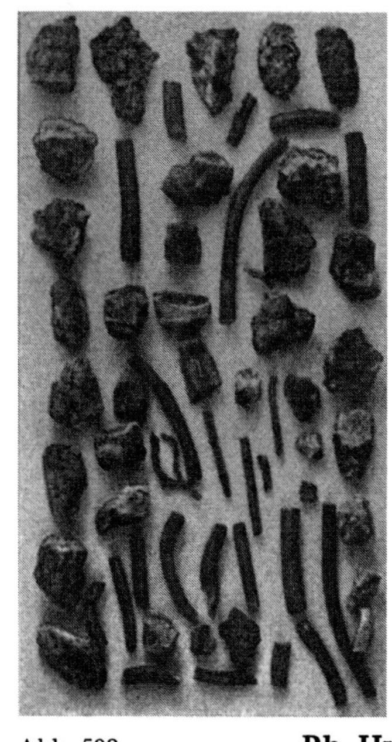

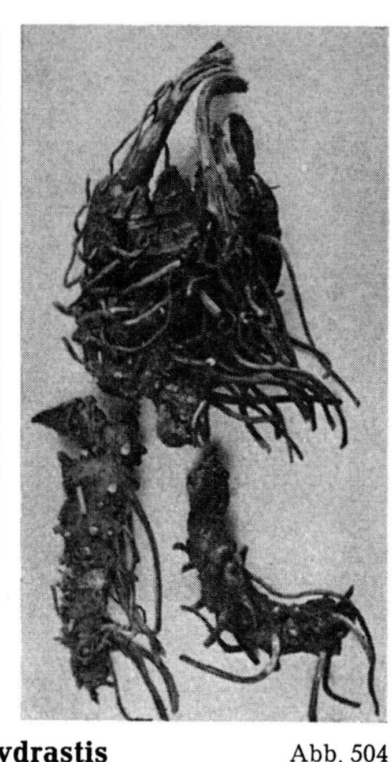

Abb. 501   **Rh. Curcumae**   Abb. 502   Abb. 503   **Rh. Hydrastis**   Abb. 504

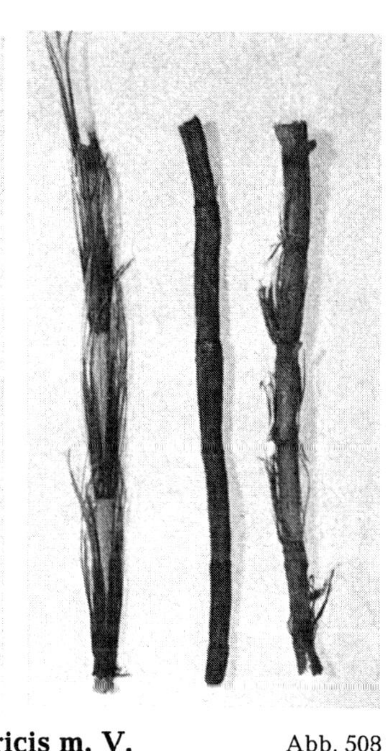

Abb. 505   **Rh. Galangae**   Abb. 506   Abb. 507   **Rh. Caricis m. V.**   Abb. 508

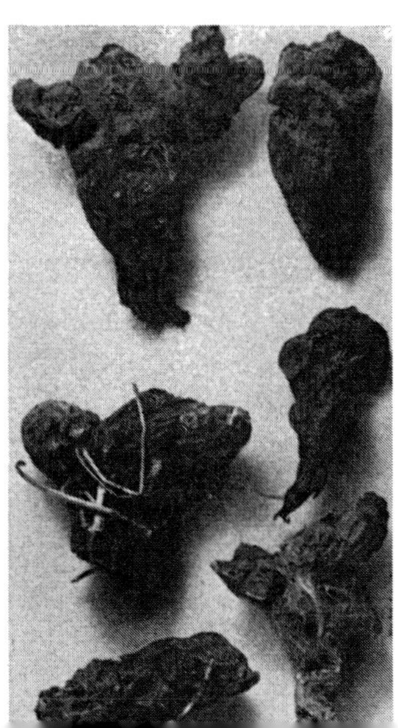

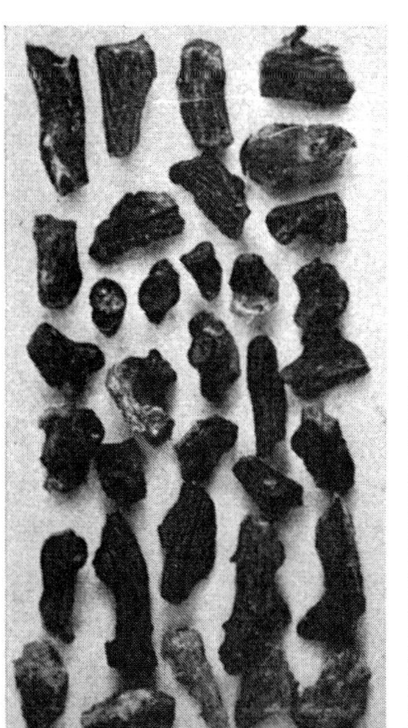

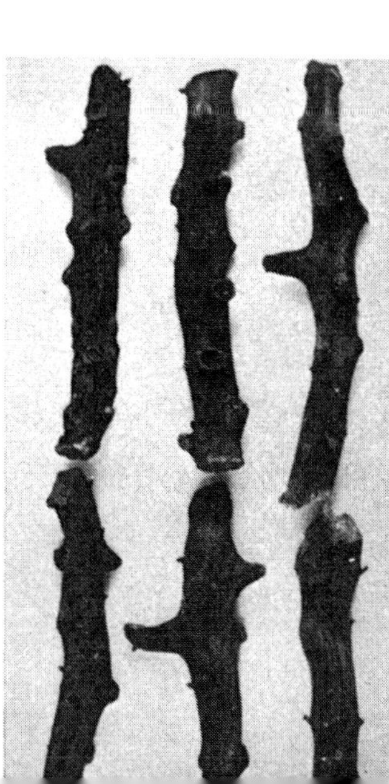

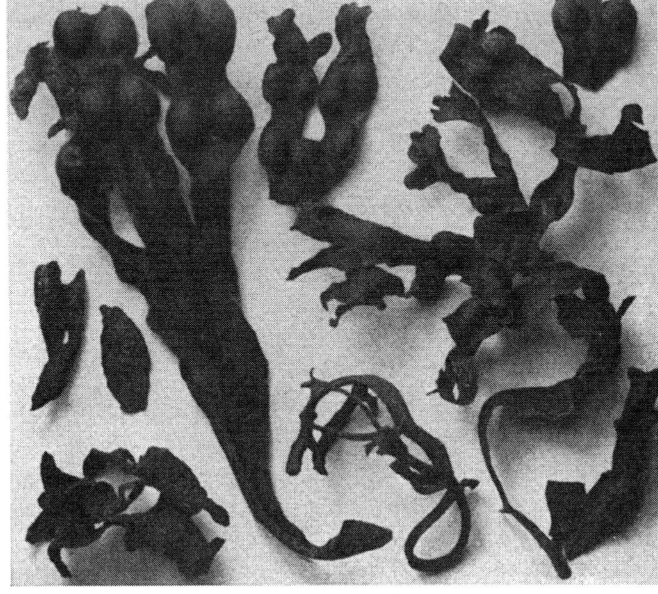

Abb. 513   **Fucus vesiculosus**   Abb. 514

Abb. 515   **Herba Pulmonariae arboreae**   Abb. 516

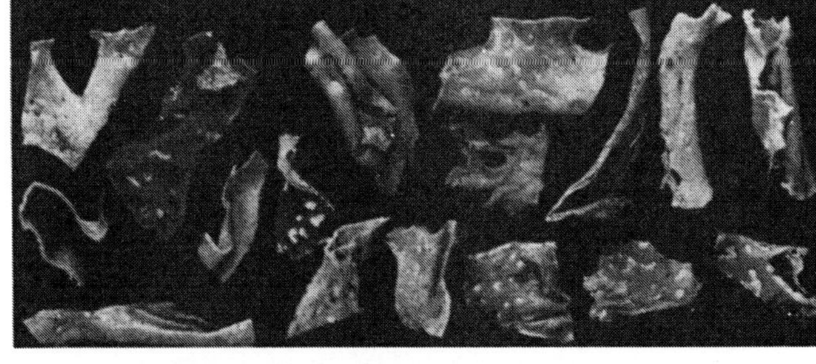

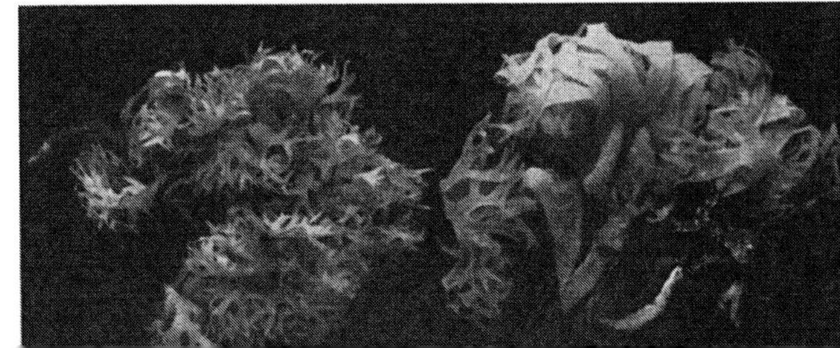

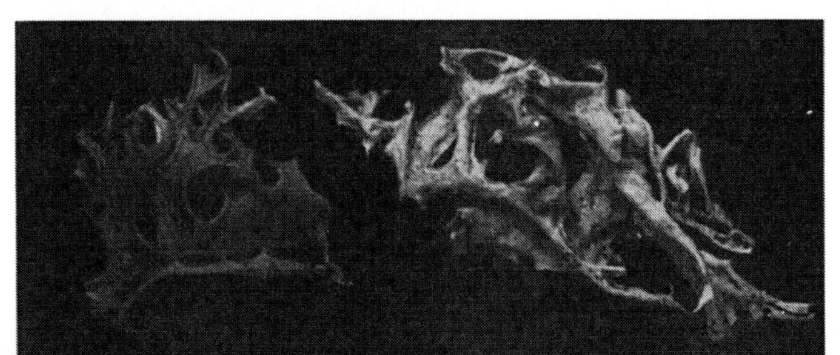

Tafel 59

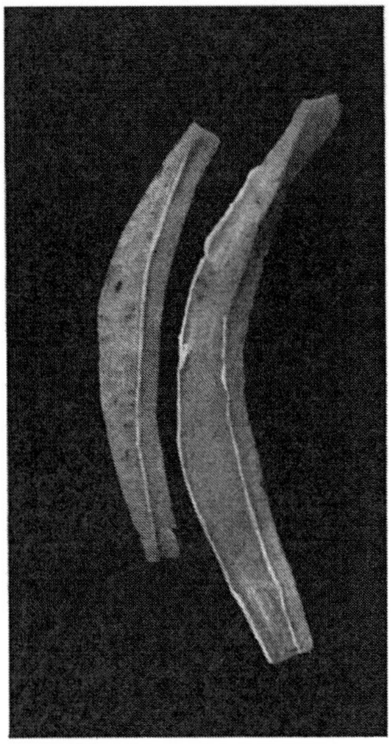

Abb. 521 **Bulbus Scillae** Abb. 522   Abb. 523 **Bulbus Allii** Abb. 524

Abb. 525 **Fungus Laricis** Abb. 526 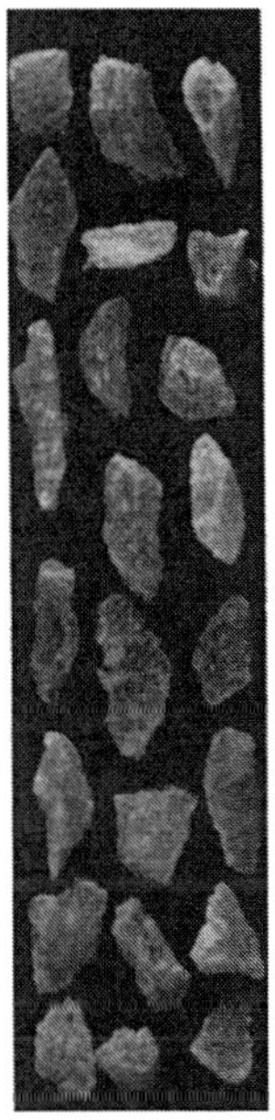 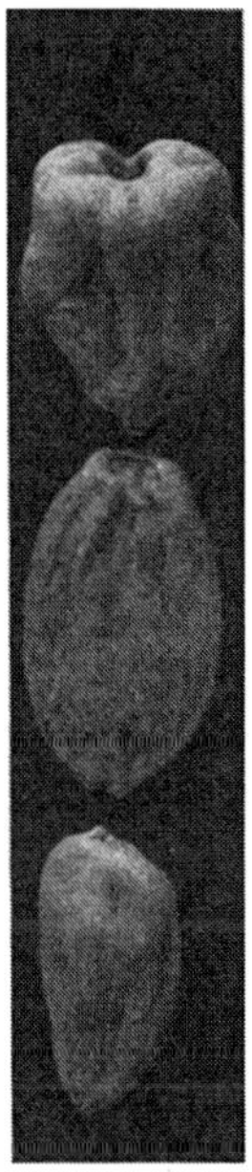 Abb. 527 Abb. 528 Abb. 529 Abb. 530

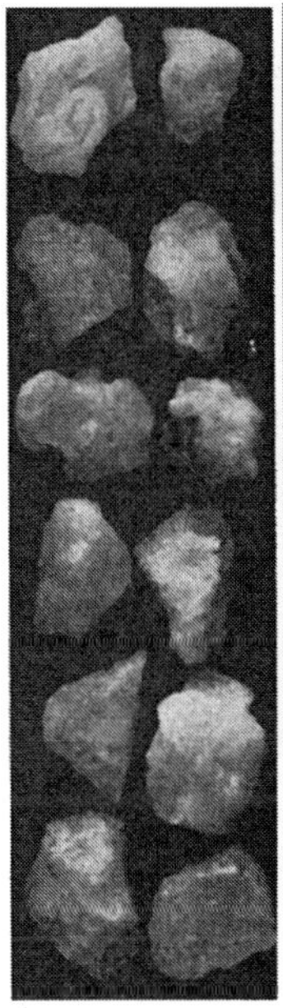

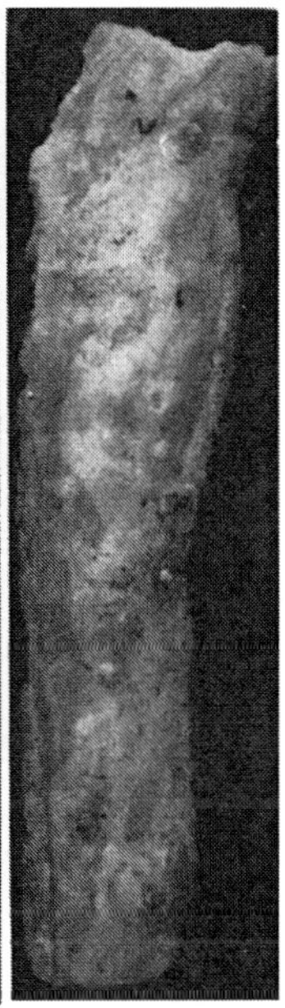

Tubera Salep **Manna**

Tafel 60

 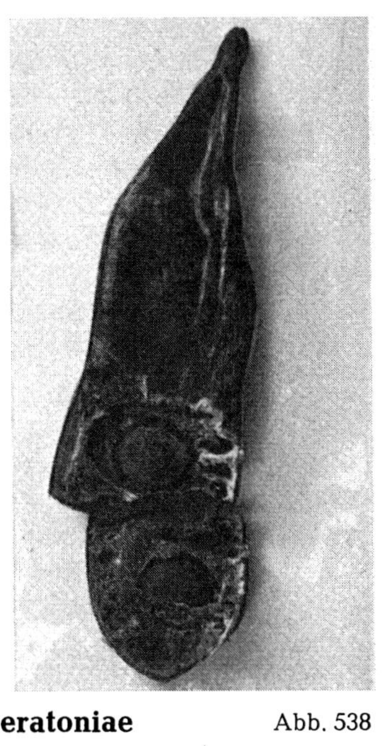  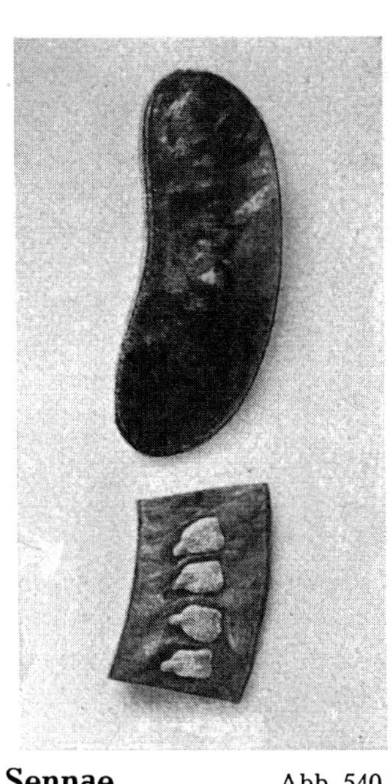

Abb. 537 **Fructus Ceratoniae** Abb. 538 Abb. 539 **Folliculi Sennae** Abb. 540

 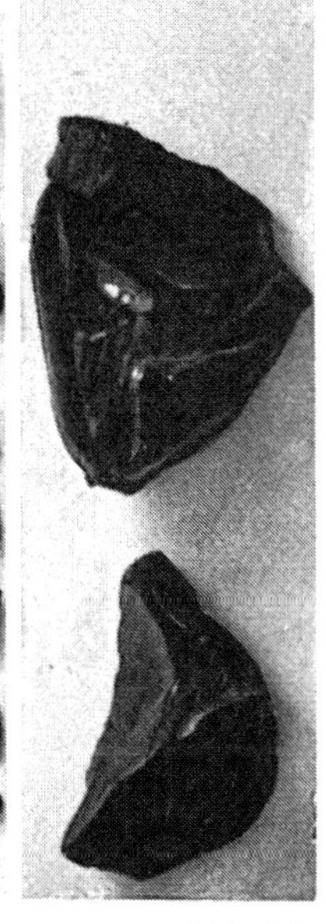     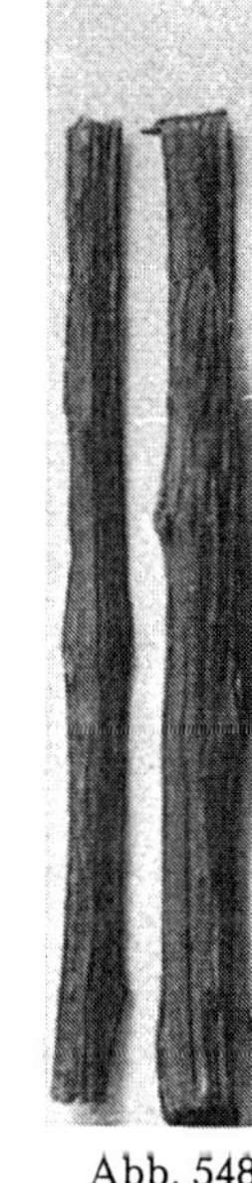

Abb. 541 Abb. 542 Abb. 543 Abb. 544 Abb. 545 Abb. 546 Abb. 547 Abb. 548

Aloe **Caricae** **Fructus Cannabis** **Stipites Dulcamarae**

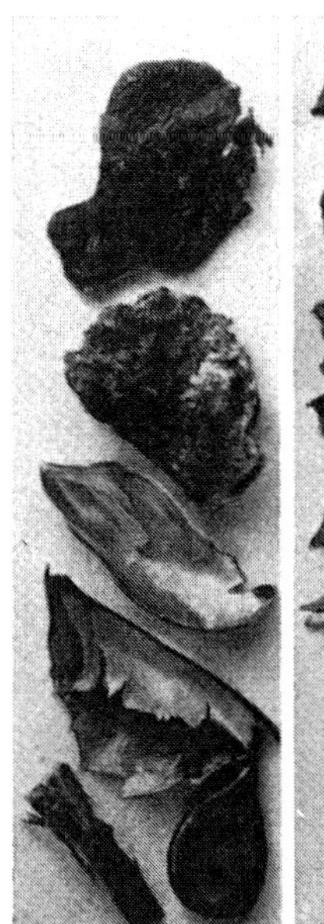  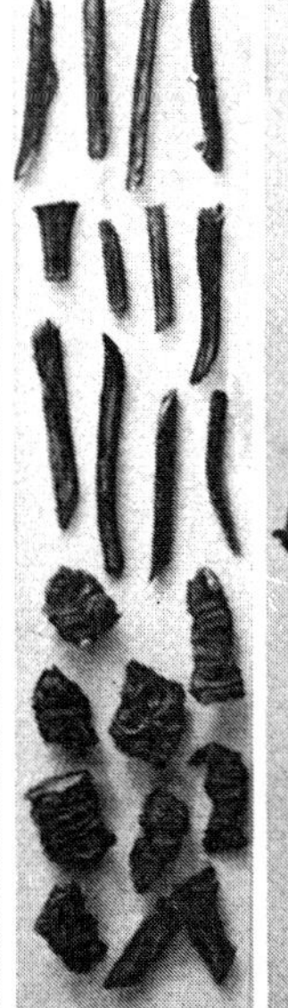 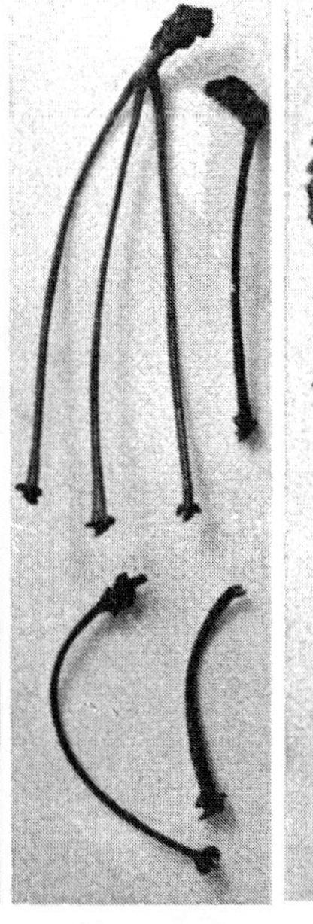  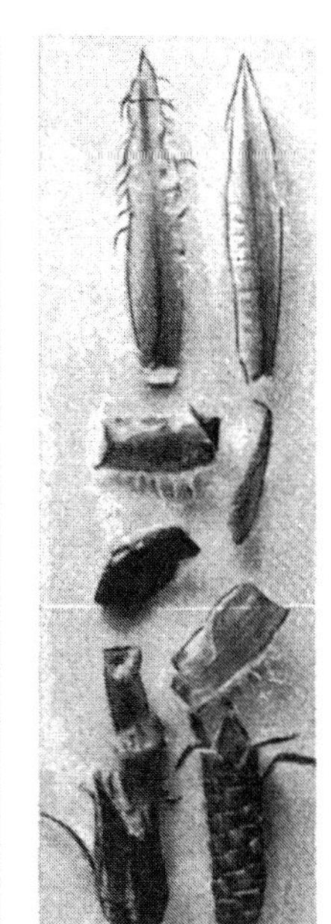 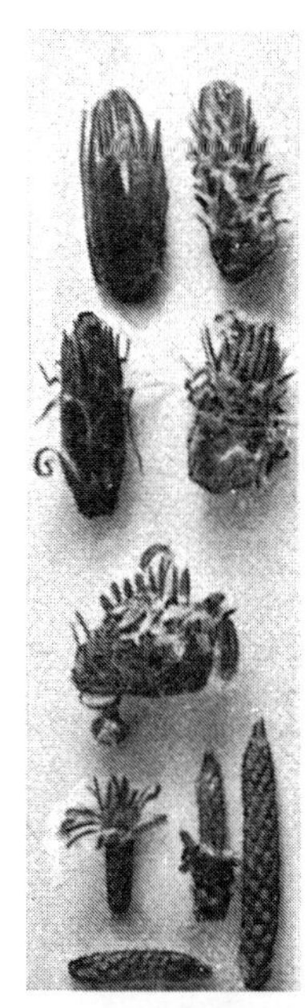